BIM技术应用系列教材

Revit建筑建模与室内设计基础

第2版

主　编　胡煜超
副主编　张玉红　徐颖杰
参　编　郭静秋　沈渡文　曹艺凡　陈志伟
　　　　王江涛　王彦苏　郝晓嫣　张　冉

机械工业出版社

由Autodesk公司推出的Revit软件是一款专为支持建筑信息模型（BIM）工作流而构建的工具。本书以Autodesk Revit软件为基础，从实用角度出发，较为全面地介绍了建筑设计与室内设计中Revit软件的基本概念、操作技巧、方法流程和案例应用等内容，贴近国内工程和设计实践。

本书共分4个模块，主要包括基础操作入门、建筑建模的初步学习、模型的深化与应用和室内设计的BIM应用。全书力求内容丰富、图文并茂、便于学习。

本书可作为职业院校土建类相关专业Autodesk Revit课程的配套教材，也可作为相关专业技术人员和自学者的参考与学习用书。

为方便教学，本书中配备的全部项目文件、模型、贴图、族文件等，使用者可登录机工教育服务网www.cmpedu.com注册下载。咨询电话：010-88379375。

图书在版编目（CIP）数据

Revit建筑建模与室内设计基础 / 胡煜超主编 . —2版 . —北京：机械工业出版社，2023.12

BIM技术应用系列教材

ISBN 978-7-111-74311-8

Ⅰ . ① R… Ⅱ . ①胡… Ⅲ . ①建筑设计 – 计算机辅助设计 – 应用软件 – 职业教育 – 教材②室内装饰设计 – 计算机辅助设计 – 应用软件 – 职业教育 – 教材 Ⅳ . ① TU201.4

中国国家版本馆CIP数据核字（2023）第225034号

机械工业出版社（北京市百万庄大街22号 邮政编码100037）
策划编辑：常金锋 责任编辑：常金锋 陈将浪
责任校对：闫玥红 封面设计：马精明
责任印制：邓 博
北京盛通数码印刷有限公司印刷
2024年3月第2版第1次印刷
184mm×260mm · 25.75印张 · 622千字
标准书号：ISBN 978-7-111-74311-8
定价：65.00元

电话服务   网络服务
客服电话：010-88361066   机 工 官 网：www.cmpbook.com
          010-88379833   机 工 官 博：weibo.com/cmp1952
          010-68326294   金 书 网：www.golden-book.com
封底无防伪标均为盗版   机工教育服务网：www.cmpedu.com

前　言

党的二十大报告指出："教育、科技、人才是全面建设社会主义现代化国家的基础性、战略性支撑。""教育是国之大计、党之大计。培养什么人、怎样培养人、为谁培养人是教育的根本问题。育人的根本在于立德。"随着职业教育的蓬勃发展和新形势下教学改革的逐步深入，社会对职业教育的教学模式和教学方法提出了新的更高的要求，本书以讲授Autodesk Revit 软件为主要内容，在编写过程中坚决贯彻落实党的二十大精神，以学生的全面发展为培养目标，融"知识学习、技能提升、素质培育"于一体，全面贯彻党的教育方针，落实立德树人根本任务，培养德智体美劳全面发展的社会主义建设者和接班人；在内容组成上，采用"任务描述、任务分解、知识学习、案例示范"的结构编排形式，从实用角度出发，较为全面地介绍了建筑设计与室内设计中 Revit 软件的基本概念、操作技巧、方法流程和案例应用等内容，贴近国内工程和设计实践。本书具有如下特色：

（1）以工作过程为导向的内容组织结构。本书按照 BIM 工程师实际工作流程进行排列组织，遵循从建筑到室内、从建模到应用、从主体到细节、从简单到复杂、从一般到特殊的逻辑顺序，使教学内容与岗位需求更加吻合，具有很强的针对性和实用性。

（2）强化案例教学指导。模块式编写方式适应职业教育案例教学模式，每个模块布置有"任务描述"，其后的知识点围绕"任务描述"进行讲解，最后通过"案例示范"来巩固要点，保证教学过程工学结合、适用适度、详略得当。

（3）产教融合，校企共同编写。本书主编为双师型教师，一直在企业从事技术咨询工作，熟悉建筑及建筑装饰行业发展的前沿知识与技术；本书内容由学校骨干教师与企业一线技术人员共同编写，知识点与案例来源于真实项目，难度和深度符合企业的实际需求。

（4）教学资源立体化，满足"互联网＋教育"的需求。本书使用了图片、视频以及模型等多种多媒体技术手段，并提供电子课件、实例源文件、视频教学文件、教学大纲等教学资源，方便老师的备课与教学。本书视频可通过扫码观看，案例资源可登录机工教育服务网注册下载，学生能在此帮助下有效地进行课前预习和课后复习，便于教师进行线上线下混合式教学、网络教学等课程改革与实践。

（5）符合课证融通教学需要。本书内容涵盖了"1+X"建筑信息模型（BIM）职业技能等级（初级）标准的考核范围，学生通过学习，能直接参加"1+X"建筑信息模型（BIM）职业技能等级水平考试。

本书由胡煜超任主编并统稿；张玉红编写了 2.2.3、3.6.1、3.6.2、3.6.3 节；徐颖杰编写了 2.2.4、2.2.5、2.2.6 节；陈志伟编写了 3.1.1、3.1.2 节；王江涛、张玉红、徐颖杰共同编写了 2.2.7、2.2.8 节；模块 1、模块 2、模块 3 与模块 4 中的其余部分由胡煜超编写。本书中的教学视频由胡煜超负责录制，张玉红、徐颖杰参与了视频编辑。此外，郭静秋、曹艺凡、沈渡文、王彦苏、郝晓嫣、张冉也参与了本书部分内容的编写，在此一并感谢。

最后，感谢读者选择了本书，希望作者的努力对读者的学习和工作有所帮助，也希望广大读者把对本书的意见和建议告知作者。

由于编者水平和经验有限，书中难免有疏漏与不足之处，敬请读者批评指正。

编　者

目　录

模块 1　基础操作入门

1.1　常见术语和软件界面

1.1.1　项目、族、样板的概念

任务描述

双击 Revit 图标后，软件将进入图 1-1 所示欢迎界面。本节的主要任务是理解该界面中"项目""族"和"样板"的含义。

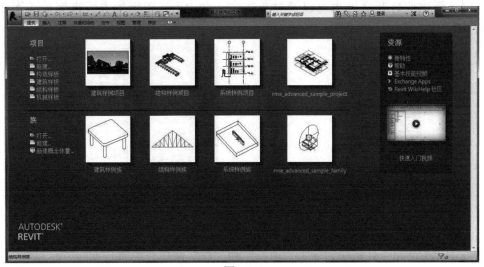

图　1-1

任务分解

任务	认识软件欢迎界面	理解软件术语
知识点	1.文档缩略图 2.新建和打开	3."项目"的含义 4."族"的含义 5."样板"的含义
视频学习	 项目、族、样板的概念	学习建议： 请观看央视纪录片《大国建造》，思考信息技术对于推动现代化建设的作用和意义，以小组为单位进行讨论，并在班会上分享

知识学习

1. 文档缩略图

在界面的中央，显示的是最近打开文档的缩略图（图 1-2），单击它们可以方便使用者快速打开最近编辑的文件。当软件初次使用时，这里将显示软件自带的案例文件。

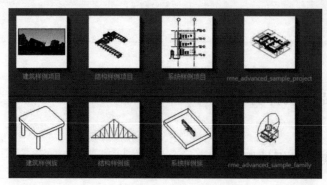

图　1-2

2. 新建和打开

在"最近使用的文件"缩略图的左边，是"新建"或"打开"文件的快捷方式（图 1-3）。新建或打开文件也可以通过单击左上角 Revit 图标的方式来完成（图 1-4）。但通过快捷方式操作将提高工作效率。

图　1-3

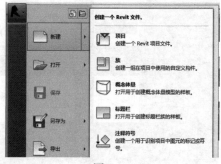

图　1-4

3. "项目"的含义

观察图 1-3 可知，分割线划分了"项目"和"族"两部分内容。

Revit 软件中，"项目"可以理解为一个虚拟的工程项目，即建筑信息模型，项目文件包含了建筑的所有设计信息，如模型、视图、图纸等，"项目"文件名以 rvt 为扩展名。

4. "族"的含义

"族"可以理解为组成"项目"的基本图元组。项目文件中用于构成模型的墙、屋顶、门窗，以及用于记录该模型的详图索引、标记等内容，都是通过"族"创建的。"族"文件名以 rfa 为扩展名。"族"的内容将在"3.5 族的制作"中详述。

5. "样板"的含义

当新建一个"项目"或者"族"的时候，会弹出"样板文件"的选择面板（图 1-5）。Revit 样板文件的理念类

图　1-5

似于CAD中的样板文件，用以定义"项目"或者"族"的初始状态，其中"项目"的"样板"文件名以 rte 为扩展名，"族"的"样板"文件名以 rft 为扩展名。

不同项目样板建立的项目，将在度量单位、标注样式、文字样式、标题栏、明细表、视图等处有所差异，如图 1-6 所示。在项目的制作过程中，可以修改和添加这些内容，使它们满足国内建筑设计规范的要求和企业定制的需要。但在项目开始前选择一个合适的样板将省去很多设置过程，大大提高工作效率。

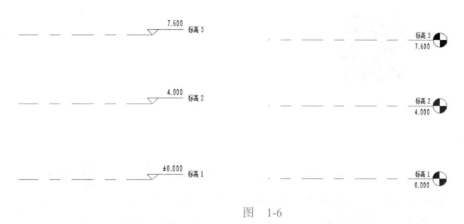

图　1-6

单击"建筑样板"或者"结构样板"等快捷方式，能跳过样板文件选择菜单，直接新建采用了该样板的项目文件。

1.1.2　项目编辑界面介绍

任务描述

打开一个项目后，项目的编辑界面如图 1-7 所示。本节的主要任务是理解该界面的主要功能区与面板。

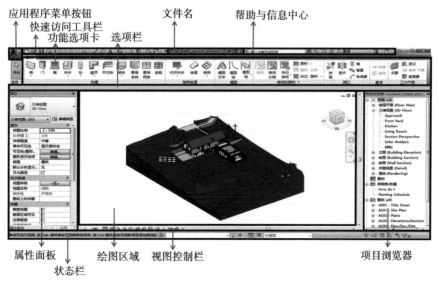

图　1-7

任务分解

任务	认识项目编辑界面	
知识点	1. 应用程序菜单 2. 快速访问工具栏 3. 功能选项卡、上下文选项卡 4. 选项栏 5. 绘图区域	6. 属性面板、项目浏览器 7. 视图控制栏 8. 状态栏 9. 帮助与信息中心
视频学习	项目编辑界面介绍	

知识学习

1. 应用程序菜单

应用程序菜单提供常用文件操作命令（如"新建""打开"和"保存"等），如图 1-8 所示。应用程序菜单还允许使用更高级的工具（如"导出"和"发布"）来管理文件。要查看每个菜单项的选择项，可单击其右侧的箭头，然后在列表中单击所需的选项。

2. 快速访问工具栏

快速访问工具栏包含一组常用工具，以方便用户快捷选取，如图 1-9 所示。用户可以对该工具栏进行自定义，使其显示自己使用频率最高的工具。

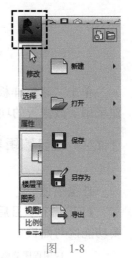

图 1-8

图 1-9

3. 功能选项卡、上下文选项卡

功能区提供创建项目所需的全部工具，它由不同的选项卡构成，而每个选项卡又由若干个面板组成，如图 1-10 所示。

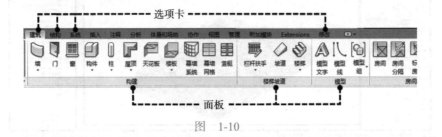

图 1-10

面板标题旁的箭头（图 1-11）表示该面板可以展开显示相关的工具，或者可以打开设置对话框。

在激活了某些工具、命令或者选择图元时，功能选项卡最右侧将出现上下文选项卡（图1-12），上下文选项卡的标题栏呈现淡绿色，该选项卡显示了与该工具、命令或图元相关的工具。退出该工具、命令或清除选择时，该选项卡将关闭。

图 1-11

图 1-12

4. 选项栏

在出现上下文选项卡的同时，会激活选项卡下方的选项栏，选项栏中会出现相应补充工具或选项，如图1-13所示。

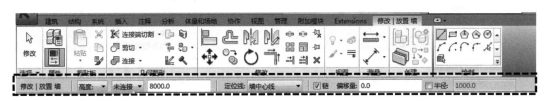

图 1-13

5. 绘图区域

绘图区域用于显示当前项目的视图、图纸或明细表，如图1-14所示。

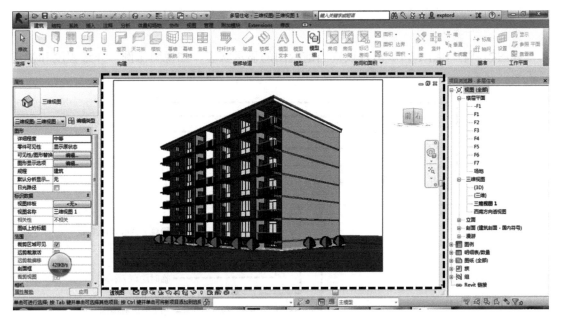

图 1-14

6. 属性面板、项目浏览器

"属性"面板和"项目浏览器"位于绘图区域侧边。

"属性"面板可以查看和修改已选定图元的属性或参数，如图 1-15 所示。当绘图区域中没有图元被选择时，属性面板呈现的是活动视图的属性。

"项目浏览器"用于显示当前项目中所有视图、明细表、图纸、组和其他部分的逻辑层次，如图 1-16 所示。

图　1-15

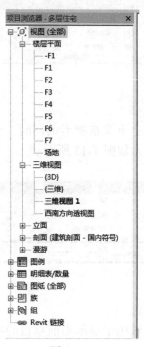

图　1-16

7. 视图控制栏

视图控制栏（图 1-17）可以设置当前视图的显示状态，如视图比例、详细程度和视觉样式等。

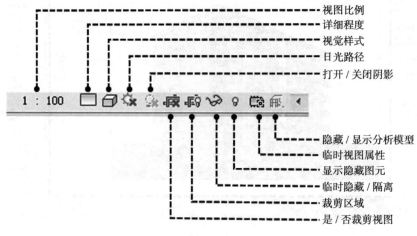

图　1-17

8. 状态栏

状态栏位于界面最下方，提供有关要执行的操作的提示，高亮显示图元或构件时，状态栏会显示族和类型的名称，如图1-18所示。

图 1-18

9. 帮助与信息中心

帮助与信息中心（图1-19）是一个位于标题栏右侧的工具集，可让软件用户访问与产品相关的信息源。

图 1-19

1.1.3 软件常见设置

任务描述

为满足用户的个性化需求和习惯，Revit软件在面板命令位置和快捷方式等内容上提供了自定义设置的功能。本节的主要任务是学习软件的个性化设置。

任务分解

任务	软件的个性化设置	
知识点	1. 自定义快速访问工具栏 2. 自定义功能选项卡 3. 绘图区域背景色	4. 属性面板与项目浏览器的位置 5. 自定义快捷键
视频学习	![二维码] 软件常见设置	

知识学习

1. 自定义快速访问工具栏

Revit软件的命令通常位于功能选项卡中，选择命令时需要先切换到相应选项卡，再选择命令。为提高建模效率，可以把使用频次较高的命令放置在自定义快速访问工具栏。

要将工具添加到快速访问工具栏中，可在选项卡内找到需添加的工具，在该工具上单击鼠标右键，然后单击"添加到快速访问工具栏"，如图1-20所示。

要从快速访问工具栏中删除某工具，可在工具栏中用鼠标右键单击该工具，选择"从快速访问工具栏中删除"，如图1-21所示。

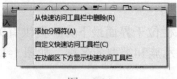

图 1-20　　　　　　　　　　　　　　　　　　　图 1-21

单击图 1-21 中"自定义快速访问工具栏",可对快速访问工具栏做更精细的设置,比如调整命令顺序、用分隔符进行分组等,如图 1-22 所示。

2. 自定义功能选项卡

功能选项卡由若干面板组成,拖拽面板的标题,可将该面板从选项卡中取出或放置在选项卡其他位置。

单击选项卡最右边"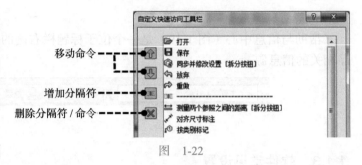"按钮,可将选项卡叠起或展开。

图 1-22

Revit 软件可完成建筑、结构、机电等多专业的建模工作,不同专业的命令集中在不同的选项卡中,用户可以根据自己的需要,将不需要的选项卡隐藏:单击应用程序菜单→"选项"按钮,在弹出的对话框中,打开"用户界面"面板后,可在"工具和分析"下取消勾选不常用的选项卡,如图 1-23 所示。

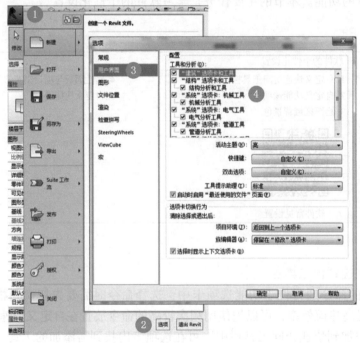

图 1-23

3. 绘图区域背景色

绘图区域默认的背景色为白色,单击应用程序菜单→"选项"按钮,在弹出的对话框中,打开"图形"面板后,勾选"反转背景色",如图 1-24 所示,可以将绘图区域的背景设置为黑色。

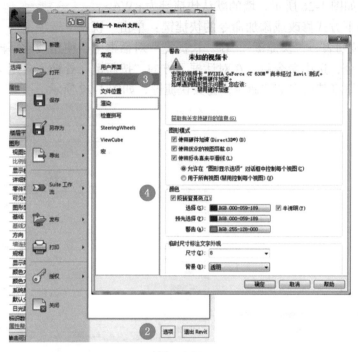

图　1-24

4. 属性面板与项目浏览器的位置

如不小心关闭了属性面板和项目浏览器等面板,可在"视图"选项卡→"窗口"面板→"用户界面"下拉列表中通过勾选的方式将它们重新显示在软件界面中,如图 1-25 所示。

图　1-25

在软件安装好后,属性面板与项目浏览器默认处于绘图区域左侧。用户可以拖拽面板的标题栏自定义它们的位置。在使用宽屏显示屏时,通常将项目浏览器拖放至绘图区域右侧,使二者显示面积增大以方便操作。

5. 自定义快捷键

使用命令的键盘快捷方式也是提高工作效率的方式之一。要查看某一命令的快捷键,可将鼠标指针在该命令上方停留一段时间，在弹出的说明里，命令名称后方的括号里显示的是其快捷键，如图 1-26 所示，墙的默认快捷键为 <WA>。

可以按照如下方式修改或添加命令的快捷键：单击"视图"选项卡→"窗口"面板→"用户界面"下拉列表→"快捷键"，在"快捷键"对话框中，使用搜索字段功能或直接在列表中选择该命令，选中命令后，在对话框下方的"按新键"处输入自定义快捷键，然后单击"指定"按钮将其指定给该命令作为其快捷键，如图 1-27 所示。

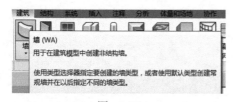

图　1-26　　　　　　　　　　　　　　　　　图　1-27

快捷键对话框中的"导入"与"导出"命令可帮助用户将习惯设置保存并载入别的计算机中。

1.1.4　打开、新建和保存项目

任务描述

打开、新建和保存文件是软件操作的基础。本节的主要任务是学会打开已有的文件；掌握新建"项目"或"族"文件的方法，以及保存编辑过的文件以供再次使用。

任务分解

任务	项目文件的操作	
知识点	1. 打开文件	4. 保存文件
	2. 新建项目文件	5. 关闭项目文件
	3. 新建族文件	
视频学习	![QR码]	
	打开、新建和保存项目	

知识学习

1. 打开文件

双击扩展名为"rvt"或"rfa"文件的图标，即可打开该"项目"或"族"文件。

打开软件后，单击应用程序菜单按钮下"打开"命令或输入快捷方式 <Ctrl+O>，即可浏览并打开所需文件。

图　1-28

2. 新建项目文件

打开软件后，单击应用程序菜单按钮下"新建"→"项目"（图1-28）命令或输入快捷方式 <Ctrl+N> 即可新建一个项目。

新建项目的第一步都需要选择项目样板，并应明确是新建"项目"还是"项目样板"文件（图1-29）。选择新建"项目"后，软件将进入项目编辑界面，以供用户开始创建模型。

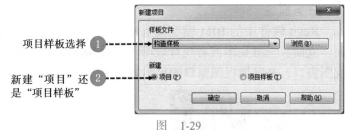

图　1-29

3. 新建族文件

打开软件后，单击应用程序菜单按钮下"新建"→"族"命令可以新建一个族。在创建族文件之前要先选择合适的"族样板"，本书中"3.5 族的制作"将对族的创建作进一步介绍。

4. 保存文件

文件在经过编辑后，必须进行保存。单击应用程序菜单按钮下"保存"命令或输入快捷方式 <Ctrl+S> 即可将文件保存到原位置。

单击应用程序菜单下"另存为"命令，可将项目文件保存在其他位置，或以项目样板的格式保存。

在"另存为"对话框中，单击"选项"按钮，可以打开"文件保存选项"对话框（图1-30）。在对话框中，可以在"最大备份数"中对软件保留的备份文件（图1-31）数量进行调整，同时，在该对话框中还可以设置文件缩略图的样式等。

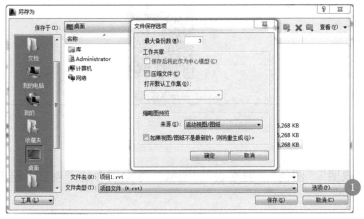

图　1-30

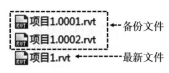

图　1-31

5. 关闭项目文件

关闭软件时，项目文件将随之关闭。如果仅需关闭项目文件，可单击应用程序菜单下 "关闭" 按钮。

1.2　模型的查看

1.2.1　视图窗口及显示方式

任务描述

Revit 软件中的 BIM 模型具有唯一性，用户可以通过打开不同的 "视图窗口"，从平面、立面、三维视图或者统计表等查看或编辑这个模型。本节的主要任务是学会控制这些视图窗口，并掌握视图窗口的显示方式（图 1-32）。

图　1-32

任务分解

任务	视图窗口控制	显示方式调节
知识点	1. 打开视图窗口 2. 关闭视图窗口 3. 切换窗口 4. 层叠和平铺窗口 5. 复制窗口	6. 视图比例 7. 粗细线模式 8. 详细程度 9. 视觉样式
视频学习	视图窗口控制	显示方式调节

知识学习

1. 打开视图窗口

双击 "项目浏览器" 中 "视图" "图例" "明细表" "图纸" 等类别中的子项目，绘图区域中将打开相应视图。

2. 关闭视图窗口

视图被打开后不会自动关闭，即使打开了其他视图，它也会在后方保持打开状态。打开过多的视图会影响计算机的运行速度，因此通常应将不常用的视图关闭。要关闭当前视图，应单击视图右上角"×"按钮。

单击"视图"选项卡→"窗口"面板→"关闭隐藏对象"命令（图1-33），可关闭除当前视图外其他全部视图。

3. 切换窗口

单击"视图"选项卡→"窗口"面板→"切换窗口"命令下的三角形按钮，显示已打开视图窗口的名称（图1-34），通过单击这些视图名称，能快速切换指定窗口。

图　1-33

输入快捷方式 <Ctrl+Tab> 能逐一切换打开的视图窗口。

4. 层叠和平铺窗口

当需要结合多个视图对模型进行操作时，可单击"视图"选项卡→"窗口"面板→"平铺"命令或输入快捷方式 <WT> 将视图平铺（图1-35）。

"平铺"命令上方的"层叠"命令，用于将已打开的视图层叠显示在绘图区域中，层叠的快捷方式是 <WC>（图1-36）。

5. 复制窗口

如果同一视图的窗口不能同时显示若干处放大的局部，可以通过复制视图的方式解决。选中该视图，单击"视图"选项卡→"窗口"面板→"复制"命令，该视

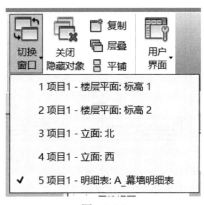

图　1-34

图将在两个窗口中同时显示，调整它们显示的内容到合适即可，如图1-37所示。

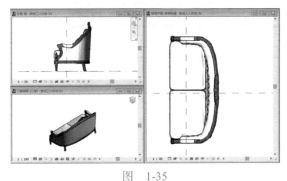

图　1-35

图　1-36

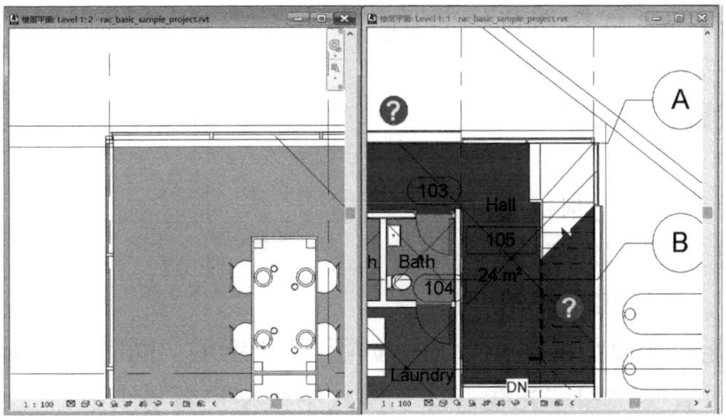

图　1-37

6. 视图比例

绘图区域下方的视图控制栏最左侧的比例图标可以控制模型的显示比例，如图 1-38 所示，此处提供了常用比例选项，如 1∶100、1∶200 等（图 1-39），以方便用户对比例进行修改，用户也可以选择"自定义"项对图纸比例进行自定义设置。

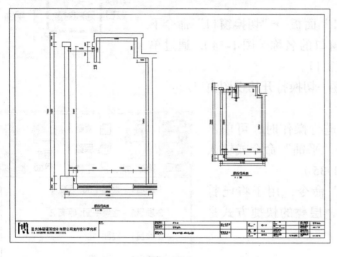

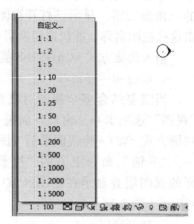

图　1-38　　　　　　　　　　　　　　图　1-39

7. 粗细线模式

图纸中线的不同粗细表示了建筑不同的构造层次，但如果在编辑模型时线的粗细影响了细节的修改，"视图"选项卡→"图形"面板→"细线"命令（快捷方式 <TL>）可以帮助用户切换至细线模式，此时，无论视图如何缩放，所有线都将保持同一宽度（图 1-40）。

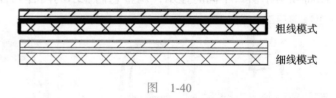

粗线模式

细线模式

图　1-40

8. 详细程度

由于不同图纸对模型显示精度要求不同，视图可以设置其"详细程度"来适应各种情况，如图 1-41、图 1-42 所示。"详细程度"按钮位于视图控制栏中，如图 1-43 所示，共有粗略、中等和精细三个选项。

9. 视觉样式

如图 1-44 所示，视图控制栏中的"视觉样式"有线框、隐藏线、着色、一致的颜色、真实和光线追踪六个选项，它们能影响模型的显示效果，如图 1-45 所示，同时也会影响到计算机的运行速度，通常情况下"真实"和"光线追踪"模式中模型更容易卡顿。

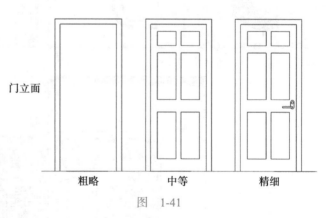

门立面

粗略　　　　　　中等　　　　　　精细

图　1-41

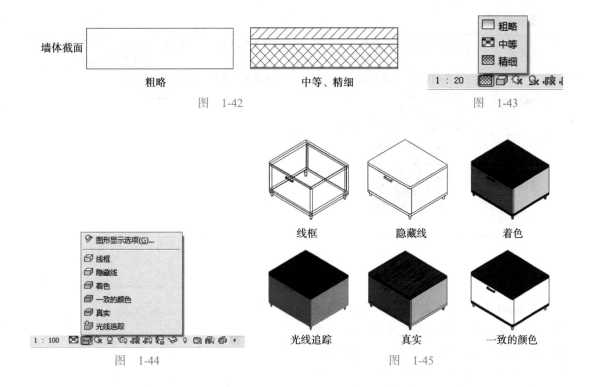

墙体截面

粗略

中等、精细

□ 粗略
▨ 中等
▨ 精细

1 : 20

图 1-42   图 1-43

线框   隐藏线   着色

光线追踪   真实   一致的颜色

图形显示选项(G)...
线框
隐藏线
着色
一致的颜色
真实
光线追踪

1 : 100

图 1-44   图 1-45

1.2.2   隐藏图元或类别

任务描述

当模型中图元过多时通常会彼此遮挡，为不影响模型的编辑，建模过程中经常需要"隐藏"遮挡视线的物体，或将要编辑的对象"隔离"出来，本节的主要任务是学习软件中隐藏和隔离图元的方法。

案例：如图 1-46 所示，将项目文件中屋顶临时隐藏，并隔离家具以方便编辑，接着将临时隐藏的建筑转化为永久隐藏，最后再将其还原显示。

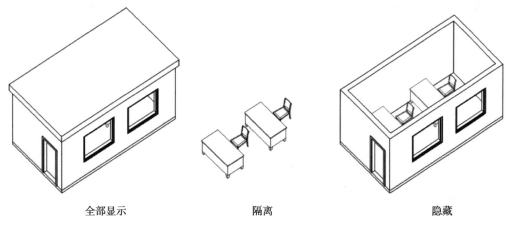

全部显示   隔离   隐藏

图   1-46

任务分解

任务	将物体临时隐藏 / 隔离	将物体永久隐藏	使用"三维视图：三维的可见性 /图形替换"对话框
知识点	1. 临时隐藏与永久隐藏 2. 隐藏与隔离 3. 图元与类别 4. 恢复显示与转为永久隐藏	5. 永久隐藏与恢复	6. 按类别隐藏 7. 半透明显示
视频学习	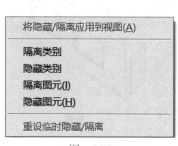 隐藏图元或类别		

知识学习

1. 临时隐藏与永久隐藏

在 Revit 软件中，隐藏分为临时隐藏和永久隐藏两类。临时隐藏通常用在模型的编辑与修改时，临时性的隐藏及取消操作较为快捷，并且在关闭项目文件后，临时隐藏状态不会保留。当视图希望长期使某些图元不可见时，可将其进行永久隐藏。

当视图中有图元被临时隐藏时，视图周围将出现蓝色高亮框，如图 1-47 所示；永久隐藏不会出现高亮框提示。

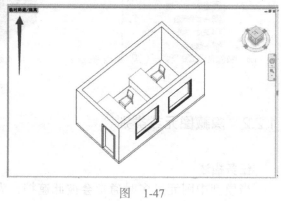

图 1-47

2. 隐藏与隔离

设置临时隐藏 / 隔离主要依靠视图控制栏中" "按钮来实现，单击该命令，其上方将出现一个选项面板，如图 1-48 所示，其中主要有四个选项，分别为"隔离类别""隐藏类别""隔离图元""隐藏图元"。

隐藏是指使所选的物体不可见，隔离是指让视图只显示所选的物体。例如在图 1-49 中，选择其中一张桌子，隐藏和隔离的效果是刚好相反的。

图 1-48

将桌子隐藏　　　　将桌子隔离

图 1-49

3. 图元与类别

图元即图形元素，是软件可以编辑的最小图形单位。在 Revit 软件中，图元是用于操作和组织画面的最基本素材。类别是图元的分类或分组，各图元归属于它们的类别，例如墙体、家具、楼板、标高等。

如果需要隐藏的物体属于同一类别，例如都是家具，并不需要逐一选择全部家具并将它们隐藏，而仅需选择任一同类别图元，再选择"临时隐藏/隔离"中的"隐藏类别"选项即可，如图 1-50 所示。

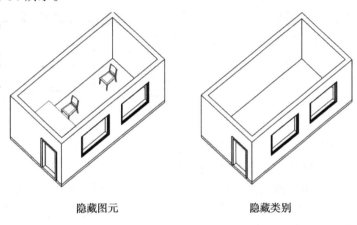

隐藏图元　　　　　　　　　　　　隐藏类别

图　1-50

在了解了隔离与隐藏、类别与图元的区别后，视图控制栏中"🐝"按钮"隔离类别""隐藏类别""隔离图元""隐藏图元"四个选项的作用就已经明确了。

4. 恢复显示与转为永久隐藏

要恢复临时隐藏的图元或类别，可单击视图控制栏中"🐝"按钮，选择"重设临时隐藏/隔离"，此时被隐藏的图元将重新出现在视图中，视图周围蓝色高亮框消失。

如果希望将已经临时隐藏的图元或类别转为永久隐藏，可单击视图控制栏中"🐝"按钮，选择"将隐藏/隔离应用到视图"，此时被临时隐藏的图元将永久隐藏，视图周围蓝色高亮框也将消失。

5. 永久隐藏与恢复

要直接将图元或类别进行永久隐藏，可选中它们，单击"修改"选项卡→"视图"面板→"💡"图标；或单击鼠标右键，选择"在视图中隐藏"，再根据需求选择"图元"或"类别"即可，如图 1-51 所示。

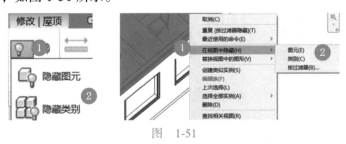

图　1-51

图元或类别永久隐藏后，视图周围不会出现高亮提示框。如需查看视图是否有隐藏的图元，可单击视图控制栏中"⚙"按钮，进入"显示隐藏的图元"视图状态，此时，视图周围将出现红色高亮框，隐藏的图元和类别都出现在视图中，并以轮廓红色高亮作为提示。

　　如需将已经隐藏的图元或类别恢复显示，应在"显示隐藏的图元"视图状态中选择这些图元，单击"修改"选项卡→"显示隐藏的图元"面板→"取消隐藏图元"或"取消隐藏类别"命令（图 1-52）；或单击鼠标右键，选择"取消在视图中隐藏"，再选择"图元"或"类别"（图 1-53）。操作完成后，图元将从红色高亮变为浅灰色显示，表明其已不是隐藏状态。

图　1-52

　　设置完毕后，单击"修改"选项卡中"切换显示隐藏图元模式"命令，或选择视图控制栏中"⚙"按钮，将视图切换回正常状态，此时红色高亮框消失，浅灰色图元恢复到原有显示，而红色高亮图元将继续永久隐藏。

6. 按类别隐藏

　　单击"属性"面板中"可见性 / 图形替换"编辑按钮（图 1-54），或输入快捷方式
<VV>，软件将弹出"三维视图：三维的可见性 / 图形替换"对话框，如图 1-55 所示。

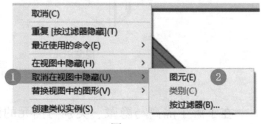

图　1-53

图　1-54

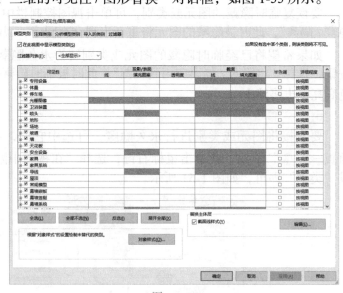

图　1-55

　　"三维视图：三维的可见性 / 图形替换"对话框可以根据图元的类别对模型在视图中的显示方式进行细致的设定，比如线型、填充图案、详细程度等，详见"3.3.1 视图

设置"。本节要按类别隐藏图元，可取消类别名称前的勾选，如图 1-56 所示。

图 1-56

7. 半透明显示

除隐藏类别外，"可见性/图形替换"对话框中还能对各类别的透明度进行调节，使其便于模型的编辑和显示，如图 1-57 所示。

调节透明度的方法是打开"可见性/图形替换"对话框，在对话框中选中需要设置的类别，单击"透明度"列"替换…"按钮，在弹出的"表面"对话框中，拖动滑块设置其透明程度，最后单击"确定"按钮完成设置，如图 1-58 所示。

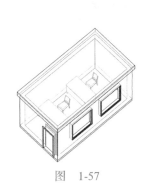
图 1-57

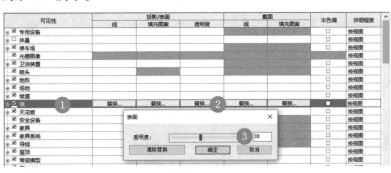
图 1-58

案例示范

（1）打开文件夹中"项目 1-2-2"文件，选中屋顶，单击视图控制栏中" 🕳 "按钮，选择"隐藏图元"，模型如图 1-59 所示。

（2）选中任一桌子，单击视图控制栏中" 🕳 "按钮，选择"隔离类别"，模型如图 1-60 所示，家具类别将从视图中独立出来。

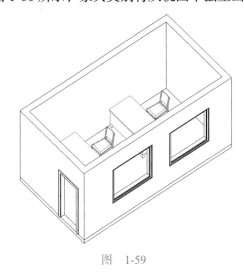
图 1-59

图 1-60

（3）继续单击视图控制栏中" 🕳 "按钮，选择"将隐藏/隔离应用到视图"，视图周围蓝色高亮框消失，临时隐藏的图元变成了永久隐藏。

（4）单击视图控制栏中""按钮，视图进入"显示隐藏图元"模式，此时视图周围出现红色高亮框，永久隐藏图元的轮廓也被红色高亮显示，如图 1-61 所示。

（5）框选全部图元，单击"修改 | 选择多个"选项卡→"显示隐藏的图元"面板→"取消隐藏类别"命令，红色高亮模型将变为浅灰色显示。设置完毕后，单击"切换显示隐藏图元模式"按钮，将视图切换回正常状态，如图 1-62 所示。观察视图，对本节透明度等其他知识点进行练习。

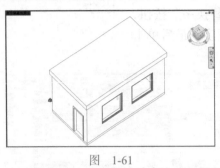

图 1-61

图 1-62

1.2.3 模型操控

任务描述

对模型进行旋转、缩放等操作是进行可视化设计时必须掌握的技能，本节的主要任务是学会利用鼠标、键盘和视立方等多种手段，对视图中的模型进行旋转、移动、缩放等操作。

任务分解

任务	用鼠标 + 键盘操纵模型	用视立方操纵模型	导航栏
知识点	1. 旋转 2. 平移 3. 缩放	4. 视立方	5. 控制盘 6. 缩放设置
视频学习	 模型操控		

知识学习

1. 旋转

三维视图下，<Shift>+ 鼠标中键可旋转模型。

2. 平移

按住鼠标中键，能将模型在视图中平移。

3. 缩放

滑动鼠标中键的滚轮能控制视图的缩放；双击鼠标中键能将模型缩放匹配至视图可见范围内。

4. 视立方

三维视图中，绘图区域的右上角有一个立方体称为"视立方"（ViewCube），如图1-63所示，视立方的状态展示了当前模型的视点和方向。

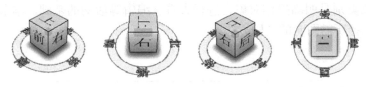

图　1-63

视立方可用于在模型的标准视图和等轴测视图之间进行切换。将鼠标指针放置到视立方上时，该工具变为活动状态。用户可以单击视立方上的面、角或者方向，将视图切换到预设情况。

5. 控制盘

绘图区域右上方如图1-64所示的面板称为导航栏，导航栏的上方是控制盘，单击它后，鼠标指针旁将跟随一个圆形控制盘，将鼠标指针悬浮于其功能块上方并按住鼠标左键，可进行相应操作。

单击控制盘下方三角形按钮，可选择控制盘类型，如图1-65所示。

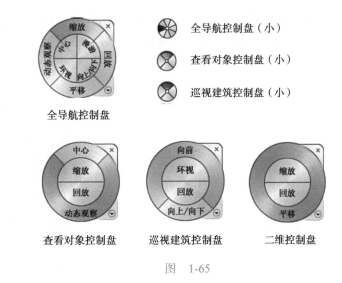

图　1-64　　　　　图　1-65

6. 缩放设置

导航栏下方的按钮是缩放选项，如图1-66所示。如果导航栏在视图中被隐藏，可单击"视图"选项卡→"窗口"面板→"用户界面"下拉列表→"导航栏"。

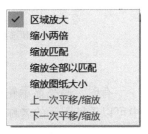

图　1-66

1.3　模型的选择

任务描述

选择图元或类别是明确操作对象，进行查看、编辑等活动的基础。本节的主要任务是通过学习掌握选择所需图元的不同方法。

任务分解

任务	选择指定图元	
知识点	1. 单选 2. 多选	3. 选择过滤 4. 选择设置
视频学习	![二维码] 模型选择	

知识学习

1. 单选

鼠标指针放置于图元上，当需要选择的图元的轮廓高亮显示时，单击鼠标左键。当整个图元高亮显示时，表示已经选择完成，如图 1-67 所示。

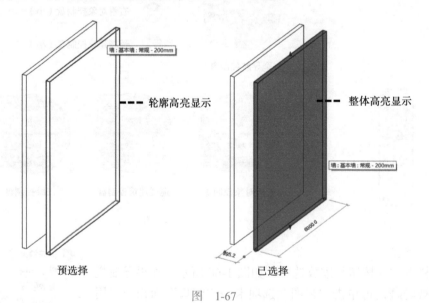

图　1-67

有时，高亮显示轮廓的图元并不是需要选择的图元，可以按 <Tab> 键切换。在状态栏中可以看见图元的名称，用以确认其是否是需要选择的图元。

2. 多选

选中一个物体，按住 <Ctrl> 键不放，继续选择其他的物体，可实现简单的多选。按住

<Shift>键，再次单击选择过的图元，可取消多选此图元。

鼠标在视图中自左上角到右下角拉出矩形框（实线框），能多选矩形框内所有完整图元（图元必须是全部在矩形框内，才能被选择上）。

鼠标在视图中自右下角到左上角拉出矩形框（虚线框），能多选矩形框内所有图元（图元任意一部分被框选，都能被选择上）。

单选任意图元，单击鼠标右键，选择"选择全部实例"→"在整个项目中"，如图 1-68 所示，可多选项目中所有与该图元一致的构件。

3. 选择过滤

在多选了两个及以上图元后，在"修改 | 选择多个"上下文选项卡中将出现"选择"面板→"过滤器"命令，单击该命令将弹出"过滤器"对话框。过滤器可以按类别在当前的选择范围中查看图元数量，并帮助我们过滤掉不需要选择的类别，如图 1-69 所示，取消勾选需要放弃选择的图元类别即可。

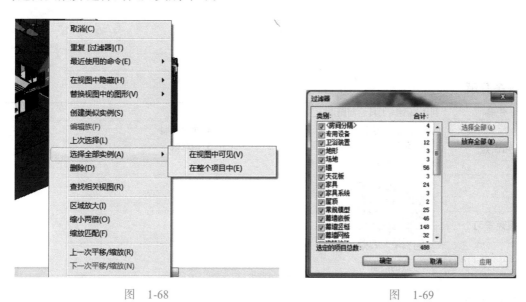

图　1-68　　　　　　　　　　　　　　　图　1-69

4. 选择设置

为方便用户更精确地选择图元、避免一些不必要的误选，Revit 软件提供了丰富的软件设置选项。状态栏最右侧（图 1-70）可对选择的方式进行更为深入的设置。

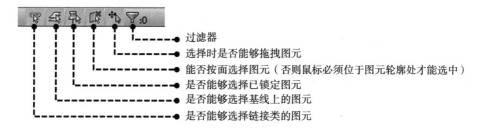

图　1-70

1.4　线的绘制

任务描述

在 Revit 软件中多数图元的建模需要通过线来完成，本节的主要任务是通过对线的单独练习以使我们能够较轻松地面对后期的建模任务。

案例：完成图 1-71 中所示模型线图案。

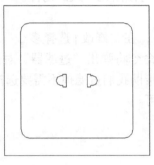

图　1-71

任务分解

任务	利用模型线工具绘制图形	
知识点	1. 模型线命令位置	4. 曲线绘制
	2. 直线绘制	5. 拾取线
	3. 几何形体绘制	
视频学习	线的绘制	

知识学习

1. 模型线命令位置

选择软件自带建筑样板新建项目，在功能区单击"🦯"图标，即可激活"模型线"命令。该图标位于"建筑"选项卡→"模型"面板中。模型线的默认快捷方式为 <LI>。

2. 直线绘制

激活模型线命令后，功能区出现"修改|放置线"选项卡，如图 1-72 所示。单击"绘制"面板中"✏"按钮，鼠标在绘图区域中变为十字形，即可在视图中绘制直线。

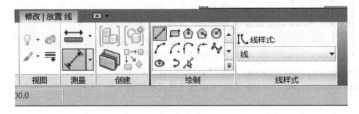

图　1-72

直线通过鼠标单击两端点创建。单击完第一点后，鼠标放在第二点方向处，键盘输入两点距离后按 <Enter> 键确认，可精确控制线段长度。

选择直线工具后，选项栏中将出现"链"和"偏移量"等选项，如图 1-73 所示。绘制直线前可根据自己的需要进行提前设定。

当勾选了"链"时，线的绘制随着鼠标单击是连续的，反之则会另起一点开始新线段的绘制，如图 1-74 所示。

"偏移量"可以控制线段距离鼠标单击处的距离，如图 1-75 所示。

图　1-73

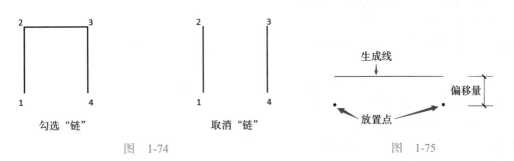

图　1-74　　　　　　　　　　　　　图　1-75

绘制直线前，在选项栏中勾选"半径"并设置好半径值后，模型线在绘制中将自动生成圆角，如图 1-76 所示。

3. 几何形体绘制

"修改 | 放置线"选项卡→"绘制"面板中，" ▭ "工具可用来通过单击两点生成矩形（图 1-77）。单击矩形工具后，选项栏中的"偏移量"和"半径"与绘制直线工具中的设置一致。

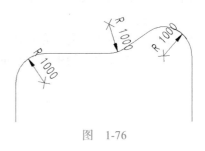

图　1-76

"绘制"面板中，" ⬠ "" ⬠ "两个工具可用来通过单击两点创建多边形体，它们的区别从图标中可以看出，即内接与外接（图 1-78）。选择了多边形工具后，应在选项栏" 边:6 "中定义多边形的边数，设置完毕后即可绘制。

"绘制"面板中，" ⊘ "和" ◉ "工具分别用来绘制圆形和椭圆形，圆形与椭圆形通过给定圆心和半径确定（图 1-79）。

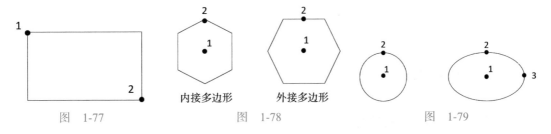

图　1-77　　　　　　　图　1-78　　　　　　　图　1-79

4. 曲线绘制

"绘制"面板中，" ⌒ ⌒ ⌒ ⌒ ⤳ ⤳ "等工具可用来创建曲线，它们的功能依次是：通过指定起点、终点和弧半径创建曲线；通过指定弧的中心点、起点和端点创建弧线；创建连接现有线一端的曲线；圆角工具；样条曲线；半椭圆。

5. 拾取线

"绘制"面板中，""可以帮助用户通过拾取的方式绘制线条，该工具能拾取建筑模型中的各类线条，以及导入文件中的 CAD 线型等，能给绘制图案带来很大便利。

案例示范

（1）要完成案例中所示插座面板，首先选择软件自带建筑样板新建项目文件，在默认的标高 1 楼层平面视图中，激活"模型线"命令。

（2）选择"修改|放置线"选项卡→"绘制"面板中""或""工具，在视图中绘制一个边长为85mm的方形，如图 1-80 所示。

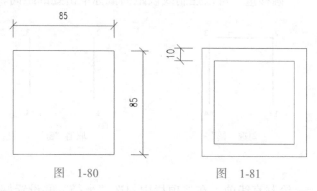

图 1-80　　　　图 1-81

（3）选择""矩形工具，在选项栏中输入"偏移量"为"10"，拾取原有方形的对角两点，在方形内继续绘制一个方形（空格键可控制偏移的方向），如图 1-81 所示。

（4）选择圆角弧""工具，在选项栏中勾选"半径"并输入"5"，然后在绘图区域依次单击小方形四条边，为其制作圆角，如图 1-82 所示。

（5）捕捉方形边的中点，在面板上绘制两条线段作为辅助线，如图 1-83 所示。

（6）如图 1-84 所示，运用直线和曲线工具在面板中央绘制插孔，绘制完成后删除辅助模型线，保存项目文件，完成样例参见文件夹中"项目 1-4"文件。

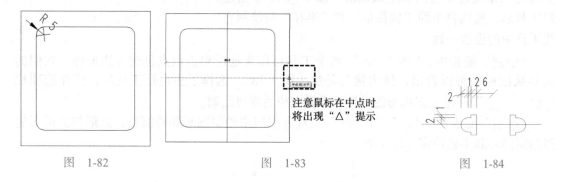

注意鼠标在中点时将出现"△"提示

图　1-82　　　　　　图　1-83　　　　　　图　1-84

1.5　常规修改操作

1.5.1　临时尺寸标注与控制柄

任务描述

选中绘图区域中已经绘制完成的图元，图元旁边会出现淡蓝色的尺寸标注和控制柄，如图 1-85 所示，本节的主要任务是学会利用这些尺寸和控制柄对图元做出修改。

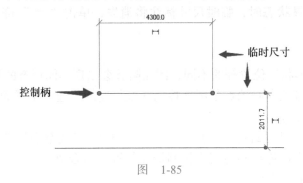

图 1-85

任务分解

任务	修改图元形状与位置
知识点	1. 临时尺寸标注 2. 控制柄
视频学习	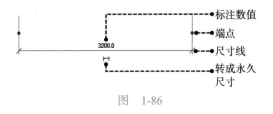 临时尺寸标注与控制柄

知识学习

1. 临时尺寸标注

如图 1-86 所示，临时尺寸由尺寸线、标注数值和端点等内容组成。

临时尺寸根据端点位置的不同在作用上略有区别：如果尺寸的端点都在图元上，那么这一临时尺寸可以控制图元的尺寸；如果临时尺寸的端点一个位于本图元，另一个在其他图元上，那么它主要是用来控制这一图元与其他图元的距离或角度等内容，如图 1-87 所示。

图 1-86

如果尺寸的端点不在需要的位置，可以将其拖拽到所需位置。

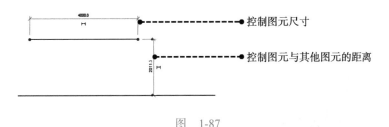

图 1-87

标注数值显示了临时尺寸的值，编辑它也可以驱动图元参数的改变：将鼠标放置于标注数值上，单击左键，标注数值周围将出现蓝色外框并进入编辑状态，修改数值后单击

<Enter> 键，图元将随数值变化改变其大小、方向或距离等。

当图元不在被选择状态时，临时尺寸标注将消失，单击"⊢⊣"符号可以将临时尺寸变为永久尺寸标注。

2. 控制柄

根据图元类别、形状、位置等的不同，图元附近会出现不同形态的控制柄。

通常线段两端的蓝色实心端点是用来控制线段长度的，通过鼠标的拖拽，线段长度会随之改变，如图 1-88 所示。

选中曲线图元，会出现蓝色空心控制柄（图 1-89），拖拽空心控制柄可以用来修改曲线的弧半径等内容。当蓝色空心与实心控制柄在位置上重合成"◉"时，单选物体时用于切换的 <Tab> 键在此同样有效。

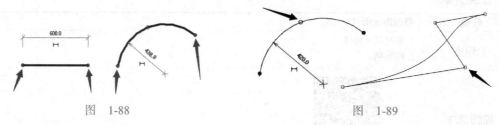

图 1-88 图 1-89

除上述拖拽控制柄以外，Revit 软件中还有翻转控件、图钉、旋转等各种功能的控制柄，将在后面章节中涉及。

1.5.2 对象的基本编辑

任务描述

Revit 软件的"修改"选项卡→"修改"面板中提供了丰富的编辑工具（图 1-90），可供用户对图元进行复制、阵列等操作，本节的主要任务是以模型线为练习对象来学习这些工具的使用。

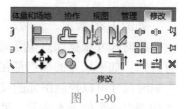

图 1-90

任务分解

任务	编辑模型线	
知识点	1. 对齐	7. 修剪与延伸
	2. 偏移	8. 拆分
	3. 镜像	9. 阵列
	4. 移动	10. 缩放
	5. 复制	11. 锁定与解锁
	6. 旋转	12. 删除
视频学习	对象的基本编辑	

知识学习

1. 对齐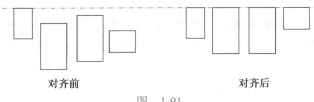

"对齐"命令可以将一个或多个图元与选定的图元对齐，如图 1-91 所示。

对齐前　　　　　　　　　对齐后

图　1-91

在进行对齐操作时，应首先激活"对齐"命令，再单击基准图元的轮廓，最后单击需要对齐的图元轮廓，即可完成一次对齐操作。

如果要一次性对齐多个图元，激活"对齐"命令后，应在选项栏中勾选"多重对齐"。

2. 偏移

"偏移"命令用于将选定的图元复制或移动到其长度的垂直方向上的指定距离处，如图 1-92 所示。

在进行偏移操作时，应首先激活"偏移"命令，然后在选项栏里输入偏移的距离，接着选择需要偏移的图元即可。

向内或向外偏移可用空格键切换，偏移确认前会有淡蓝色虚线提示偏移后的位置所在。

如果偏移后要删除原有图元，偏移前应在选项栏中取消勾选"复制"。

3. 镜像

"镜像"命令用于反转选定图元，如图 1-93 所示。

图　1-92　　　　　　　　　　　图　1-93

如果镜像轴是绘图区域中已经存在的线，可先选择需要镜像的图元，再单击" "命令，拾取已有线段作为镜像轴。

如果绘图区域并没有可拾取的镜像轴，应选择需要镜像的图元，再单击" "命令，在绘图区域中手动绘制镜像轴。

4. 移动

要移动图元，应选择该图元，单击"移动"命令，在绘图区域单击一点作为图元移动的起点，再单击另一点作为移动的终点。

在移动图元前，勾选选项栏中的"约束"选项，可使图元仅向垂直或水平方向移动。

5. 复制

"复制"命令是建模过程中经常用到的编辑命令，要复制图元，应选择该图元，单击

"复制"命令，在绘图区域单击一点作为参照起点，再单击另一点将复制图元放到该处。

如果要一次性复制多个图元，可在选项栏中勾选"多个"，这样可以连续复制同一图元到不同位置。

6. 旋转 ↻

要旋转图元，应先选择该图元，单击"旋转"命令，此时被选择图元的中央将出现默认的轴心（图 1-94），旋转轴心可以拖拽改变其位置。在确定好旋转轴心后，可在绘图区域单击一点作为旋转的起点，再单击另一点（或是在选项栏直接输入角度）确定旋转的角度。

图 1-94

7. 修剪与延伸 ⊐⌐ ⊐⌐ ⊐⌐

"修剪与延伸"命令多用于墙体或轮廓的编辑，如图 1-95 所示。

修剪为角   延伸为角   延伸   延伸多个

图 1-95

要将两条轮廓线修剪或延伸为夹角，应确保它们不平行，单击"修剪 / 延伸为角 ⊐⌐"命令，然后依次单击两根轮廓线即可。延伸"⊐⌐""⊐⌐"与修剪"⊐⌐"命令的差别如图 1-95 所示，三者使用流程是一致的。

8. 拆分 ◁▷ ◁▷

"拆分"命令可用来把整体的线在特定的位置打断，Revit 软件中，拆分可分为直接拆分和有间隙拆分，其区别在于拆分后打断处是否留有间隙。

模型线不能进行有间隙拆分，要拆分模型线可直接单击"◁▷"图标，当鼠标在绘图区域中变成刻刀形状时，单击模型线需要拆分的位置即可。

9. 阵列 ▦

"阵列"命令可用来按一定路径多重复制图元（图 1-96、图 1-97）。

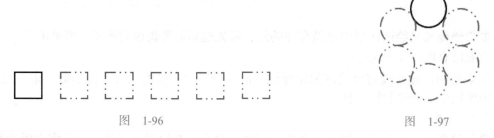

图 1-96

图 1-97

要执行阵列操作，应先选择需要阵列的图元，再单击"阵列"命令，并在选项栏中对阵列数量进行设置，接着在绘图区域单击第一点作为阵列基准点，再次单击另一点作为阵列第二点或终点。

在选项栏中（图 1-98），"移动到第二个"

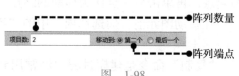

图 1-98

表示鼠标在绘图区域单击的两点距离是阵列中第一个图元和第二个图元之间的间距，其他后续图元将使用相同的间距；"移动到最后一个"表示鼠标单击的两点距离是阵列中第一个图元和最后一个图元的间距，所有剩余的图元将在它们之间以相等间隔分布。

在选项栏中勾选"成组并关联"，阵列出来的图元将一直保持等距、相关联的状态，如果未勾选"成组并关联"，阵列命令完成后，图元是相互独立的。

10. 缩放 🔲

"缩放"命令主要用于对线、导入 dwg 文件等内容进行缩放。激活"缩放"命令后，在选项栏里可以选择以数值方式精确缩放，也可以用鼠标控制缩放的大小。

11. 锁定与解锁 🔒 🔓

为避免创建模型时对其他图元的误操作，可用"🔒"锁定工具将图元进行锁定。图元被锁定后，如果对它尝试编辑将弹出错误提示框，直至用"🔓"工具解锁完成。

12. 删除 ✖

建模过程中多余的图元可单击键盘 <Delete> 键删除，也可以选中图元后单击"修改"面板中的"✖"图标执行删除操作。

1.5.3 设置工作平面

任务描述

同样的模型线，在三维空间里可能处于不同的方向或起始位置。在 Revit 软件中，视图或绘制图元起始位置是由工作平面来决定的，本节的主要任务是学习如何设置工作平面。

任务分解

任务	为图元确定工作平面	
知识点	1. 工作平面 2. 指定工作平面 3. 显示工作平面	4. 参照平面 5. 修改工作平面
视频学习	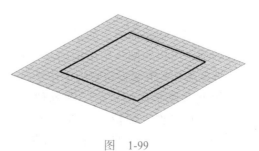 设置工作平面	

知识学习

1. 工作平面

工作平面是绘制图元起始位置的虚拟二维表面（图 1-99）。要把图元绘制在三维空间的准确位置，就要先指定工作平面。

2. 指定工作平面

在某些视图（如平面视图、三维视图和绘图视图）中，工作平面是自动设置的，例如在

图 1-99

"1.4 线的绘制"中，自带样板打开后默认处于平面视图中，该视图已预先设置了"标高 1"作为工作平面，模型线将默认绘制在该平面中（图 1-100），因此在绘制模型线时感觉不到工作平面的存在。

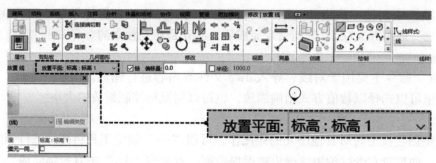

图 1-100

在其他视图（如立面视图和剖面视图）中，工作平面并未设置，单击"模型线"等命令后，软件将弹出"工作平面"对话框（图 1-101），提示用户在绘制模型线前应先指定工作平面。

要指定工作平面，可单击"建筑"选项卡→"工作平面"面板→"设置"命令，打开图 1-101 所示对话框。指定工作平面的方式有：按名称指定、拾取模型中已有平面、继承已有线的工作平面等几种，其中拾取模型中已有平面的方式较为常见。

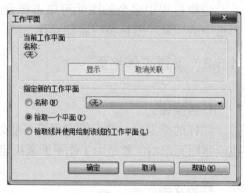

图 1-101

拾取一个已有平面作为工作平面，其方法是在"工作平面"对话框中，选择"拾取一个平面"，然后单击"确定"，对话框消失后，将鼠标放置在预选面上（为方便选择，可在软件界面右下方将选择设置中的按面选择"⟶"开启），待其轮廓蓝色高亮显示时单击鼠标左键完成指定，指定完成后可结合"显示工作平面"查看是否已经指定正确。

3. 显示工作平面

工作平面通常是隐藏的，单击"建筑"选项卡→"工作平面"面板→"显示"命令后，可以在绘图区域中看见一个淡蓝色的平面（图 1-102），即当前视图已指定的活动工作平面。

4. 参照平面

在指定工作平面时，如果视图中没有可供拾取的模型表面，可以绘制一个虚拟的参照平面，再通过拾取或选择名称的方法设定它为工作平面。

绘制参照平面的"⟶"图标位于"建筑"选项卡→"工作平面"面板中，其快捷方式为 <RP>，其绘制的方式与模型线的绘制方式相同。参照平面的线型为虚线，建模时也通常用来当作

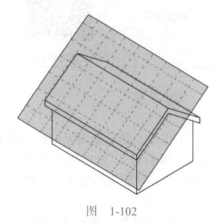

图 1-102

辅助线。

新绘制的参照平面没有名称，只有命名后才能在"工作平面"对话框中按名称找到该参照平面。要为参照平面命名，应选中该平面，在其"属性"面板中输入名称（图 1-103）。命名后再打开"工作平面"对话框，可以在"名称"中找到新命名的参照平面并进行指定（图 1-104）。

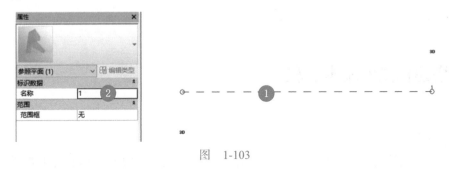

图　1-103

5. 修改工作平面

要更改已绘制图元的所在平面，可选中该图元，单击"修改"上下文选项卡→"工作平面"面板→"编辑工作平面"命令，打开图 1-101 所示"工作平面"对话框，再对工作平面重新设置即可。

如果是重新拾取面作为工作平面，可直接选择"修改"上下文选项卡→"工作平面"面板→"拾取新的工作平面"命令，选择"放置"面板中的"面"或"工作平面"以后，再在绘图区域中用鼠标点选相应的面即可，如图 1-105 所示。

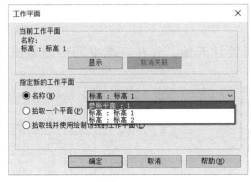

图　1-104

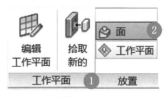

图　1-105

模块 2　建筑建模的初步学习

2.1　搭建模型的基本流程

任务描述

在熟悉了软件的基本操作后，本章将开始创建建筑信息模型，本节的主要任务是在建模之前对建模的基本流程进行了解。

任务分解

任务	了解建模流程
知识点	1. 初步布局 2. 模型的制作与深化 3. 模型应用

知识学习

1. 初步布局

Revit 软件建模首先从体量研究或现有设计开始，先在三维空间中划定出参照（图 2-1），即绘制标高和轴网（图 2-2）。

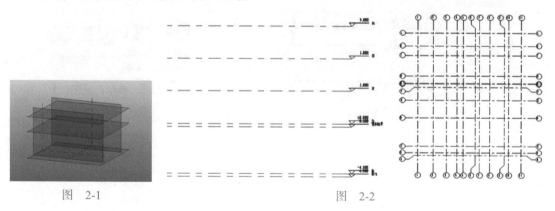

图　2-1　　　　　　　　　　　　　　　　图　2-2

2. 模型的制作与深化

制作模型是工作流程中的核心环节，建模的过程应遵循从整体到局部的流程：首先创建常规的建筑构件（墙、楼板、屋顶）；然后深化设计，添加更多详细构件（楼梯、房间、家具），如图 2-3 所示。

3. 模型应用

模型制作完成后，要发挥其应用价值，应设法从中提取信息数据，并将这些数据应用于设计的各个环节，例如渲染、绘制施工图、数据统计、碰撞检测、节能分析等（图 2-4）。

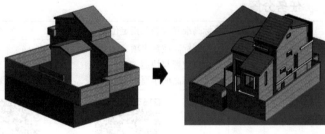

图　2-3

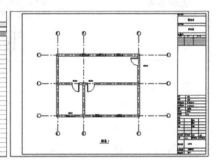

图　2-4

2.2　搭建模型的主要功能模块

2.2.1　标高

任务描述

在项目中，标高是有限水平平面，用作屋顶、楼板和天花板等以标高为主体的图元的参照。本节的主要任务是学习"标高"命令的主要知识要点。

案例：完成图 2-5 中所示标高。

$$9.000 \quad F4$$

$$6.000 \quad F3$$

$$3.000 \quad F2$$

$$\pm 0.000 \quad F1$$
$$-0.300 \quad 室外地坪$$

$$-4.600 \quad B1$$
$$-4.900 \quad B1\text{-}1$$

图　2-5

任务分解

任务	将标高准确绘制到指定位置	编辑标高样式
知识点	1. 绘制标高注意事项 2. 命令位置与快捷方式 3. 生成标高的主要方式	4. 实例属性与类型属性 5. 标高的实例属性与类型属性 6. 标高的控制柄
视频学习	将标高准确绘 制到指定位置　标高的控制柄	标高的实例属 性与类型属性

知识学习

1. 绘制标高注意事项

标高应在立面视图上进行绘制，绘制前可双击"项目浏览器"中任意立面视图，以进行活动视图的切换，如图 2-6 所示。

图　2-6

2. 命令位置与快捷方式

在功能区单击"＋"图标，即可激活"标高"命令。该图标位于"建筑"选项卡→"基准"面板中，在"结构"选项卡→"基准"面板中也有该图标，如图 2-7 所示。

图　2-7

绘制轴网的默认快捷方式为 <LL>。

3. 生成标高的主要方式

直接绘制：激活"标高"命令后，鼠标在绘图区域变为十字形，表示可在绘图区域进行标高的绘制，标高绘制方法与模型线绘制方法相同，都是单击线段两个端点即可。

复制或阵列：选中标高，单击"修改 | 标高"选项卡中的"复制""阵列"等命令，可实现快速创建标高。修改命令的操作请参照"1.5.2 对象的基本编辑"。

注意：新绘制标高的名称将相对于前一标高的名称自动递增（图2-8），因此在绘制标高时，要注意绘制的顺序。

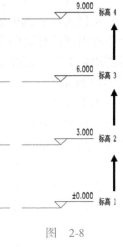

图　2-8

4. 实例属性与类型属性

"项目"由"族"所组成，而族下包含了不同的"类型"，这些类型放置在项目中，称之为"实例"（单个图元），其关系如图2-9所示。每一个实例都有两个用来控制其外观和行为的属性：实例属性和类型属性。

实例属性：实例属性是每一个实例特有的属性，修改实例属性的值将只影响选择的实例或者将要放置的实例。

类型属性：类型属性是指同一族类型下所有实例共有的属性，修改类型属性的值会影响该族类型当前和将来的所有实例。

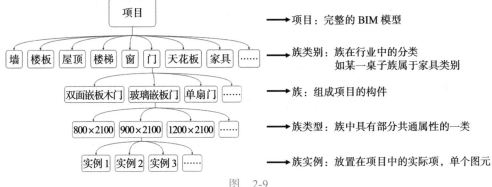

图　2-9

选中图元后，在"属性"面板上直接可以修改的是图元的实例属性；单击"属性"面板中"编辑类型"按钮，在弹出的"类型属性"对话框中可修改图元的类型属性，如图2-10所示。

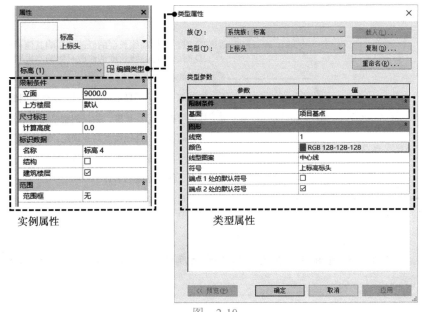

图　2-10

5. 标高的实例属性与类型属性

实例属性：选中标高后，在"属性"面板中将出现该标高的实例属性，项目中经常需要用到的是立面高度值和标高的名称，如图 2-11 所示。

类型属性：单击"属性"面板中"编辑类型"按钮，将弹出标高的"类型属性"对话框，其功能如图 2-12 所示。

6. 标高的控制柄

在绘图区域中选择标高后，标高附近将显示各种控制柄和操纵柄，其功能如图 2-13 所示。

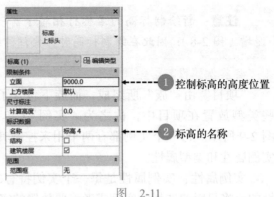

图 2-11

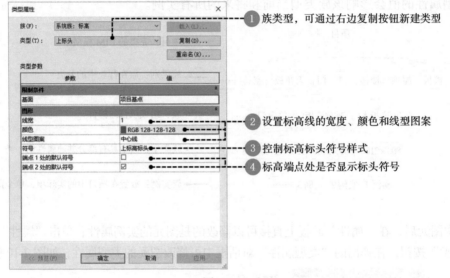

图 2-12

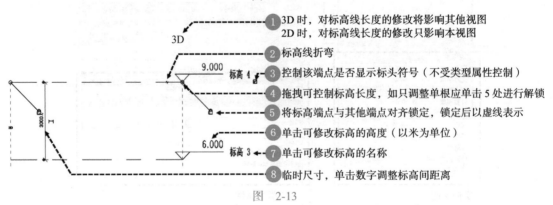

图 2-13

> **注意**：除名称、位置和 3D 情况下标高的长度外，标高的各控制柄只能修改它在本视图中的样式。

案例示范

（1）打开 Revit 软件，选用软件自带的"建筑样板"新建一个项目。

（2）在"项目浏览器"中展开"立面"项，双击任意方向进入立面视图。

（3）在绘图区域中，单击标头名称激活文本框，重命名"标高 1"为"F1"，"标高 2"为"F2"。

（4）单击标头处高度数值激活数据，调整 F2 标高，将一层与二层之间的层高修改为 3m，如图 2-14 所示。

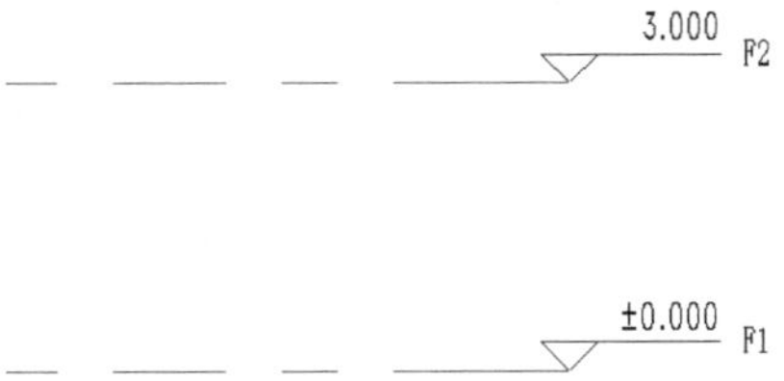

（5）单击"建筑"选项卡→"基准"面板→"标高"命令，在 F2 标高左上方单击，向右移动鼠标，在标高终点处单击结束绘制标高 F3，选择标高 F3，激活临时尺寸标注，调整其与 F2 的间隔使间距为 3000mm，如图 2-15 所示。

$$\overline{}\!\!\!\nabla \quad 3.000 \quad F2$$

$$\overline{}\!\!\!\nabla \quad \pm0.000 \quad F1$$

图 2-14

（6）选择 F3 标高，单击"修改 | 标高"上下文选项卡→"修改"面板→"阵列"命令。移动光标在标高 F3 上单击捕捉一点作为复制参考点，然后垂直向上移动光标，输入间距值"3000"后按 <Enter> 键确认复制新的标高。

图 2-15

（7）选择标高 F2，单击"修改 | 标高"选项卡→"修改"面板→"复制"命令，选项栏勾选"约束"和"多个"。移动光标在标高 F2 上单击捕捉一点作为复制参考点，然后垂直向下移动光标，输入间距值"3300"后按 <Enter> 键确认后复制新的标高。

（8）继续向下移动光标，分别输入间距值"4300""300"后按 <Enter> 键确认复制另外两条新的标高。

（9）依次为新复制的三条标高命名为"室外地坪""B1"和"B1-1"，如图 2-16 所示。

（10）按住 <Ctrl> 键单击拾取标高"室外地坪"和"B1-1"，从"属性"面板的类型选择器下拉列表中选择"下标头"类型，两个标头自动向下翻转方向，如图 2-17 所示。

（11）选中任意下标头，在"属性"面板→"编辑类型"命令中，将标高（下标头）的"线型图案"改为"中心线"，如图 2-18 所示。

（12）观察立面四个视图，都生成了标高，保存文件。完成样例参见文件夹中"项目 2-2-1"文件。

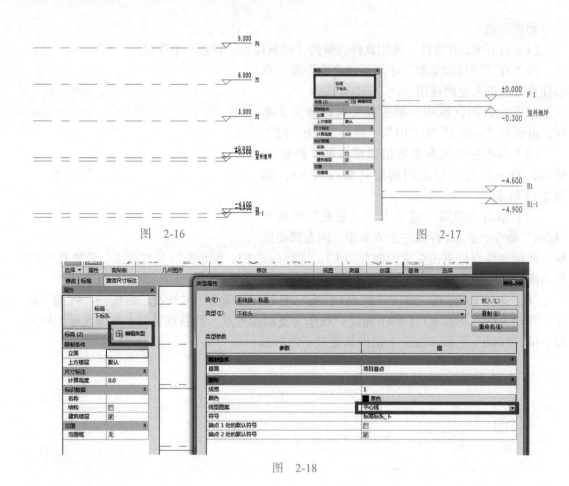

图　2-16　　　　　　　　　　　图　2-17

图　2-18

2.2.2　轴网

任务描述

在项目中，轴线主要用来为墙体、柱等建筑构件提供平、立面位置参照。在 Revit 软件中，可以将它看作有限平面。本节的主要任务是学习"轴网"命令的主要知识要点。

案例：完成图 2-19 所示轴线。

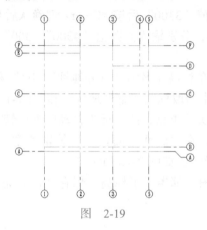

图　2-19

任务分解

任务	将轴网准确绘制到指定位置	编辑轴网样式
知识点	1.绘制轴网注意事项 2.命令位置与快捷方式 3.生成轴网的主要方式	4.轴网的实例属性与类型属性 5.轴线的控制柄 6.标高与轴网的影响范围 7.平、立面视图的创建
视频学习	将轴网准确绘制到指定位置	轴网的实例属性与类型属性，轴线的控制柄，标高与轴网的影响范围	平、立面视图的创建

知识学习

1.绘制轴网注意事项

轴网宜在平面视图上进行绘制，绘制前可双击"项目浏览器"中任意楼层平面视图，以进行活动视图的切换，如图 2-20所示。

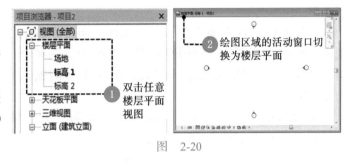

图　2-20

2.命令位置与快捷方式

在功能区单击"⊞"图标，即可激活"轴网"命令。该图标位于"建筑"选项卡→"基准"面板中，在"结构"选项卡→"基准"面板中也有该图标，如图 2-21 所示。

绘制轴网的默认快捷方式为 <GR>。

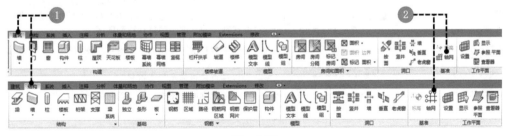

图　2-21

3.生成轴网的主要方式

直接绘制：激活"轴网"命令后，功能区将出现"修改|放置轴网"选项卡，在该选项卡的"绘制"面板中选择一个草图选项，即可在绘图区域中进行绘制，绘制方法同模型线生成。若轴线由多段线条构成，应用"〜"（多段）进行绘制。

拾取生成：使用"〜"（拾取线）可捕捉到 CAD、墙体等项目中已有的线条作为轴网，如图 2-22 所示。

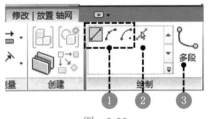

图　2-22

复制或阵列等：选中轴线，单击"修改 | 轴网"选项卡中的"复制""阵列"或"镜像"等命令，可实现快速创建轴线。修改命令的操作请参见"1.5.2 对象的基本编辑"。

> **注意：** 同标高一样，新绘制轴线的名称相对于前一轴线的名称自动递增，因此在绘制轴网时，要注意绘制的顺序。因为镜像生成的轴线名称也会被镜像，所以在没有插件的情况下，镜像生成的轴网还需要手动调整轴线的名称，如图 2-23 所示。

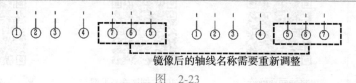

镜像后的轴线名称需要重新调整

图 2-23

4. 轴网的实例属性与类型属性

轴网的外观样式可以通过实例属性和类型属性进行调整。

实例属性：选中轴线后，在"属性"面板中将出现该轴线的实例属性。轴网经常需要修改的实例属性是"名称"，它可以是数字或字母。第一个实例默认为 1，如图 2-24 所示。

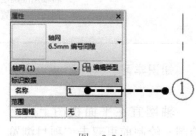

图 2-24

类型属性：单击"属性"面板中"编辑类型"按钮，将弹出轴网的"类型属性"对话框，其功能如图 2-25 所示。

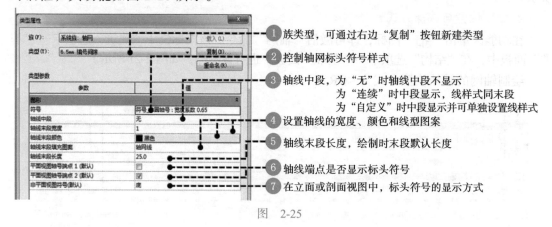

① 族类型，可通过右边"复制"按钮新建类型

② 控制轴网标头符号样式

③ 轴线中段，为"无"时轴线中段不显示
为"连续"时中段显示，线样式同末段
为"自定义"时中段显示并可单独设置线样式

④ 设置轴线的宽度、颜色和线型图案

⑤ 轴线末段长度，绘制时末段默认长度

⑥ 轴线端点是否显示标头符号

⑦ 在立面或剖面视图中，标头符号的显示方式

图　2-25

5. 轴线的控制柄

在绘图区域中选择轴线后，轴线附近将显示各种控制柄和操纵柄，其功能如图 2-26 所示。

> **注意：** 除轴线名称、位置和 3D 情况下轴线的长度外，轴网的各控制柄只能修改它在本视图中的样式。

6. 标高与轴网的影响范围

为使各视图中轴网样式一致，可打开已经设置好轴网的平面视图，选中全部轴线，单击"修改 | 轴网"选项卡中的"影响基准范围"命令，在弹出的对话框中选择需要影响的相应视图，确认后打开各视图进行查看，如图 2-27 所示。

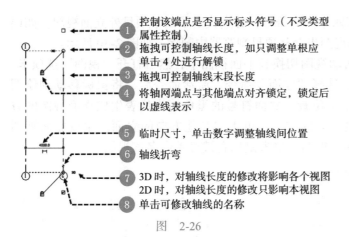

① 控制该端点是否显示标头符号（不受类型属性控制）

② 拖拽可控制轴线长度，如只调整单根应单击 4 处进行解锁

③ 拖拽可控制轴线末段长度

④ 将轴网端点与其他端点对齐锁定，锁定后以虚线表示

⑤ 临时尺寸，单击数字调整轴线间位置

⑥ 轴线折弯

⑦ 3D 时，对轴线长度的修改将影响各个视图
2D 时，对轴线长度的修改只影响本视图

⑧ 单击可修改轴线的名称

图　2-26

图　2-27

7. 平、立面视图的创建

绘制完轴网以后，可切换到其他平面视图中对轴网进行查看。

> **注意：** 通过阵列或者复制方式绘制标高，默认情况下不会生成相应楼层的平面视图；在绘制标高时未勾选"创建平面视图"选项，同样不会生成相应视图，如图 2-28 所示。

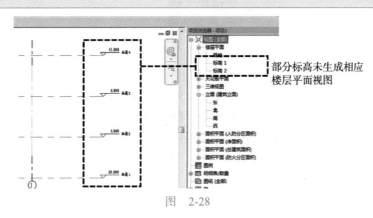

部分标高未生成相应楼层平面视图

图　2-28

如果要创建平面视图，应打开"视图"选项卡，单击"平面视图"命令旁三角形按钮，选择"楼层平面"命令，在弹出的对话框中选择要生成平面视图的标高，单击"确定"后，将生成相应视图，如图 2-29 所示。

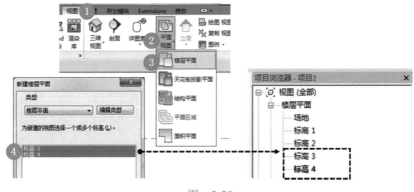

图　2-29

在默认的楼层平面视图中，有四个立面符号，分别代表了四个项目外立面视图。如误操作删去了某一立面符号，该立面视图也会从项目浏览器中删除，如图2-30所示。

如果要创建立面视图，应将活动视图切换到平面视图中，然后打开"视图"选项卡，单击"立面"命令旁三角形按钮，选择"立面"命令。激活命令后，将鼠标移动到绘图区域中，单击将立面符号放置在指定位置。立面符号的黑色箭头代表生成立面视图的方向（图2-31）。勾选立面符号其他方向的方框，可生成其他方向的立面。生成立面视图后，在"项目浏览器"中可查看到该视图，单击鼠标右键可重命名该视图。

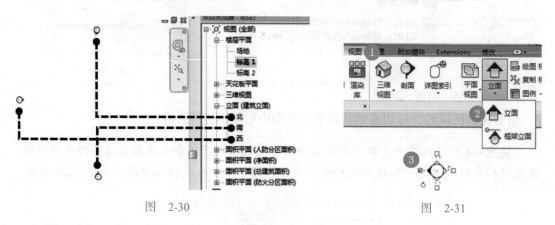

图 2-30　　　　　　　　　　　　　　　　　图 2-31

案例示范

（1）打开本节文件夹中"项目2-2-2-1"文件，打开标高1楼层平面视图。同标高一样，在一个视图中绘制完成后，其他平面图、剖面图与立面图都将自动显示。

（2）单击"轴网"命令，在绘图区域绘制第一条垂直轴线，轴号为"1"，如图2-32所示。

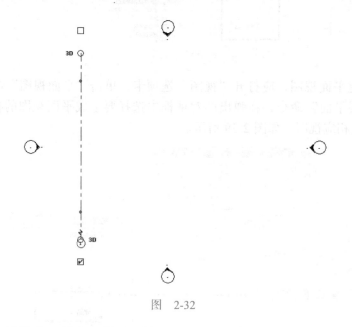

图 2-32

（3）选择1号轴线，单击"修改 | 轴网"上下文选项卡中的"复制"命令，在选项

栏勾选"约束"和"多个",移动光标在1号轴线上单击捕捉一点作为复制参考点,然后水平向右移动光标,输入间距值4000,按 <Enter> 键确认后复制2号轴线。保持光标位于新复制的轴线右侧,分别输入3600、3000、1000后按 <Enter> 键确认,完成后结果如图2-33所示。

(4)单击"轴网"命令,在如图2-34所示位置绘制一条水平轴线。双击新创建水平轴线的标头,激活文本框,修改标头文字为"A",创建A号轴线。

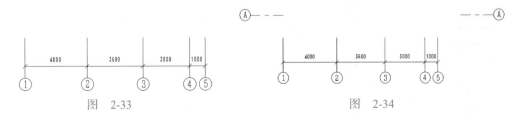

图　2-33　　　　　　　　　　　　　图　2-34

(5)选择A号轴线,单击"修改|轴网"上下文选项卡中的"复制"命令,在选项栏勾选"约束"和"多个",移动光标在A号轴线上单击捕捉一点作为复制参考点,然后垂直向上移动光标,保持光标位于新复制的轴线上方,分别输入500、5700、3000、1500、700后按 <Enter> 键确认,完成复制。创建完成轴网如图2-35所示。

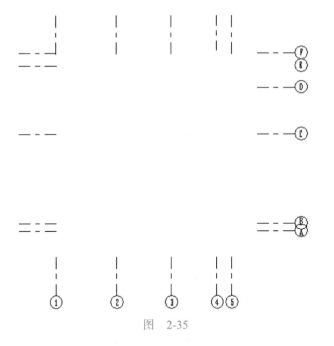

图　2-35

(6)选择任意轴线,在"属性"面板中,编辑轴线类型,将"轴线中段"改成"自定义",修改轴网属性,如图2-36所示。

(7)选择需要偏移标头的轴线,在标头附近单击折弯符号,如图2-37所示。

(8)在绘图区域中,分别选择"4""B""D""E"轴,取消它们一端标头符号的显示,并解锁,然后拖动到指定位置,如图2-38所示。

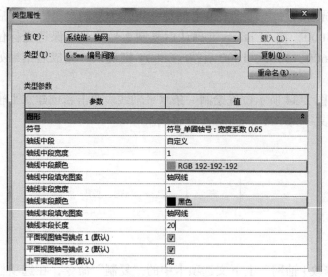

图　2-36

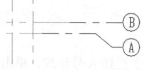

图　2-37

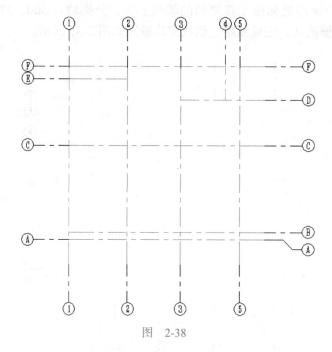

图　2-38

（9）单击"视图"选项卡→"创建"面板→"平面视图"→"楼层平面"命令，打开"新建楼层平面"对话框。从下拉列表中选择"标高3"和"标高4"，单击"确定"后，在"项目浏览器"中创建了新的楼层平面"标高3"和"标高4"，并自动打开"标高4"作为当前视图。回到立面视图中，"标高3"和"标高4"标头变成蓝色显示。

（10）在"标高1楼层平面"视图中选择全部轴网，在"修改 | 轴网"上下文选项卡→"基准"面板中选择"影响范围"命令，选择其余3个楼层平面视图，单击"确定"。

（11）在"项目浏览器"中打开立面视图并观察轴网，适当调整标高标头位置。

（12）在F1楼层平面视图中选择全部轴网，单击"修改 | 轴网"上下文选项卡中"锁

定"命令用以固定轴网位置,避免项目绘制过程中删除以及移位等误操作。保存文件即完成样例。完成样例参见文件夹中"项目 2-2-2-2"文件。

2.2.3　墙体

任务描述

墙体是建筑物的重要组成部分,它既是承重构件也是围护构件。在绘制墙体时,需要综合考虑墙体的所在楼层、绘制路径、起止高度、用途、结构、材质等各种信息。本节的主要任务是学习创建墙体的主要知识要点。

案例:完成图 2-39 中所示墙体。

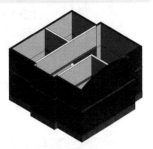

图　2-39

任务分解

任务	将墙体准确绘制到指定位置	编辑墙体样式	其他种类墙体的绘制	墙体显示样式
知识点	1.绘制墙体前注意事项 2.命令位置与快捷方式 3.设置选项栏 4.绘制墙体的主要方式	5.墙的实例属性与类型属性 6.墙的控制柄 7.墙连接 8.拆分墙 9.编辑墙轮廓	10.基本墙、叠层墙、幕墙 11.建筑墙、结构墙、面墙 12.墙饰条与墙分隔缝	13.墙体显示与视图详细程度
视频学习	将墙体准确绘制到指定位置	墙的结构编辑	墙的实例属性与类型属性、墙的控制柄、墙的连接与拆分、编辑墙轮廓	
	基本墙、叠层墙、幕墙	建筑墙、结构墙、面墙、墙饰条与墙分隔缝	墙体显示样式	

知识学习

1. 绘制墙体前注意事项

标高与轴网完成后,可以进行墙体的绘制,绘制墙体前应先明确墙体的常规信息,如墙体所在楼层、绘制路径、起止高度、用途、结构、材质等。

墙体一般在平面视图中进行绘制,绘制前应先双击"项目浏览器"中墙体所在的楼层平面视图,将活动视图切换到墙体所在的楼层平面,如图 2-40 所示。

2. 命令位置与快捷方式

在功能区单击"🗋"图标,即可激活"墙"命令。该图标位于"建筑"选项卡→"构建"面板中,如图 2-41 所示。

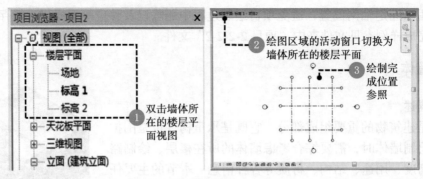

图　2-40

图　2-41

绘制墙的默认快捷方式为 <WA>。

3. 设置选项栏

激活"墙"命令后，功能区出现"修改|放置墙"上下文选项卡，选项栏也出现相应选项。在绘制前，可以在选项栏和实例属性面板中对墙体的类型、高度、定位线、偏移量等内容进行设置。

选择墙体类型：在 Revit 软件中，墙体的构造是类型属性，因此绘制不同构造的墙体需要在"属性"面板中选择相应的墙体类型，如图 2-42 所示。

定义墙体高度：与 AutoCAD 绘制墙体不同，Revit 软件绘制的墙体是三维的墙体，因此在绘制时，应考虑墙体立面关系。确定墙体高度的信息在实例属性面板中，如图 2-43 所示。当限制条件发生改变时，墙体高度会随之改变。

图　2-42

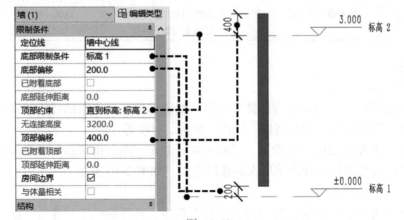

图　2-43

　　墙体定位线:如图 2-44 所示,定位线是指通过指定的路径使用墙的某一个垂直平面来定位墙体的虚线。定位线可在实例属性面板或选项栏中设定。绘制墙体后,其定位线便永久存在,修改现有墙的"定位线"属性不会改变墙的位置。

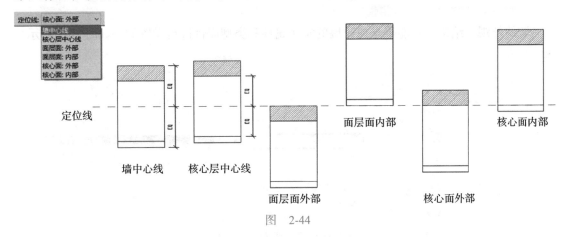

图　2-44

　　除类型、高度、定位线外,选项栏里的其他设置如图 2-45 所示。

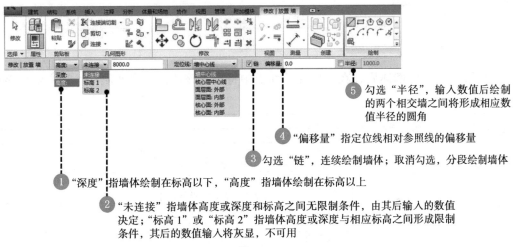

图　2-45

4. 绘制墙体的主要方式

　　激活墙体命令,并设置好墙体基本信息后,即可在绘图区域中绘制墙体,在"修改 |

放置墙"上下文选项卡→"绘制"面板中提供了三种生成墙体的方式。

　　草图绘制墙体:图 2-46 所示虚线框中的工具与模型线的绘制工具相同,用户可使用这些工具在绘图区域中绘制墙体的定位线,墙体将根据与定位线的关系自动生成。

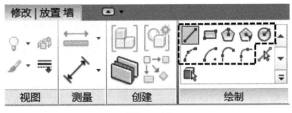

图　2-46

　　拾取线生成墙体:" "(拾取线)方式适用于以导入的 CAD 二维平面图为图底,捕捉图底上的线生成墙体。另外，直接拾取项目中的线亦可生成墙体。

拾取面生成墙体："📷"（拾取面）方式适用于创建体量后，将体量面生成墙体，该方式可以创建异形的墙体，详细操作参见"3.6 体量"。

5. 墙的实例属性与类型属性

墙的外观、结构、功能等是通过墙的实例属性和类型属性进行设置的，如图 2-47 所示。

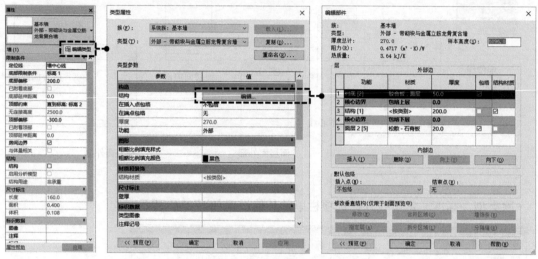

图　2-47

实例属性：选中墙体后，在"属性"面板中将出现该墙体的实例属性，其主要功能如图 2-48 所示。

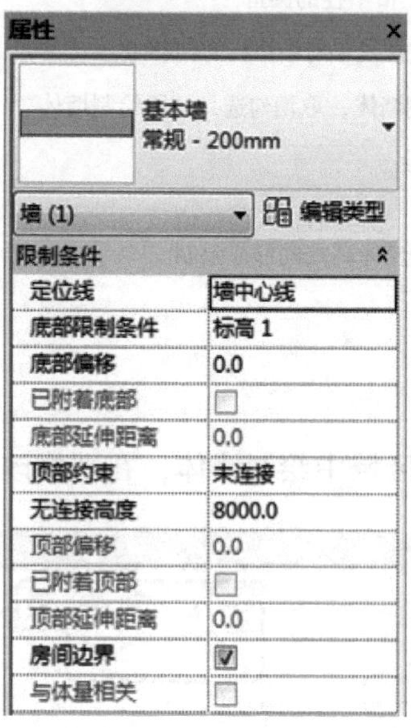

命令	说明
限制条件	
定位线	通过指定的路径使用墙的某一个垂直平面来定位墙
底部限制条件	墙的底部约束条件
底部偏移	墙距墙底部限制标高的偏移量。将"底部限制条件"设置为标高时，此属性才可用
已附着底部	指示墙底部是否附着到另一个模型构件，如楼板（只读）
底部延伸距离	墙层底部移动的距离。当墙层可以延伸时，会启用此参数
顶部约束	墙的顶部约束条件
无连接高度	墙底部向上测量的墙的高度。"顶部约束"为"未连接"时，会启用此参数
顶部偏移	墙距墙顶部约束标高的偏移量。将"顶部约束"设置为标高时，此属性才可用
已附着顶部	指示墙顶部是否附着到另一个模型构件，如屋顶或天花板（只读）
顶部延伸距离	墙层顶部移动的距离。当墙层可以延伸时，会启用此参数
房间边界	如果选中，则墙将成为房间边界的一部分。如果清除，则墙不是房间边界的一部分。此属性在创建墙之前为只读。在绘制墙之后，可以选择并随后修改此属性
与体量相关	指示此图元是从体量图元创建的。该值为只读

图　2-48

类型属性：单击"属性"面板中的"编辑类型"按钮，将弹出墙体的"类型属性"面板，其功能如图 2-49 所示。

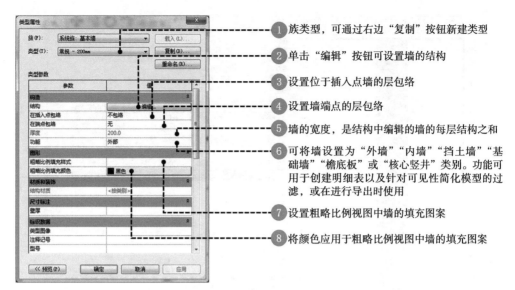

1 族类型，可通过右边"复制"按钮新建类型

2 单击"编辑"按钮可设置墙的结构

3 设置位于插入点墙的层包络

4 设置墙端点的层包络

5 墙的宽度，是结构中编辑的墙的每层结构之和

6 可将墙设置为"外墙""内墙""挡土墙""基础墙""檐底板"或"核心竖井"类别。功能可用于创建明细表以及针对可见性简化模型的过滤，或在进行导出时使用

7 设置粗略比例视图中墙的填充图案

8 将颜色应用于粗略比例视图中墙的填充图案

图 2-49

点击"类型属性"面板中"结构"属性的"编辑"按钮，可以打开墙结构编辑对话框；点击"编辑部件"面板左下角"预览"按钮，可打开墙的平面、立面预览视图；通过"编辑部件"面板中的"插入""删除"按钮，可增加或删除墙的结构层，"向上""向下"按钮，结合内部边、外部边方向，可调整墙的结构层的位置，每层墙的结构层可通过"功能""材质""厚度"等进行设置；"编辑部件"面板中的"插入点""结束点"的包络样式与"类型属性"面板中的"在插入点包络""在端点包络"相对应，如图 2-50 所示。

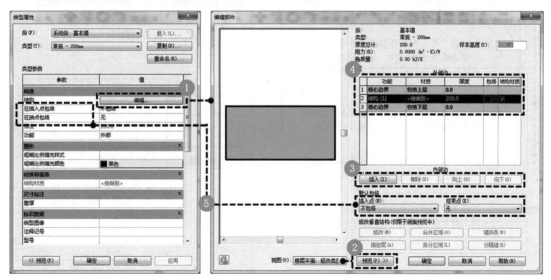

图 2-50

在"编辑部件"面板，只有将预览视图选择为"剖面"才会激活"修改垂直结构"的各种属性，才可对墙的不同结构层进行剖面的拆分、合并、修改和指定，增加墙饰条和分隔缝（图 2-51、图 2-52）。

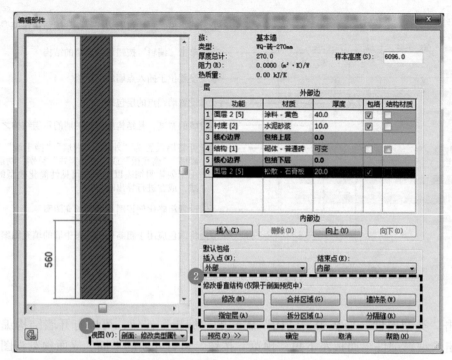

图 2-51

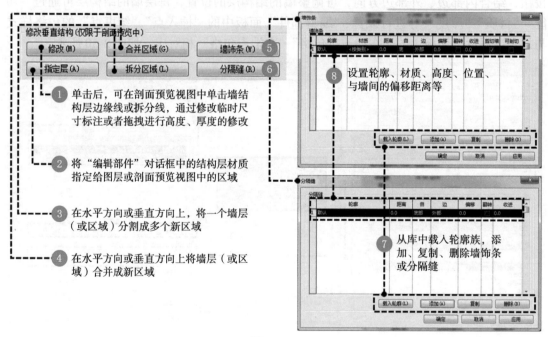

图 2-52

6. 墙的控制柄

在绘图区域中绘制或选择墙体后，墙体附近将显示各种控制柄和操作柄，其功能如图 2-53 所示。

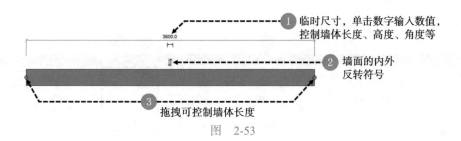

图　2-53

7. 墙连接

当创建墙时，Revit 会自动在墙相交处将它们连接起来。在"修改"选项卡→"几何图形"面板中，单击"🔽"按钮，将鼠标放置到墙连接处，将出现矩形框，再次单击，选中要进行编辑的墙连接方式，如图 2-54 所示。

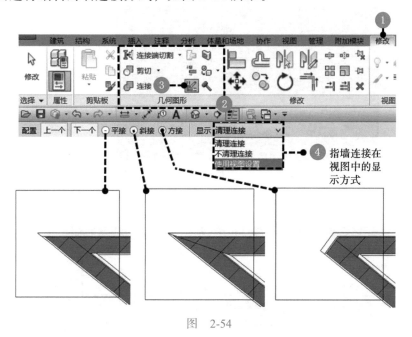

图　2-54

> **注意**：当墙之间为 90° 连接时，"方接"选项灰显，不可用。

8. 拆分墙

单击"修改"选项卡→"修改"面板"➡"按钮，鼠标将切换为一把刻刀，在墙需要拆分处单击，可将墙拆分为两个单独的墙体。单击"➡"按钮，鼠标也将切换为一把刻刀，在墙需要拆分处单击，可将墙拆分为锁定间隙的两面墙体，拆分前可输入间隙数值。

9. 编辑墙轮廓

双击墙体或选择墙体后单击上下文选项卡中"编辑轮廓"按钮（图 2-55、图 2-56），可用"绘制"面板中的工具编辑墙体轮廓（墙体轮廓不能相交，不能重叠，必须闭合，如图 2-57 所示）。编辑完成后，点击"模式"面板中的"✔"按钮，完成墙体轮廓编辑。选择墙体，点击"重设轮廓"按钮，即可还原轮廓修改。

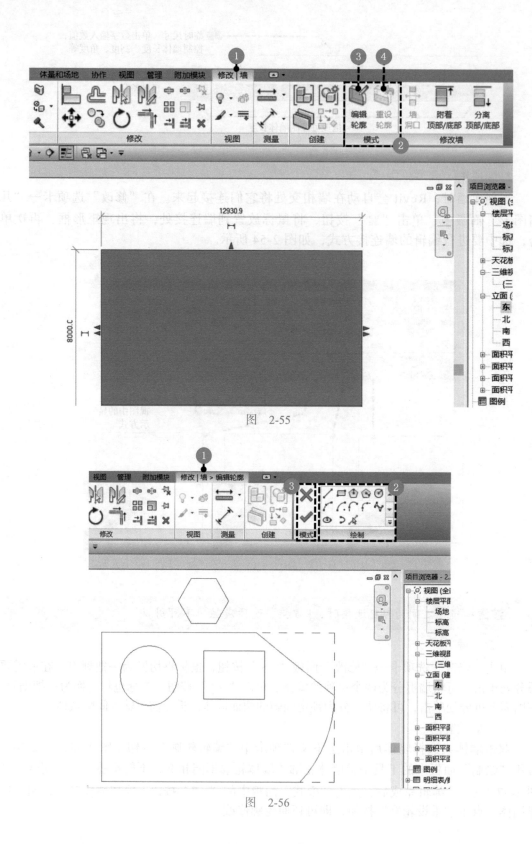

图　2-55

图　2-56

10. 基本墙、叠层墙、幕墙

打开墙的"类型属性"面板，点击"族"旁边的下拉菜单，系统自带的墙族有：基本墙、叠层墙、幕墙三种类型，如图 2-58 所示。基本墙是指简单或复杂结构的各类基本墙体；叠层墙是指由若干不同子墙（基本墙类型）相互堆叠在一起而组成的主墙；幕墙是一种由嵌板和幕墙竖梃组成的墙类型，如图 2-59 所示。上文中墙体的设置主要是"基本墙"的设置，"幕墙"将在"2.2.4 门、窗"中涉及，此处仅对"叠层墙"的设置进行简要说明。

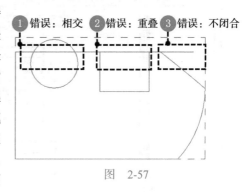

图　2-57

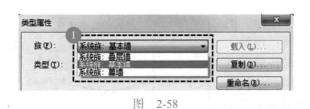

图　2-58

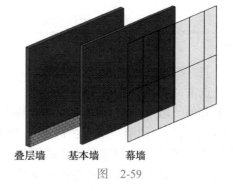

叠层墙　　基本墙　　幕墙

图　2-59

选择任意叠层墙类型，单击"属性"面板中的"编辑类型"按钮，打开"类型属性"对话框，点击"预览"可打开预览视图，点击"类型参数"→"构造"→"结构"旁边的"编辑"按钮，打开"编辑部件"对话框可设置叠层墙，具体操作如图 2-60、图 2-61 所示。通过对叠层墙的设置可以绘制带墙裙、踢脚的墙体。

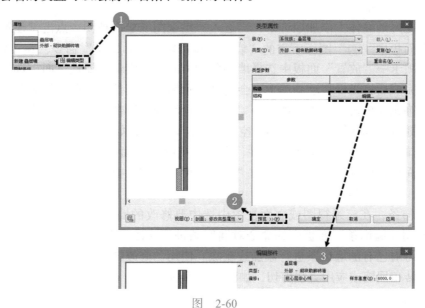

图　2-60

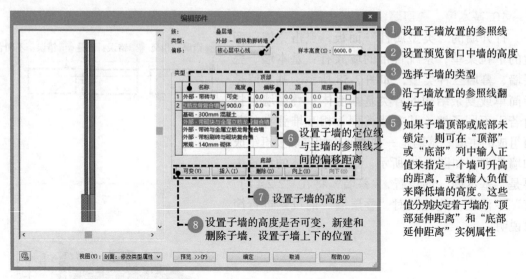

图　2-61

11. 建筑墙、结构墙、面墙

点击"建筑"选项卡→"构建"面板中"🗀"图标下方的"墙"下拉按钮,可以看到有"墙:建筑"、"墙:结构"、"面墙"、"墙:饰条"、"墙:分隔缝"五个选项。建筑墙在创建非承重的隔墙时使用;结构墙在创建承重墙和抗剪墙时使用;面墙在使用体量模型和常规模型生成面墙时使用;墙饰条和墙分隔缝在本节知识点 12 中详细讲解。在"结构"选项卡→"构建"面板中"🗀"图标下方的"墙"下拉按钮,同样可以打开相应命令,如图 2-62 所示。

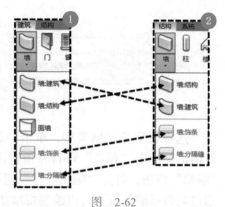

图　2-62

12. 墙饰条与墙分隔缝

在已经建好的墙体上添加墙饰条,需进入三维视图或立面视图,点击"建筑"选项卡→"构建"面板中"🗀"图标下方的"墙"下拉按钮"墙:饰条"命令,在"修改 | 放置墙饰条"选项卡→"放置"面板中选择墙饰条的方向,在实例"属性"面板选择墙饰条族类型。设置完成后将光标移动到墙上,会高亮显示墙饰条的位置,单击以放置墙饰条。要继续放置墙饰条应单击"放置"面板→"重新放置墙饰条"命令,再继续进行放置。放置完成后可按键盘 <Esc> 键或单击视图中空白位置结束放置,如图 2-63 所示。

设置墙饰条的实例属性和类型属性,在三维视图或立面视图中选中要设置的墙饰条,在"属性"面板中设置实例属性,点击"编辑类型"按钮,打开"类型属性"对话框,设置类型属性,如图 2-64 所示。

修改墙饰条,在三维视图或立面视图中选中要修改的墙饰条,进入"修改 | 墙饰条"选项卡,使用"墙饰条"面板中的命令对墙饰条进行修改。单击"添加 / 删除墙"命令,点击墙体,可对已有的墙饰条进行添加或删除。使用"修改转角"命令,可将墙饰条或分隔缝的一端转角回墙或应用直线剪切,如图 2-65 所示。

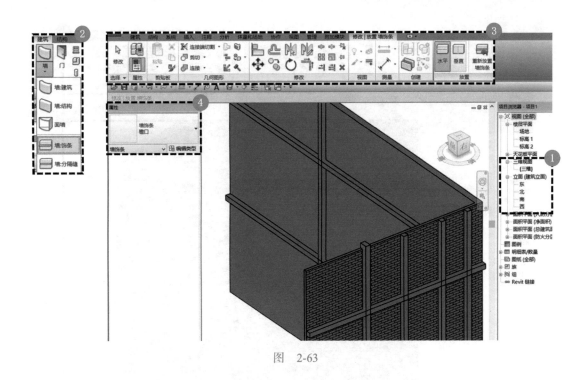

图 2-63

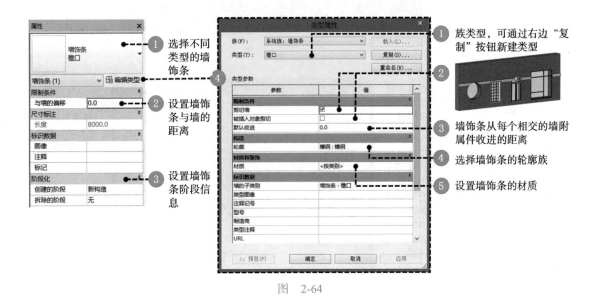

① 选择不同类型的墙饰条

② 设置墙饰条与墙的距离

③ 设置墙饰条阶段信息

④

① 族类型，可通过右边"复制"按钮新建类型

②

③ 墙饰条从每个相交的墙附属件收进的距离

④ 选择墙饰条的轮廓族

⑤ 设置墙饰条的材质

图 2-64

注意：要为某种类型的所有墙添加墙饰条，可在墙的类型属性中对墙体结构进行修改。

墙分隔缝的添加、设置和修改均与墙饰条类似，仅实例属性和类型属性稍有不同，如图 2-66 所示。

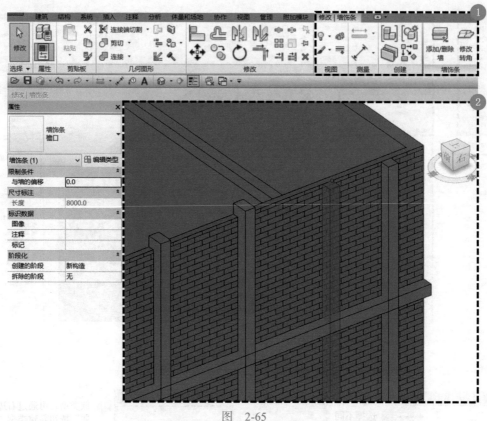

图 2-65

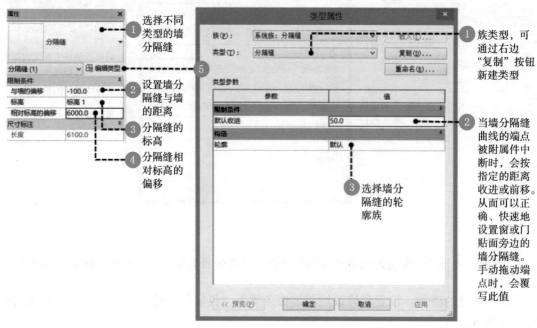

图 2-66

13. 墙体显示与视图详细程度

墙体的显示随视图详细程度不同而不同，通过控制视图的详细程度或者设置墙体的类型属性中各个视图的显示样式使墙体的显示达到要求，如图 2-67 所示。

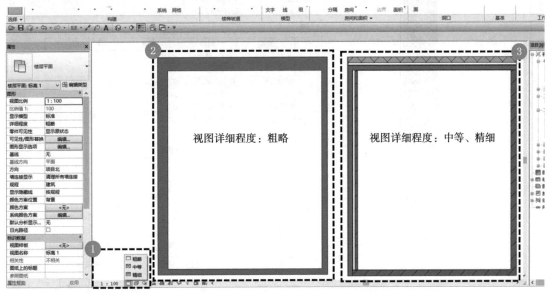

图　2-67

案例示范

（1）打开本节文件夹中"项目 2-2-3-1"文件，打开"标高 1"楼层平面视图。

（2）单击"建筑"选项卡→"构建"面板中" 📂 "图标，激活"墙"命令，进入墙体绘制状态，在绘制墙体前，新建以下墙体类型，基本墙类型三种："WQ- 砖 -250mm""WQ-砖勒脚 -260mm""NQ- 砖 -240mm"，叠层墙类型一种："WQ- 砌块勒脚砖墙"，如图 2-68 ～图 2-71 所示。

（3）基本墙设置方法：单击墙体"属性"面板中的"编辑类型"按钮，弹出"类型属性"面板，单击"复制"新建新的墙体类型，输入名称"WQ- 砖 -250mm"，单击结构"编辑"按钮，弹出"编辑部件"面板，使用"插入""向上""向下""功能""材质""厚度"等命令，设置墙体结构，依次单击"确定"，完成墙体类型设置，如图 2-72所示。使用同样方法设置基本墙"WQ- 砖勒脚 -260mm""NQ- 砖 -240mm"。

（4）叠层墙设置方法：单击墙体"属性"面板中的"编辑类型"按钮，弹出"类型属性"面板，选择族类型为"系统族：叠层墙"，单击"复制"新建新的墙体类型，输入名称"WQ- 砌块勒脚砖墙"，单击结构"编辑"按钮，弹出编辑部件面板，使用"插入""向上""向下""名称""高度""偏移"等命令，设置墙体结构，依次单击"确定"，完成墙体类型设置，如图 2-73 所示。

> **注意**：新建的叠层墙"WQ- 砌块勒脚砖墙"由新建的基本墙"WQ- 砖 -250mm""WQ- 砖勒脚 -260mm"构成。

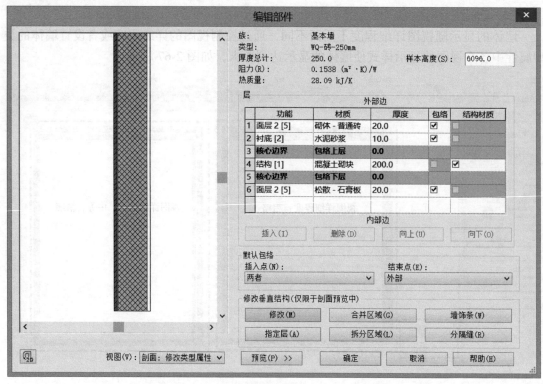

图　2-68

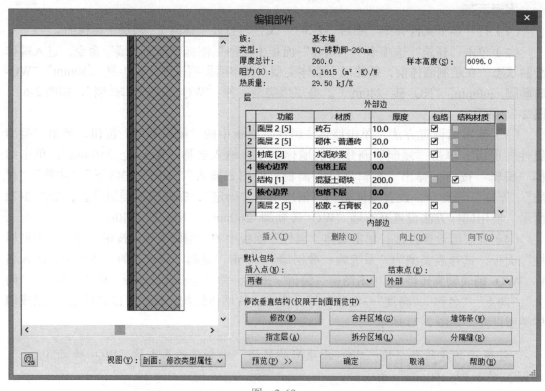

图　2-69

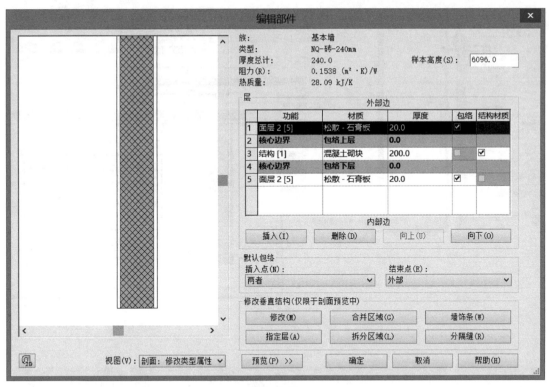

图 2-70

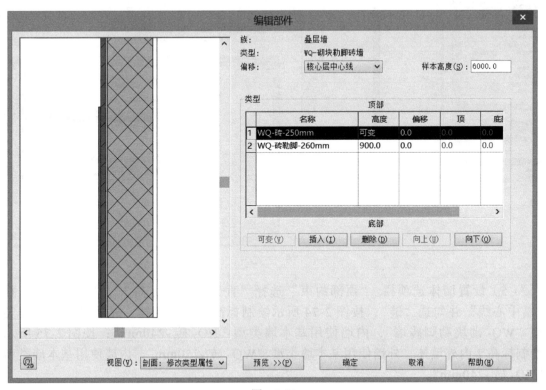

图 2-71

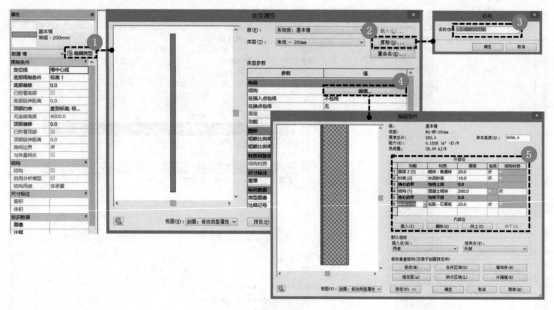

图 2-72

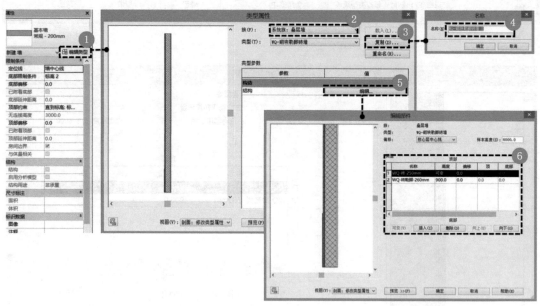

图 2-73

（5）设置墙体选项栏。"顶部约束"选择"直到标高：标高 2"，"定位线"选择"墙中心线"并勾选"链"；按图 2-74 所示绘制标高 1 内外墙体，外墙使用叠层墙类型"WQ- 砌块勒脚砖墙"，内墙使用基本墙类型"NQ- 砖 -240mm"；按图 2-75 所示绘制标高 2 内外墙体，外墙使用基本墙类型"WQ- 砖 -250mm"，内墙使用基本墙类型"NQ- 砖 -240mm"。

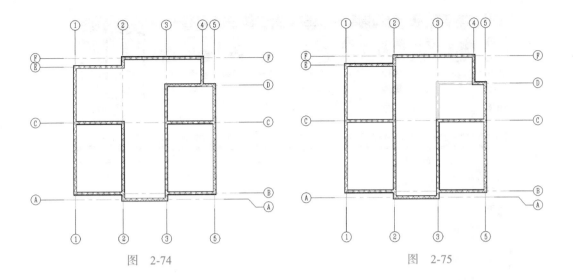

图　2-74　　　　　　　　　　　　图　2-75

注意：墙体在绘制过程中，可选中墙体，点击绘制区域中的反转符号可调整墙体内外方向，拖拽端点可调整墙体长短。

（6）编辑墙体轮廓。双击"项目浏览器"中"东"立面视图，打开东立面视图。选中图 2-76 中箭头所指处外墙，单击"编辑轮廓"，进入编辑模式，用"起点 - 终点 - 半径弧"工具绘制一条弧线，删除原来的直线，在模式面板点击"✔"，完成墙体轮廓编辑，如图 2-76 所示。

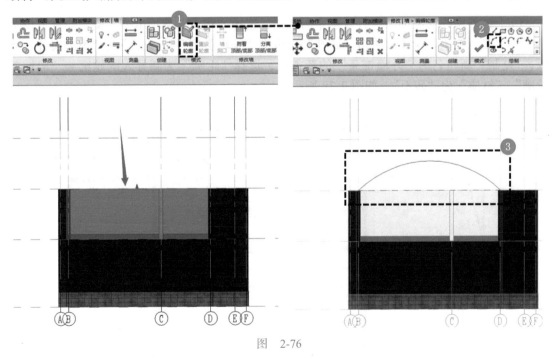

图　2-76

（7）载入轮廓族。"插入"选项卡→"从库中载入"面板→"载入族"，选择本节文件夹中"墙饰条轮廓"文件，"打开"以载入墙饰条轮廓，如图 2-77 所示。

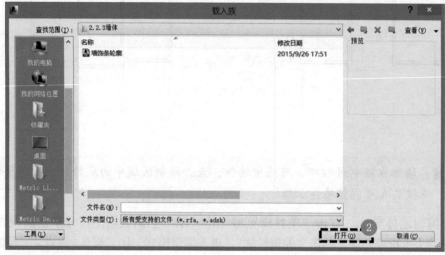

图　2-77

（8）为外墙添加墙饰条。打开东立面视图，选择"建筑"选项卡→"墙"命令下拉菜单中的"墙：饰条"命令，单击"属性"面板中"编辑类型"按钮，弹出"类型属性"面板，"复制"新建名为"外墙饰条"的新类型，选择"轮廓"为新导入的轮廓族"墙饰条轮廓"，"材质"为"砖石"，如图 2-78 所示。

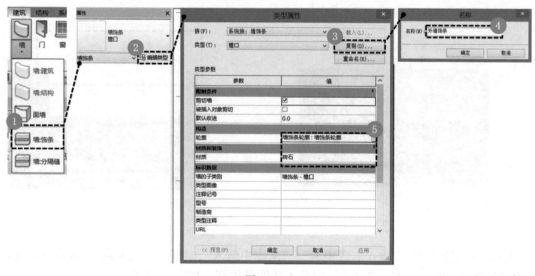

图　2-78

在东立面视图中，对齐标高 2 的位置单击可添加墙饰条，单击"建筑"选项卡→"选择"面板→"修改"命令或按 <Esc> 键完成添加。切换至三维视图中，选中墙饰条，在"修改"选项卡→"墙饰条"面板中，单击"添加 / 删除墙"按钮，依次单击标高 2 中全部外墙，为标高 2 中全部外墙添加轮廓、材质、位置均一样的墙饰条，如图 2-79 所示。

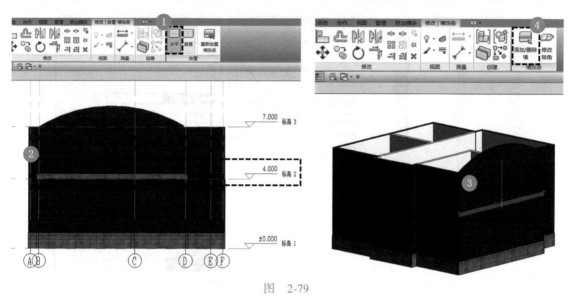

图　2-79

（9）为内墙添加墙饰条。单击"墙"命令，选择"NQ- 砖 -240mm"，打开"类型属性"面板，编辑墙体结构，添加两个墙饰条，"轮廓"均选择"墙饰条轮廓"，"材质"均选择"樱桃木"，"距离"均为"300"，"边"各为"内部""外部"，依次确定，完成内墙墙饰条添加，如图 2-80 所示。

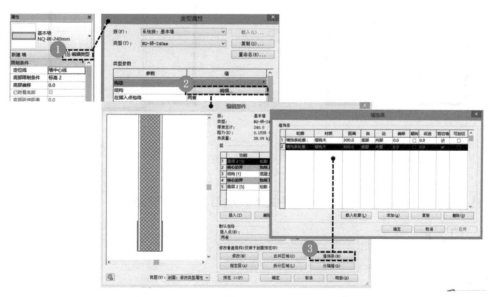

图　2-80

（10）修改外墙在粗略比例下的填充样式和颜色。分别打开"WQ-砖-250mm""WQ-砖勒脚-260mm"的"类型属性"面板，将"粗略比例填充样式"均改为"实体填充"，"粗略比例填充颜色"均改为"黑色"，分别切换到"标高1"和"标高2"楼层平面视图，将"视图详细程度"选为"粗略"，观察效果，如图2-81~图2-83所示。

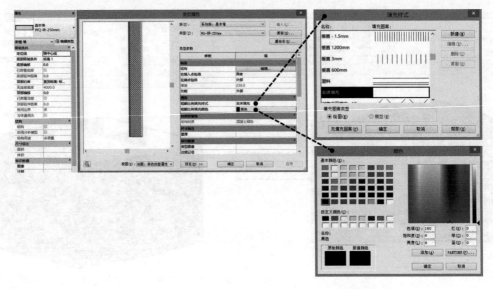

图　2-81

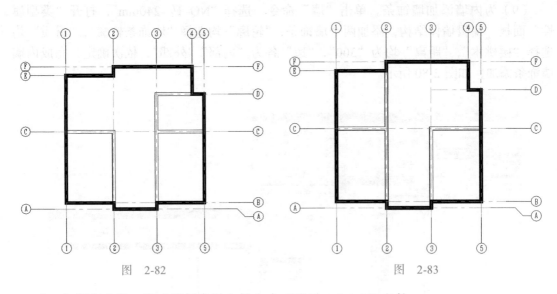

图　2-82　　　　　　　　　　　　　　　图　2-83

（11）保存文件。完成样例参见文件夹中"项目2-2-3-2"文件。

2.2.4　门、窗

任务描述

门与窗是建筑的主要构件之一，本节的主要任务是掌握放置门窗的方法，初步了解可载入族的应用。

案例：在模型中放置门窗，完成后如图 2-84 所示。

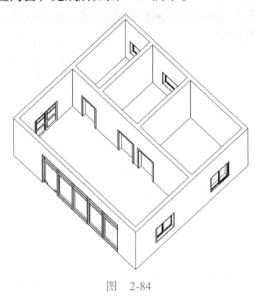

图　2-84

任务分解

任务	放置门、窗	修改门、窗	标记门、窗	平面区域	放置幕墙
知识点	1. 放置门、窗的注意事项 2. 命令位置 3. 放置门、窗 4. 载入族	5. 门的实例属性与类型属性 6. 窗的实例属性与类型属性	7. 标记门、窗	8. 为平面视图创建平面区域	9. 绘制幕墙 10. 幕墙网格与竖梃 11. 替换嵌板
视频学习	放置门、窗，修改门、窗	标记门、窗	平面区域		
	绘制幕墙	幕墙网格与竖梃	替换嵌板		

知识学习

1. 放置门、窗的注意事项

门、窗通常都是基于墙体的构件（只能放置在墙体中，并且随墙移动），因此在放置门、窗前必须先建立墙体。通常，门、窗应在平面图中放置，在三维视图中检查。

2. 命令位置

在功能区单击"⬚"图标，即可激活"门"命令。单击"⬚"图标，即可激活"窗"命令。该图标位于"建筑"选项卡→"构建"面板中，如图 2-85 所示。

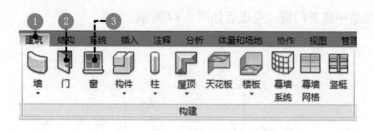

图　2-85

3. 放置门、窗

激活"门"或"窗"命令后，应先在"属性"面板中选择门、窗样式与类型（图 2-86），然后将光标放置在墙体上，此时墙体会出现门窗的预览图像。在平面视图中放置门、窗时，按空格键可将开门方向从左开翻转为右开；要翻转门面（使其向内开或向外开），应将光标移到靠近内墙边缘或外墙边缘的位置；当预览图像位于墙上所需位置时，单击鼠标左键以放置门、窗。

放置完门、窗后，选中该实例，可通过" ⇆ ""↕ "淡蓝色控件调整门、窗的开启方向，如图 2-87 所示。

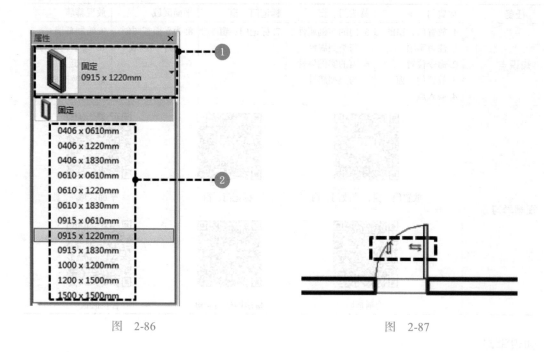

图　2-86　　　　　　　　　　图　2-87

如要调整门、窗位置，可选中该实例，通过编辑临时尺寸标注数据将其放置到合适的位置，如图 2-88 所示。

如果临时尺寸默认的参照面不是所需面，可拖拽临时尺寸的控制点至所需位置，然后再修改临时尺寸的数据，如图 2-89 所示。在放置时输入 <SM> 命令，门、窗自动拾取到墙的中间位置。

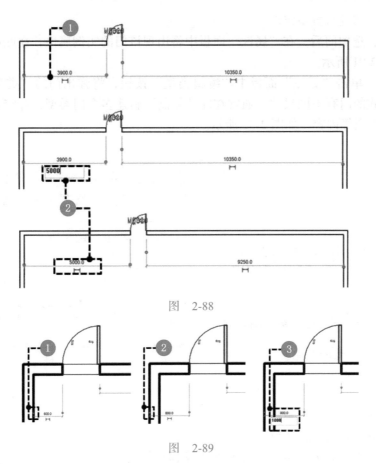

图　2-88

图　2-89

4. 载入族

软件默认的建筑样板里，门、窗只有单扇门、固定窗，项目中如需放置其他类型的门与窗，可下载或制作所需样式的门、窗，再将其载入项目中使用。制作门、窗族的方式详见"3.5.2 三维族"，同时软件也提供了一个族库，内有常见门、窗族供用户直接使用。

要载入计算机中已有的门、窗族，可单击"插入"选项卡→"从库中载入"面板→"载入族"命令，在对话框中选择相应的族文件载入项目中，通常对话框会首先打开软件自带族库，族库中的门与窗位于"建筑"文件夹下，如图 2-90 所示。

门、窗载入项目后，激活门窗命令，在"属性"面板中可以查看和选择这些新载入的门窗族。

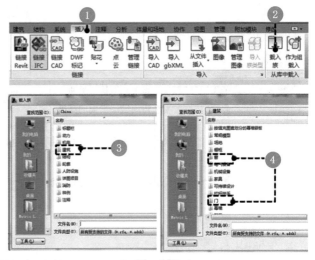

图　2-90

5. 门的实例属性与类型属性

实例属性：选中门后，在"属性"面板中将出现该门的实例属性，在此可调整每个门的高度，如图 2-91 所示。

类型属性：单击"属性"面板中"编辑类型"按钮，将弹出门的"类型属性"对话框。如果同样式的门有不同尺寸，通常在此"复制"新建多个门类型，并定义每个类型的宽度、高度、材质等内容，如图 2-92 所示。

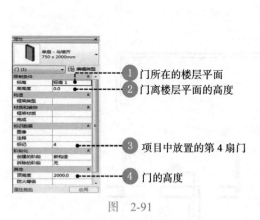

1 门所在的楼层平面
2 门离楼层平面的高度
3 项目中放置的第 4 扇门
4 门的高度

图　2-91

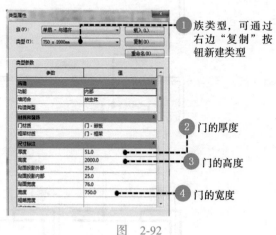

1 族类型，可通过右边"复制"按钮新建类型
2 门的厚度
3 门的高度
4 门的宽度

图　2-92

6. 窗的实例属性与类型属性

窗的实例属性和类型属性与门类似。

实例属性：如图 2-93 所示，通常用来调整窗户的高度。

类型属性：如图 2-94 所示，通常在此处创建新的门窗类型。

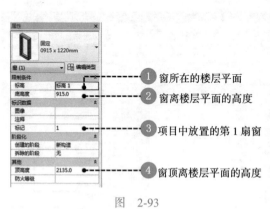

1 窗所在的楼层平面
2 窗离楼层平面的高度
3 项目中放置的第 1 扇窗
4 窗顶离楼层平面的高度

图　2-93

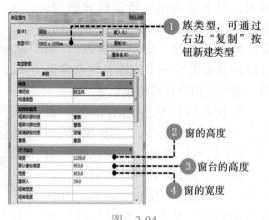

1 族类型，可通过右边"复制"按钮新建类型
2 窗的高度
3 窗台的高度
4 窗的宽度

图　2-94

7. 标记门、窗

为了更好地辨识项目中的门、窗，一般会对门和窗进行标记。当放置门窗时，激活上下文选项卡中"在放置时进行标记"的命令，放置门窗时将自动出现标记，如图 2-95 所示。

要标记已经放置好的门、窗，可单击"注释"选项卡→"标记"面板→"按类别标记"命令，在绘图区域中拾取门、窗即可完成标记，如图 2-96 所示。

门窗太多时，可一次性标注全部门窗，其方法是单击"注释"选项卡→"标记"面板→"全部标记"命令，在弹出的对话框中选择"窗标记"与"门标记"，如图 2-97 所示，单击"确定"，即可完成全部门窗的标记。

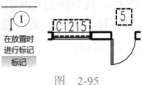

图　2-95

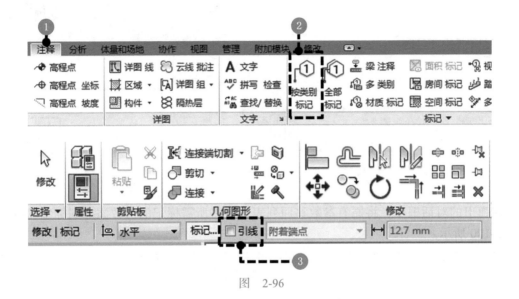

图　2-96

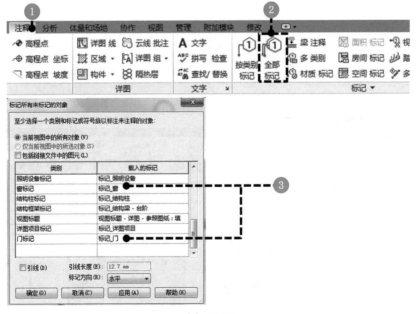

图　2-97

　　门窗标记的内容提取的是该门窗的参数属性，为满足出图需求，可以自定义标记提取的内容，其方法是选中任意标记，单击上下文选项卡中"编辑族"命令，如图2-98所示。

　　打开该标记族后，选中绘图区域中文字，单击上下文选项卡中"编辑标签"命令，如图2-99所示。

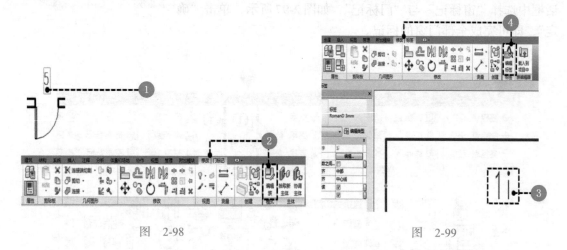

图　2-98　　　　　　　　　　　　图　2-99

　　在弹出的对话框中，将原有参数移回列表，再将所需标记的参数添加到标签参数中，如图2-100所示。

图　2-100

　　最后再将修改后的标记族载入项目中，可查看到视图中门窗标记内容发生了变化，如图2-101所示。

8. 为平面视图创建平面区域

　　某楼层的平面视图默认是距该楼层标高向上1200mm的位置剖切生成的，如有窗未被切到，在平面视图中将不能显示该窗。若视图中的剖切面高度不能剖切到所有门窗，如图2-102所示，可通过调整部分区域的剖切范围的方式，让全部门窗显示在视图中。

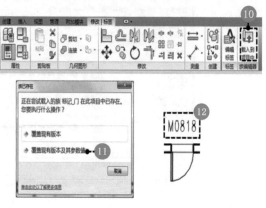

图　2-101

其方法是单击"视图"选项卡→"平面视图"命令下→"平面区域"选项（图 2-103）。在上下文选项卡中选择"矩形框"工具（图 2-104），在平面视图上框出需要修改剖切高度的区域，并在属性面板中修改剖切面的高度，单击"✔"完成平面区域设置。平面区域的绿色边框可以进行隐藏，如图 2-105 所示。

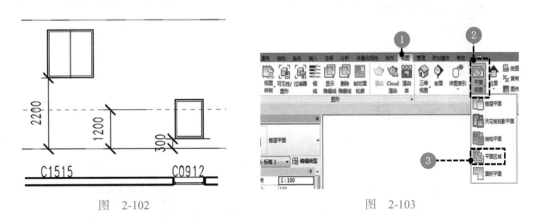

图　2-102

图　2-103

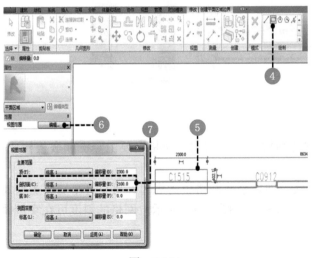

图　2-104

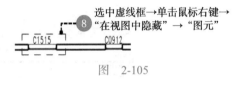

图　2-105

9. 绘制幕墙

幕墙是"墙"命令下特殊的系统族，但经常用来绘制门和窗。要绘制幕墙，应单击"建筑"选项卡下"墙"命令，在"属性"面板中，找到"幕墙"族，并选择幕墙类型，如图 2-106 所示。

幕墙的绘制方式同基本墙体类似，激活命令后，可在上下文选项卡中选择绘制墙体路径的工具，并在"属性"面板中定义墙体的高度，如图 2-107 所示。

如果幕墙要嵌入墙中，可勾选幕墙"类型属性"面板中的"自动嵌入"，如图 2-108 所示。

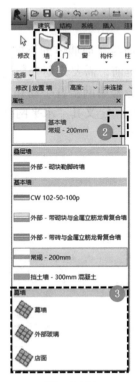

图　2-106

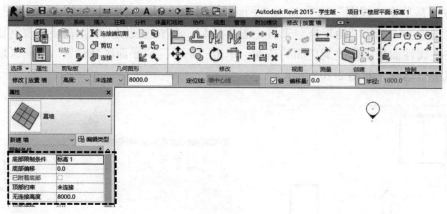

图　2-107

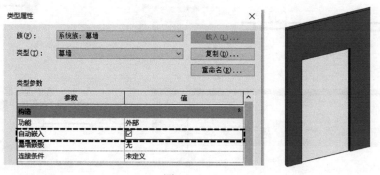

图　2-108

10. 幕墙网格与竖梃

幕墙与普通墙体的不同之处在于它的结构不是层结构,而是主要由竖梃和嵌板构成。添加竖梃前,需要先划分幕墙的网格。

划分幕墙网格有手动和自动两种方式,如果幕墙网格较为规律,可打开幕墙"类型属性"面板,定义其"水平网格"和"垂直网格",如图 2-109 所示。网格的斜度可在实例属性中修改。

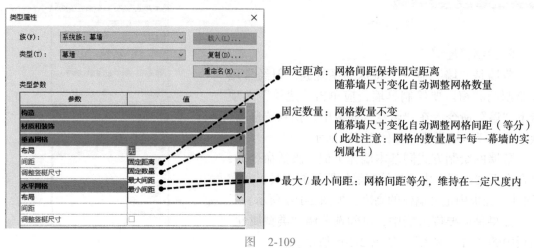

图　2-109

手动划分网格，应单击"建筑"选项卡→"构建"面板→"幕墙网格"命令，当光标移动到幕墙上时，幕墙上将出现网格线的预览，单击鼠标左键可放置网格，通过临时尺寸标注能修改其在幕墙中的位置。

激活"幕墙网格"命令后，在上下文选项卡中能选择网格线的放置方式，如图 2-110 所示。结合 <Tab> 键可选中已经放置的网格线进行删除。

竖梃的放置同网格一样，也有手动和自动之分。要随幕墙的绘制自动完成竖梃，可打开该幕墙的"类型属性"面板，编辑其垂直和水平网格选用的竖梃类型，如图 2-111 所示。

手动放置竖梃，应单击"建筑"选项卡→"构建"面板→"竖梃"命令，在"属性"面板中选择好竖梃的类型样式后，即可拾取网格线单击放置竖梃，如图 2-112 所示。

结合 <Tab> 键选中竖梃后，可打开其"类型属性"面板，对竖梃的轮廓和材质进行编辑（图 2-113），轮廓的绘制方法参见"3.5.3 二维族"。

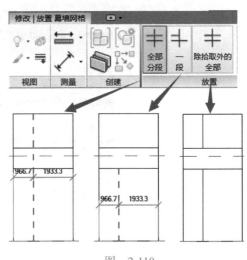

图　2-110

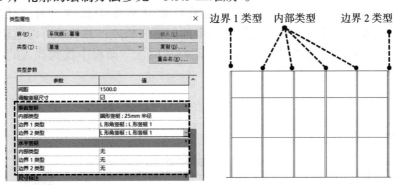

图　2-111

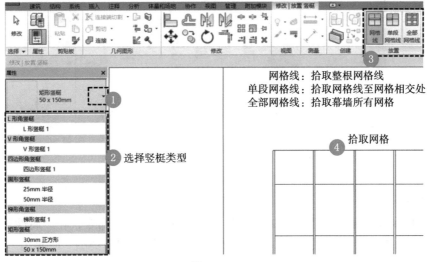

图　2-112

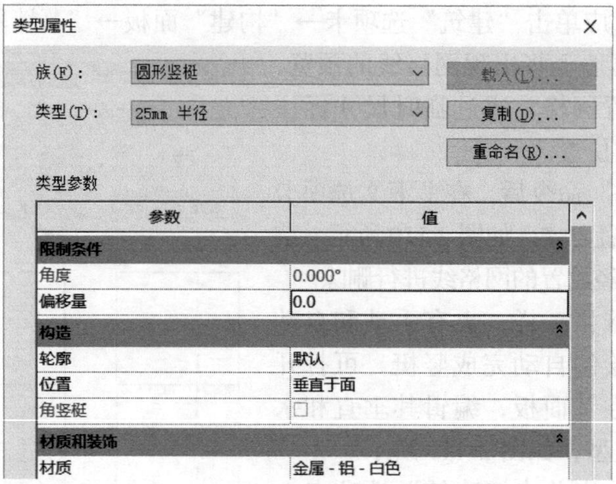

图 2-113

11. 替换嵌板

结合 <Tab> 键选择幕墙嵌板，在"属性"面板中，可选择普通墙体或其他嵌板对其进行替换，如图 2-114 所示。

除系统嵌板和普通墙体外，还可以载入特制的门窗嵌板对幕墙嵌板进行替换。单击"插入"选项卡中"载入族"命令，在软件默认族库中依次打开"建筑"→"幕墙"→"门窗嵌板"文件夹，可查看软件自带的门窗嵌板族，其尺寸可以适应幕墙网格的变化。将其载入项目后，替换幕墙嵌板时，能在"属性"面板中找到载入的门窗嵌板族，如图 2-115 所示。

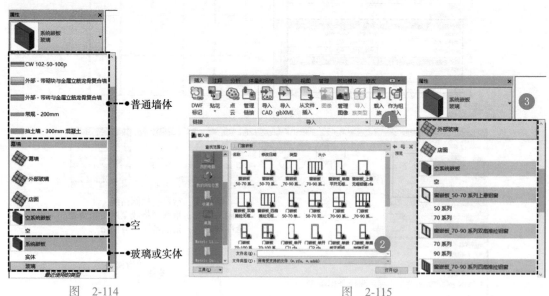

图　2-114　　　　　　　　　　　图　2-115

案例示范

（1）打开本节文件夹中"项目 2-2-4-1"文件，激活"门"命令，在"属性"面板中单击"编辑类型"按钮，在"类型属性"对话框中"复制"新建门类型"M0820""M0920"，并分别修改两个类型门的尺寸为"800×2000""900×2000"，如图 2-116 所示。

（2）单击"修改 | 放置门"上下文选项卡中"在放置时进行标记"命令，在如图 2-117 所示位置单击放置门，并通过临时尺寸标注调整门的位置。

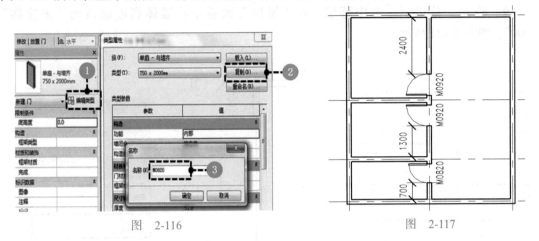

图　2-116　　　　　　　　　　图　2-117

（3）单击"插入"选项卡中"载入族"命令，在软件默认的族库中依次打开"建筑"→"门"→"普通门"→"平开门"→"双扇"文件夹，载入任意双开门。

（4）继续激活"门"命令，在"属性"面板中，选择新载入的双开门，"复制"新建"M1521"类型，并修改其尺寸为"1500×2100"。键盘输入 <SM>，将"M1521"门放置在如图 2-118 所示位置。

（5）激活"窗"命令，选择类型名称为"1000×1200"的固定窗，将其类型名称命名为"C1012"。

（6）单击"插入"选项卡中"载入族"命令，在软件默认的族库中依次打开"建筑"→"窗"→"普通窗"→"推拉窗"文件夹，载入任意推拉窗后，"复制"新建尺寸为"1200×1600"的"C1216"推拉窗类型。

（7）如图 2-119 所示，在平面视图中放置各类型窗；确定好窗的平面位置后，分别选择各窗，在"实例属性"面板中修改窗的底高度。

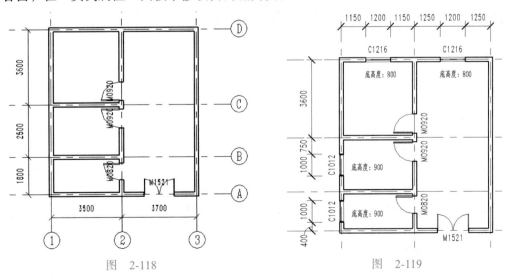

图　2-118　　　　　　　　　　图　2-119

（8）选用"幕墙"墙体类型，在"类型属性"面板中，勾选幕墙"自动嵌入"命令，垂直网格为固定距离"1000"，在 3 号轴线墙体上绘制一段 5000mm 长的幕墙，如图 2-120 所示。

（9）绘制完幕墙后，选中幕墙，在"属性"面板中将墙体高度修改为"未连接""3000"，如图 2-121 所示。

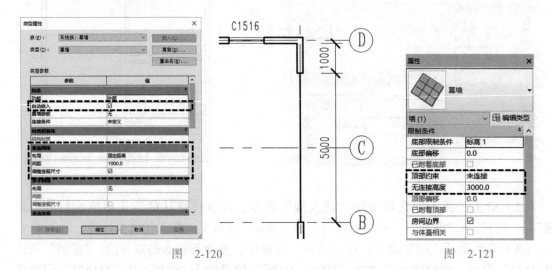

图　2-120　　　　　　　　　　　　图　2-121

（10）将项目切换至东立面视图，单击"建筑"选项卡中"幕墙网格"命令，在幕墙上添加一根水平网格，结合 <Tab> 键选择该网格，通过临时尺寸标注将网格调整到如图 2-122 所示位置。

（11）单击"建筑"选项卡中"竖梃"命令，在上下文选项卡中选择"全部网格线"，再在绘图区域中拾取幕墙网格生成竖梃，如图 2-123 所示。

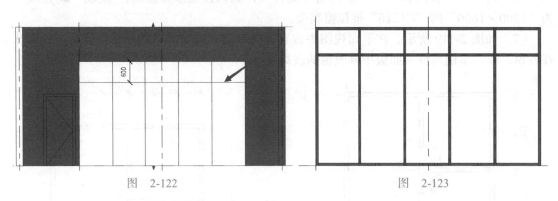

图　2-122　　　　　　　　　　　　图　2-123

（12）结合 <Tab> 键选中左下角水平竖梃，将其删除，如图 2-124 所示。

（13）单击"插入"选项卡中"载入族"命令，在软件默认的族库中依次打开"建筑"→"幕墙"→"门窗嵌板"文件夹，载入任意单开门嵌板。

（14）结合 <Tab> 键，选中左下方幕墙嵌板，在"属性"面板中选择新载入的门嵌板，如图 2-125 所示，对玻璃嵌板进行替代。完成幕墙的放置如图 2-84 所示，完成样例参见文件夹中"项目 2-2-4-2"文件。

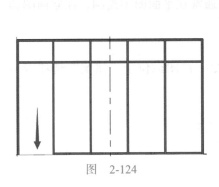

图　2-124

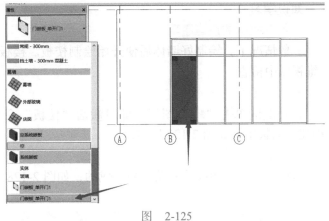

图　2-125

2.2.5　楼板

任务描述

楼板是建筑的主要构件之一，本节的主要任务是掌握绘制楼板和修改楼板的方法。

案例：在模型中绘制楼板，完成后如图 2-126 所示。

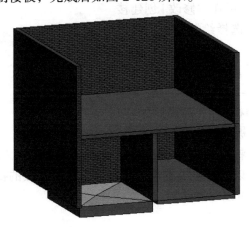

图　2-126

任务分解

任务	绘制楼板	修改楼板	
知识点	1.绘制楼板的注意事项 2.命令位置 3.绘制楼板的方法	4.楼板与墙的关系 5.楼板的实例属性与类型属性 6.楼板的斜度	
视频学习	绘制楼板与修改楼板属性	楼板与墙的关系	楼板的斜度

知识学习

1. 绘制楼板的注意事项

一般情况下，绘制好墙体后便开始绘制楼板。楼板通常在平面图中绘制，在立面图和三维视图中检查。

2. 命令位置

在功能区单击"🛏"图标，即可激活"楼板"命令。该图标位于"建筑"选项卡→"构建"面板中，如图 2-127 所示。

3. 绘制楼板的方法

楼板是通过草图线绘制轮廓而生成的，如图 2-128 所示。

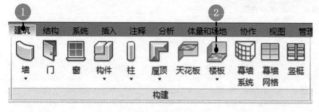

图　2-127

图　2-128

激活"楼板"命令后，视图将进入楼板的编辑模式（此时，所有的物体都呈灰色显示，且不能选择和修改），可在"修改 | 创建楼层边界"上下文选项卡中选择绘制楼板边界的草图线工具（图 2-129）。

选择完草图线工具后，可在选项栏中设置草图线的偏移量，如图 2-130 所示。一般情况下，砖混结构的建筑，楼板边沿应画到墙体中心；框架结构的建筑，楼板边沿应画到梁边沿。

图　2-129

因此可以通过设置偏移量来解决不同建筑结构中楼板边沿与墙体之间的关系问题。

在"属性"面板中可以选择楼板的类型，并确定绘制楼板的楼层平面，如图 2-131 所示。确认以上信息后，便可以绘制楼板。

图　2-130

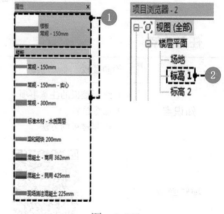

图　2-131

通常，绘制楼板边界有 3 种方式：直接绘制、拾取线绘制、拾取墙绘制。

（1）直接绘制

在"修改 | 创建楼层边界"上下文选项卡中有直线、矩形、多边形以及各种曲线等命令，可以运用这些命令在平面图中直接绘制楼板边界，如图 2-132 所示。

绘制楼板边界的轮廓，要求绘制的轮廓必须是闭合的，轮廓不能相交、不能有线的重复、不能不闭合，但是轮廓可以嵌套，也可以由多个轮廓组成，如图 2-133 所示。

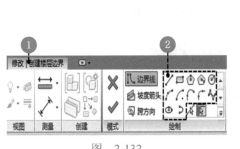

图　2-132

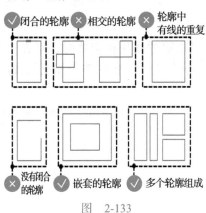

图　2-133

绘制好楼板边界后，单击"完成编辑模式"命令，可完成楼板的绘制，如图 2-134 所示。

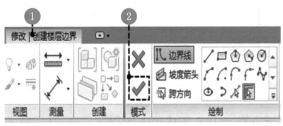

图　2-134

如果绘制的轮廓有误，在单击"完成编辑模式"命令时，软件将弹出相应的提示，此时可点击"继续"按钮，回到编辑模式修改楼板边界，如图 2-135 所示。

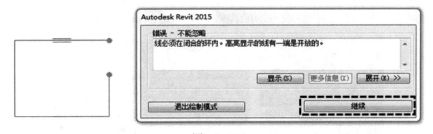

图　2-135

（2）拾取线绘制

在"修改 | 创建楼层边界"上下文选项卡中单击"拾取线"命令，如图 2-136 所示，可以拾取平面视图中已有的线条（如墙体的边线、轴线等）生成轮廓线。

图　2-136

当拾取的线是相交线时，可在"修改|创建楼层边界"上下文选项卡中单击"修改|延伸为角"命令，依次单击相交的线段，使轮廓闭合，如图2-137所示。

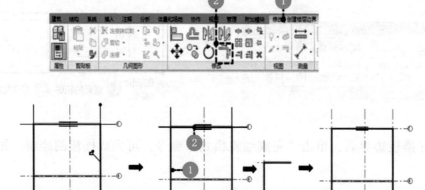

图　2-137

（3）拾取墙绘制

在"修改|创建楼层边界"上下文选项卡中单击"拾取墙"命令，如图2-138所示，可以拾取平面视图中已有的墙体用以创建楼板。

4.楼板与墙的关系

在多层建筑中，墙体与楼板容易使模型出现重复或冲突等现象（图2-139），影响模型的视觉效果和量的重复计算。

图　2-138

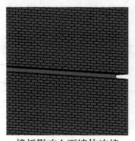
楼板影响上下墙体连接

楼板与墙体重合

图　2-139

出现外墙被楼板截断的现象，是因为绘制完楼板后，用户在弹出的对话框中选择了"是"，如图 2-140 所示，这代表墙体高度将调整到楼板底部。在这种情况下，如果上一层的墙体是从标高开始，外墙会出现"断裂"现象。

为避免上述情况，在弹出"是否希望将高达此楼层标高的墙附着到此楼层的底部？"对话框的时候，选择"否"。当墙体到达标高和楼板标高一致时，墙与楼板会重合，如

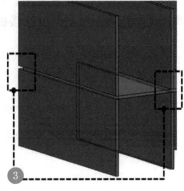

图　2-140

图 2-141 所示。此时可选择内墙，单击"修改 | 墙"上下文选项卡中"附着顶部 | 底部"命令，单击楼板，内墙将附着到楼板底端，如图 2-142 所示。或者单击"修改"选项卡→"几何图形"面板→"连接"命令，勾选"多重连接"。先点选楼板，然后依次点选内墙，如图 2-143 所示。这种连接的方法，不但适合于内墙，也适合楼板与外墙的连接，如砖混结构的楼板与墙体之间的连接（图 2-144）。

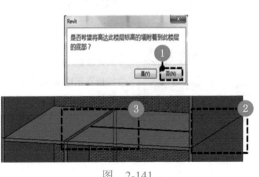

图　2-141

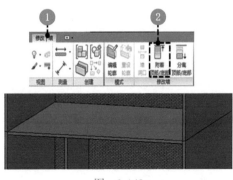

图　2-142

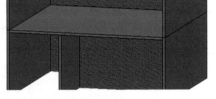

图　2-143

图　2-144

5. 楼板的实例属性与类型属性

实例属性：选中楼板后，在"属性"面板中将出现该楼板的实例属性，在这里可以修改楼板所在的楼层平面以及楼板与标高之间的偏移量，如图 2-145、图 2-146 所示。

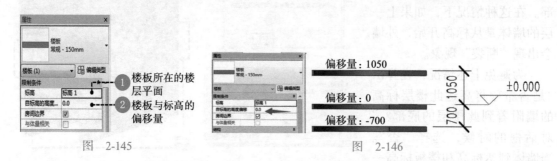

图 2-145   图 2-146

如果在平面视图中不能选择楼板，单击打开选择工具栏（软件右下角）中"按面选择"命令，如图 2-147 所示。

类型属性：单击"属性"面板中"编辑类型"按钮，将弹出楼板的"类型属性"对话框。如需要不同的楼板结构，可"复制"新建多个楼板类型，并对其结构（结构层的编辑方式同墙体）、图形、材质等内容进行编辑，如图 2-148 所示。

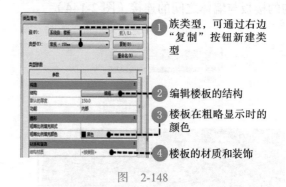

① 族类型，可通过右边"复制"按钮新建类型

② 编辑楼板的结构

③ 楼板在粗略显示时的颜色

④ 楼板的材质和装饰

图 2-147   图 2-148

6. 楼板的斜度

为楼板添加斜度：选择绘制好的楼板，双击进入编辑状态，单击"修改|编辑边界"下"绘制"面板中"坡度箭头"命令→选择"直线"工具，可指定楼板的坡度，如图 2-149 所示，绘制完成后单击"完成编辑模式"（如弹出如图所示对话框可选择"否"），楼板即根据坡度箭头发生倾斜。

在视图中点击"剖面"命令绘制剖面，双击剖切线蓝色标头进入剖面视图（图 2-150），可查看楼板坡度变化，如图 2-151 所示。

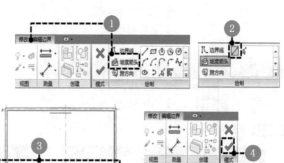

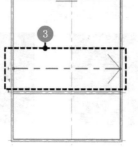

图 2-149

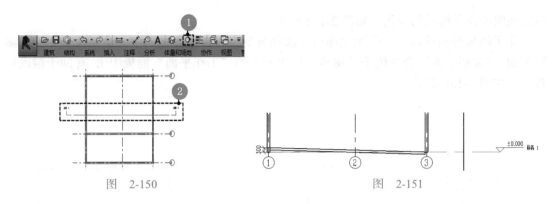

图　2-150　　　　　　　　　　　　　　图　2-151

楼板的斜度取决于坡度箭头的属性，进入楼板的编辑模式，选择坡度箭头可在"属性"面板中对坡度进行设置。坡度箭头可指定用"尾高"或"坡度"的方式来定义斜度，如图 2-152、图 2-153 所示。

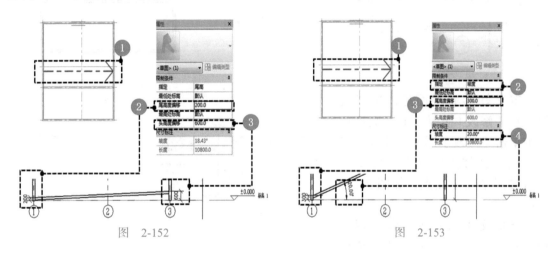

图　2-152　　　　　　　　　　　　　　图　2-153

除增加坡度箭头外，对于复杂的楼板坡度（如地漏排水），可用修改楼板子图元的方式对楼板斜度进行修改。

子图元和坡度箭头不能同时定义楼板，如需为添加了坡度箭头的楼板使用子图元命令，应先删除其坡度箭头。

创建子图元可在选择楼板后，单击"修改|楼板"上下文选项卡中"修改子图元"命令，选择"添加分割线"命令，可在楼板上绘制分割线，如图 2-154所示，绘制完成后按 <Esc> 键可退出绘制。

选中绘制的分割线，在分割线旁出现高程"0"，单击"0"，可输入数值修改它的高程。进入

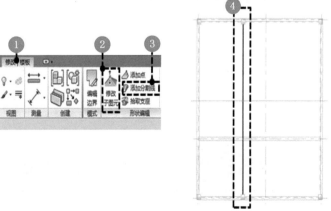

图　2-154

剖面视图可查看楼板的变化，如图 2-155 所示。

除了添加分割线以外，子图元还可以添加分割点，在平面视图中，绘制两个相交的参照平面（"参照平面"命令位于"建筑"选项卡下的"工作平面"面板中），有助于精确放置点，如图 2-156 所示。

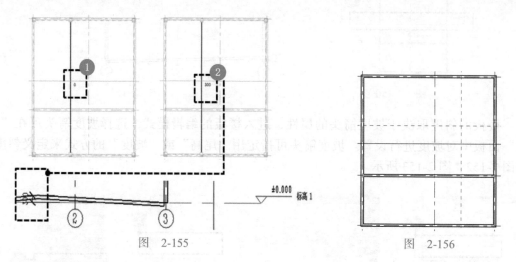

图 2-155   图 2-156

定义好参照平面后，选择楼板，在"修改 | 楼板"上下文选项卡中单击"修改子图元"命令，然后单击"添加点"命令，再单击拾取参照平面的交点，如图 2-157 所示。

拾取交点后，在点旁出现高程"0"，单击"0"，可输入数值修改它的高程。按 <Esc> 键退出后，在三维视图中查看楼板的变化，如图 2-158 所示。

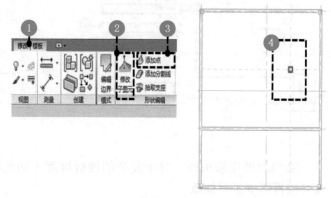

图 2-157

当控制点的高程值为正值时，此处上凸；为负值时，此处下凹，如图 2-159 所示。

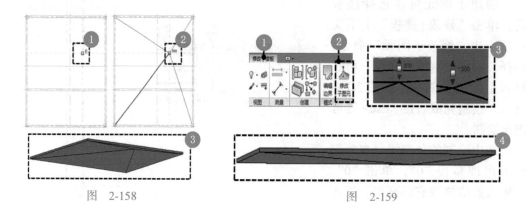

图 2-158   图 2-159

如果只改变楼板某一层的斜度，可以在楼板的结构类型编辑中，仅勾选该层的"可变"，如图 2-160 所示。

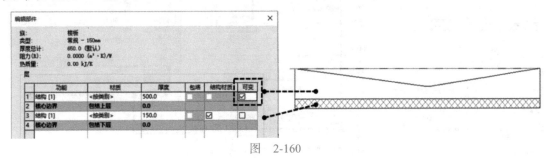

图　2-160

在"修改 | 楼板"上下文选项卡中单击"重设形状"命令（图 2-161），可将楼板还原为编辑子图元前的状态。

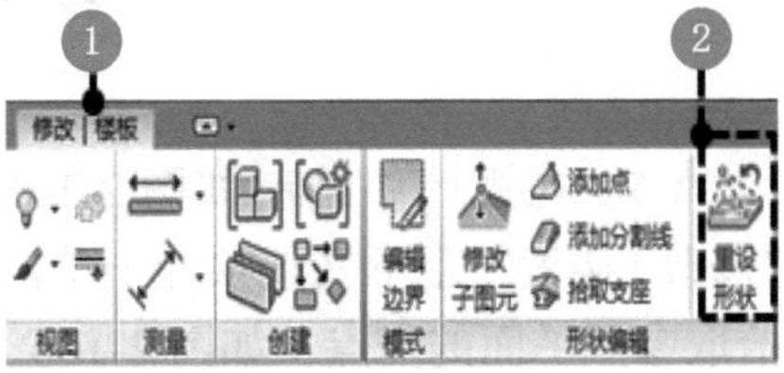

图　2-161

案例示范

（1）打开本节文件夹中"项目 2-2-5-1"文件，激活"楼板"命令，在"属性"面板中选择"常规 -150mm"楼板类型和楼板所在的标高，如图 2-162 所示。

（2）确定好楼板的信息后，单击"修改 | 创建楼板边界"上下文选项卡下"绘制"面板中的"直线"命令，完成如图 2-163 所示楼板草图边界，单击"完成编辑模式"命令，完成楼板的绘制。

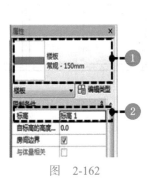

图　2-162

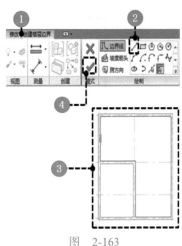

图　2-163

（3）再次单击"楼板"命令，在"属性"面板中单击"编辑类型"按钮，在"类型属性"对话框中"复制"新建一个楼板类型"常规 -450mm"，编辑楼板的结构如图 2-164 所示，并为"水泥砂浆"勾选"可变"。

（4）设置好楼板类型后，选择"矩形"工具，绘制如图 2-165 所示楼板边界，单击"完成编辑模式"命令，完成楼板的绘制。

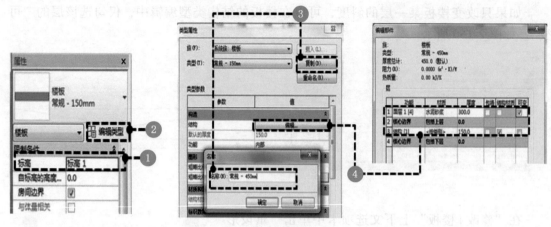

图　2-164

（5）在视图中绘制如图 2-166 所示参照平面，选中绘制的楼板"常规 -450mm"，在"修改 | 楼板"上下文选项卡中单击"修改子图元"命令，然后单击"添加点"命令，单击拾取参照平面的交点，如图 2-166、图 2-167 所示。

图　2-165　　　　　　　　　　　　　　　　　　图　2-166

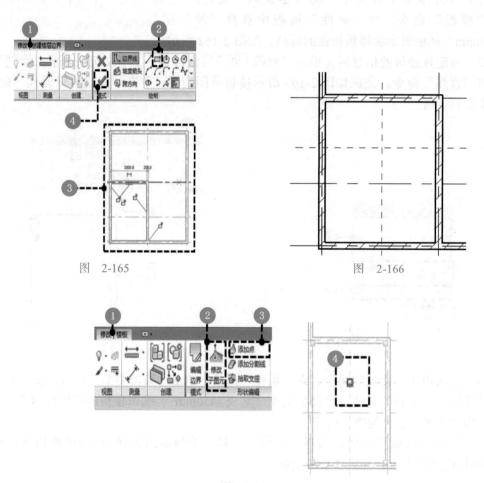

图　2-167

（6）拾取交点后，按 <Esc> 键退出，然后单击选中绘制的点，修改高程为 "-200"，按键盘 <Enter> 键确定，在三维视图中隐藏墙体，查看楼板，如图 2-168 所示。

（7）进入"标高 2"楼层平面，激活"楼板"命令，选择"常规 -150mm"楼板类型，绘制楼板边界，单击"完成编辑模式"命令，完成楼板的绘制，如图 2-169 所示。

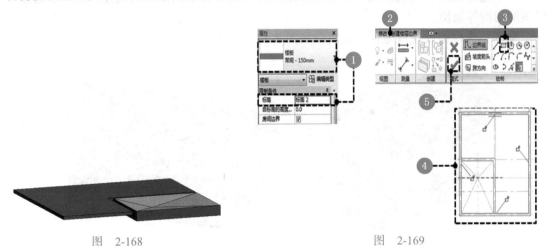

图　2-168　　　　　　　　　　　　　　图　2-169

（8）在软件弹出的如图 2-170 所示对话框中，选择"否"。

（9）回到三维视图中，隐藏部分墙体，如图 2-171 所示。

图　2-170

图　2-171

（10）单击"修改"选项卡下"几何图形"面板中的"连接"命令，勾选"多重连接"。先点选楼板，然后依次点选内墙，完成后按 <Esc> 键退出，完成楼板与墙体关系的处理，如图 2-172 所示。

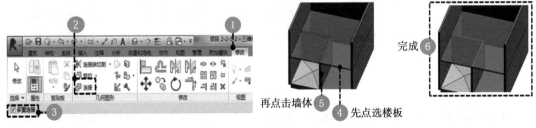

图　2-172

（11）保存文件，完成样例参见文件夹中"项目 2-2-5-2"文件。

2.2.6 屋顶

任务描述

屋顶是建筑的主要构件之一，本节的主要任务是掌握不同屋顶的创建方法，学会修改屋顶的结构等属性。

案例：为模型创建坡屋顶，完成后如图 2-173 所示。

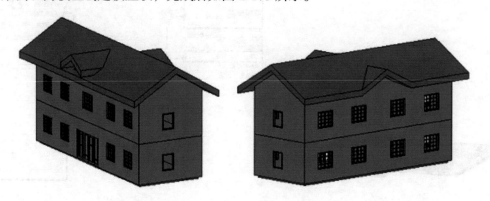

图 2-173

任务分解

任务	创建屋顶	修改屋顶	创建屋顶细节
知识点	1.命令位置 2.迹线屋顶的创建方法 3.拉伸屋顶的创建方法 4.玻璃斜窗	5.屋顶的实例属性与类型属性 6.屋顶与屋顶、墙体的连接 7.洞口绘制	8.创建屋顶细节的方法
视频学习	迹线屋顶的创建方法 屋顶与屋顶、墙体的连接	拉伸屋顶的创建方法 洞口绘制	玻璃斜窗　　　　屋顶的实例属性与类型属性 洞口绘制—老虎窗　　　创建屋顶细节

知识学习

1.命令位置

在功能区单击"▱"图标，即可激活"屋顶"命令。该图标位于"建筑"选项卡→"构建"面板中，如图 2-174 所示。

"屋顶"命令下，有不同的屋顶创建方式和创建屋顶细节的命令，如图 2-175 所示。

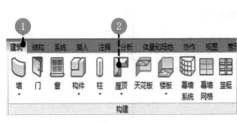

图　2-174

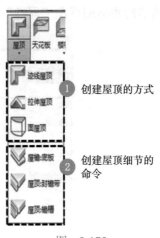

① 创建屋顶的方式

② 创建屋顶细节的命令

图　2-175

2. 迹线屋顶的创建方法

迹线即屋顶的投射轮廓线，迹线屋顶就是通过绘制屋顶投射轮廓线的方式创建屋顶。用"迹线屋顶"命令可以创建平屋顶和坡屋顶。

创建迹线屋顶前，应将视图切换至屋顶所在的楼层平面中。如果所在视图是最低标高，软件会弹出对话框，如图 2-176 所示，提示用户切换屋顶标高。

激活"迹线屋顶"命令后，视图将进入屋顶的编辑模式，在"修改|创建屋顶迹线"上下文选项卡中选择绘制迹线的草图线工具（图 2-177）。

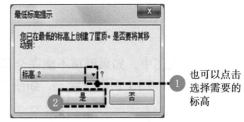

① 也可以点击选择需要的标高

图　2-176

与楼板类似，生成屋顶的迹线也必须是闭合的轮廓。选择好工具后，在视图中绘制一个迹线轮廓，并单击"完成编辑模式"命令，即可完成屋顶的创建，如图 2-178 所示。

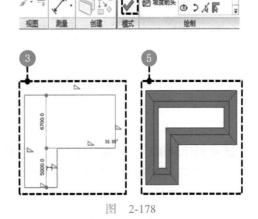

图　2-177

图　2-178

屋顶的结构和类型可在"属性"面板中选择，如图 2-179 所示。

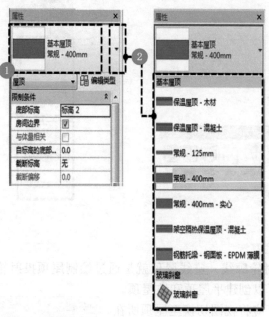

图 2-179

在平面视图中，如果屋顶不能完全显示，可调整"视图范围"将剖切面调至高于屋顶的位置（详见"3.3.1 视图设置"），如图 2-180 所示。

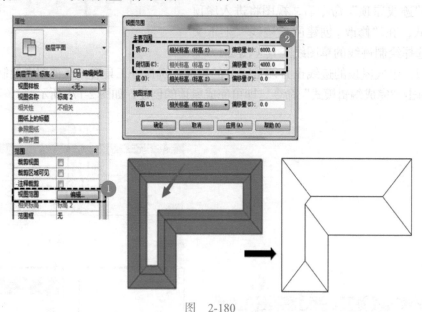

图 2-180

通常创建屋顶后，可在三维视图中查看（图 2-181），也可以点击三维视图中"视立方"的"上"，旋转到正南北，能够更直观地查看屋顶，可以更好地编辑屋顶，如图 2-182 所示。

上述绘制的是一个坡屋顶，如果需要绘制平屋顶，在绘制迹线轮廓前，取消选项栏中"定义坡度"的勾选即可，如图 2-183 所示。

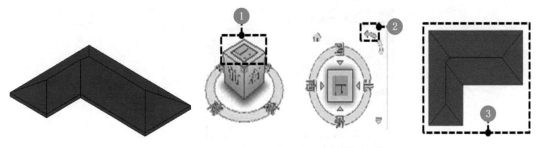

图　2-181　　　　　　　　　　　　　图　2-182

也可以将绘制好的坡屋顶改为平屋顶。双击创建好的屋顶，进入编辑模式，选中绘制的轮廓，在"属性"面板中取消"定义屋顶坡度"的勾选，或者在选项栏中取消"定义坡度"的勾选，如图 2-184 所示。

通过定义迹线的坡度，可以创建不同形式的屋顶，但这些坡屋顶的起坡方向都垂直于迹线，如图 2-185 所示。

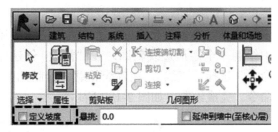

图　2-183

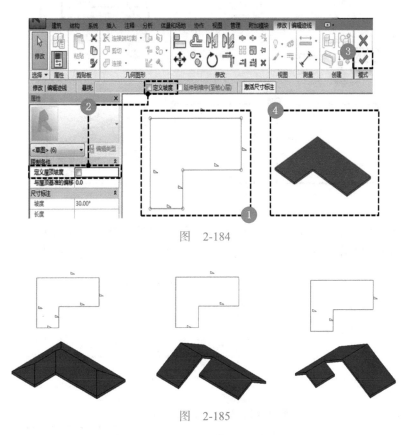

图　2-184

图　2-185

创建好的坡屋顶，可以更改屋顶的坡度大小，双击屋顶，进入编辑模式，点击选择有粉色"▷"图标的边，在"属性"面板中修改"坡度"的大小，如图 2-186 所示。

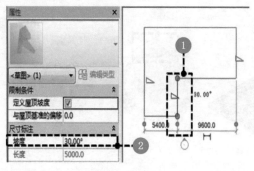

图　2-186

如果需要创建起坡方向不垂直于迹线的屋顶，可以用"坡度箭头"创建。在平面视图中绘制一个矩形迹线轮廓，在"修改 | 创建屋顶迹线"上下文选项卡中选择"坡度箭头"命令，选择"直线"，在迹线轮廓中绘制几个并不垂直的起坡方向，单击"完成编辑模式"命令，完成绘制，如图 2-187 所示。

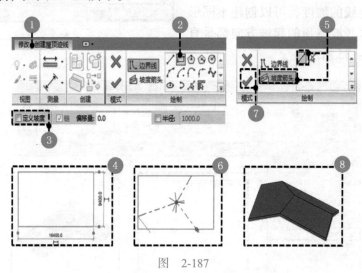

图　2-187

如果这个坡度不是所需要的坡度，可继续编辑屋顶，选中"坡度箭头"，在"属性"面板中进行修改，如图 2-188 所示。其修改方法与楼板中修改"坡度箭头"的方法类似。

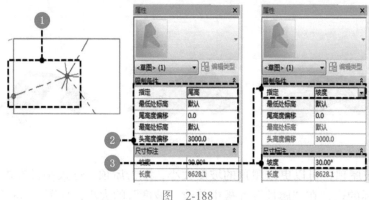

图　2-188

通过"坡度箭头"命令，还可以创建同一根迹线上既有定义坡度，又有起坡变化的屋顶，如图 2-189 所示。

方法如下：首先创建一个如图 2-190 所示的屋顶。

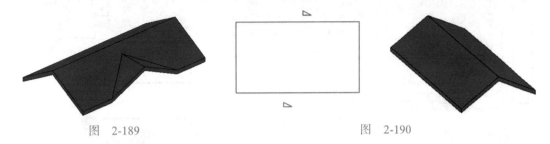

图　2-189　　　　　　　　　　　　　　　　　图　2-190

然后，回到平面视图，双击屋顶进入编辑模式，将一条边打断为 3 段，去掉中间段的定义坡度，如图 2-191 所示。

接着在"修改 | 编辑迹线"上下文选项卡中选择"坡度箭头"命令，选择"直线"，为迹线绘制坡度箭头，并单击"完成编辑模式"命令，完成绘制，如图 2-192 所示。

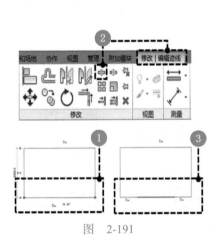

图　2-191

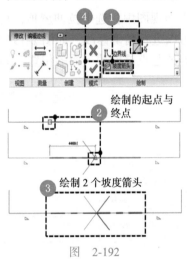

图　2-192

3. 拉伸屋顶的创建方法

拉伸屋顶适用于创建如图 2-193 所示截面一致的屋顶。需要注意的是，屋顶只能向水平方向拉伸，因此，轮廓适宜在立面或剖面上绘制，并选择垂直的墙面或参照平面作为绘制轮廓线的工作平面。

在激活"拉伸屋顶"命令后，会弹出"工作平面"选择对话框，选择合适的墙体作为工作平面，在没有墙体的情况下，可在平面视图中绘制一个参照平面，拾取参照平面作为工作平面，并将活动视图转移到合适的视图中，如图 2-194 所示。

在工作平面视图中用"样条曲线"命令绘制一根单线，单击"完成编辑模式"，可完成拉伸屋顶的创建，绘制完成后可在三维视图中查看创建的屋顶，如图 2-195 所示。

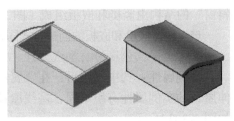

图　2-193

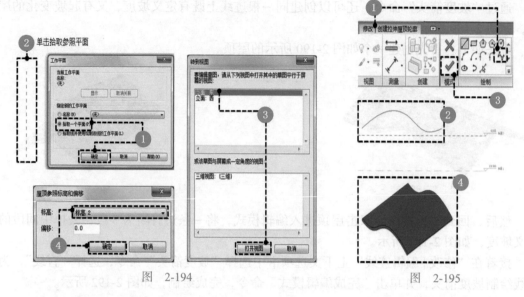

图 2-194   图 2-195

在平面视图中，选中拉伸屋顶，可通过"操纵柄"命令调整拉伸长度；在"属性"面板中也可以进行精确修改，如图 2-196 所示。

拉伸的起点是参照平面的位置，如图 2-197 所示。

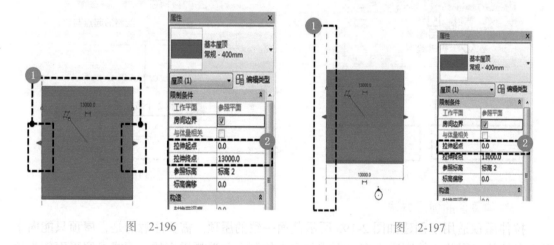

图 2-196   图 2-197

4. 玻璃斜窗

屋顶中有两个族，一个是"基本屋顶"，另一个是"玻璃斜窗"（图 2-198），两者的区别类似于墙族中的"基本墙"与"幕墙"。"基本屋顶"的结构以层为单位定义，而"玻璃斜窗"的结构由竖梃和嵌板组成（图 2-199）。

玻璃斜窗竖梃和嵌板的创建方式同幕墙（详见"2.2.4 门、窗"）的创建，如图 2-200 所示。

5. 屋顶的实例属性与类型属性

实例属性：选中屋顶后，在"属性"面板中将出现该屋顶的实例属性，迹线屋顶与拉伸屋顶的实例属性有所不同，迹线屋顶的实例属性如图 2-201 所示，拉伸屋顶的实例属性如图 2-202 所示。

图　2-198

① 常规屋顶　　② 玻璃斜窗

图　2-199

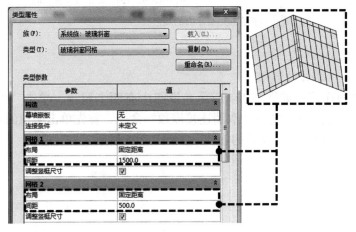

图　2-200

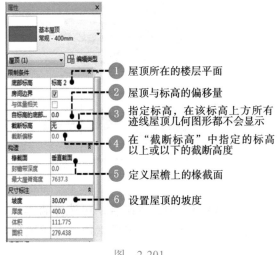

① 屋顶所在的楼层平面
② 屋顶与标高的偏移量
③ 指定标高，在该标高上方所有迹线屋顶几何图形都不会显示
④ 在"截断标高"中指定的标高以上或以下的截断高度
⑤ 定义屋檐上的椽截面
⑥ 设置屋顶的坡度

图　2-201

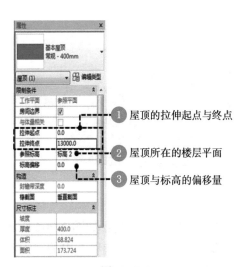

① 屋顶的拉伸起点与终点
② 屋顶所在的楼层平面
③ 屋顶与标高的偏移量

图　2-202

类型属性：单击"属性"面板中"编辑类型"按钮，将弹出屋顶的"类型属性"对话框。如果需要不同的屋顶结构，通常在此"复制"新建多个屋顶类型，并对其结构、图形等内容进行编辑，如图 2-203 所示。

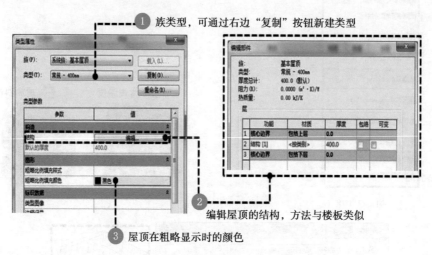

图　2-203

6. 屋顶与屋顶、墙体的连接

屋顶与屋顶的连接：如图 2-204 所示，视图中有两个屋顶，单击"修改"选项卡下"几何图形"命令面板中的"连接/取消连接屋顶"命令，首先单击屋顶的边沿，再单击需要连接的面，即可完成屋顶与屋顶的连接，如图 2-205 所示。

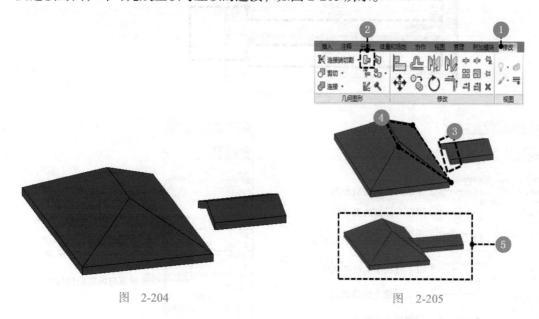

图　2-204　　　　　　　　　　　图　2-205

屋顶与墙体的连接：如图 2-206 所示，为了让墙体与屋顶紧密结合，可选择墙体，单击"修改|墙"上下文选项卡中的"附着顶部/底部"命令，然后选择屋顶，完成屋顶与墙的连接，如图 2-207 所示。

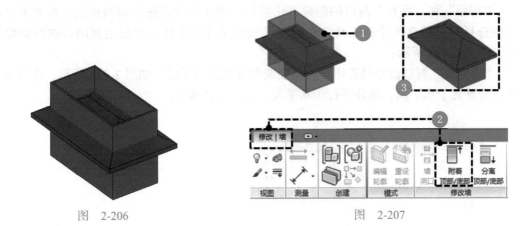

图 2-206 　　　　　　　　　　　　图 2-207

如果要连接屋顶与内墙，为了方便选择墙体，可把显示模式修改为"线框"，如图 2-208 所示。

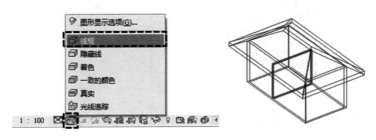

图 2-208

7. 洞口绘制

"洞口"命令位于"建筑"选项卡下"洞口"面板中，如图 2-209 所示。洞口可应用于屋顶、墙体、楼板等构件中。

图 2-209

在"洞口"面板中，"墙"洞口工具主要用来为墙体开挖洞口，其创建的方式是单击"洞口"面板下"墙"命令→选择墙体→绘制矩形洞口（只支持矩形）。因其开挖的洞口形状较单一，在绘制墙洞口时，多数选择编辑墙体轮廓的方式，而非选用"墙"洞口命令。

"竖井"命令用在多层楼板中绘制轮廓相同的洞口，如图 2-210 所示，多放置在楼梯间等空间中。

"按面"和"垂直"洞口可为屋顶、墙体和楼板等构件绘制洞口，它们的区别在于"按面"洞口垂直于主体面，而"垂直"洞口垂直于水平面，如图 2-211 所示。

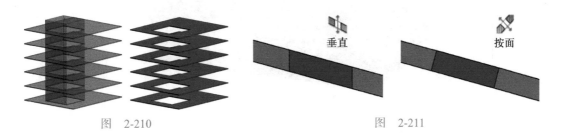

图 2-210 　　　　　　　　　图 2-211

"按面"和"垂直"洞口的创建方法类似，激活命令后进入编辑模式，在上下文选项卡中选择合适的草图绘制工具，在绘图区域中先选择主体，然后绘制闭合的洞口轮廓即可，如图 2-212 所示。

"老虎窗"洞口命令只适用于坡屋顶老虎窗的洞口开挖。如图 2-213 所示，这种洞口边缘部分垂直于水平面，部分平行于水平面，有一定特殊性。

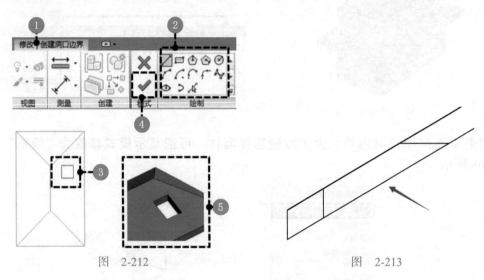

图　2-212　　　　　　　　　　　　　　图　2-213

要创建老虎窗洞口，须有如图 2-214 所示创建洞口的条件：一个需要开挖洞口的主体屋顶，上方有与之相连接的老虎窗屋顶。

老虎窗洞口的生成同样需要一个闭合的轮廓，不同的是，老虎窗轮廓不通过直接绘制完成，而必须拾取已有线。小屋顶与大屋顶相交的迹线可作为洞口轮廓的一部分（图 2-215）。

图　2-214　　　　　　　　　　　　　　图　2-215

洞口其他的轮廓可通过墙体或模型线来闭合，如图 2-216 所示。

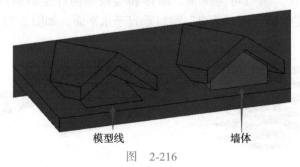

模型线　　　　　　墙体

图　2-216

在准备好闭合轮廓的形体与线段后，可单击"老虎窗"命令，单击选择要绘制老虎窗的屋面，再依次拾取各相交线、模型线直到紫色轮廓闭合（可打开"线框"显示模型，方便拾取），如图2-217所示，最后单击"完成编辑模式"命令完成老虎窗的绘制，如图2-218所示。

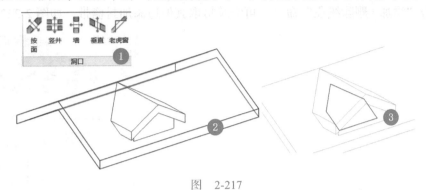

图　2-217

8. 创建屋顶细节的方法

屋檐底板：底板是屋顶下方用来连接屋顶与墙的平面，宜在平面视图中创建。激活"屋顶"命令下"屋檐：底板"选项，选用合适工具在屋顶与墙面之间绘制闭合的轮廓即可创建底板，如图2-219所示。

单击"修改"选项卡中"连接"命令，依次单击底板和屋顶，完成底板与屋顶的连接，如图2-220所示。

图　2-218

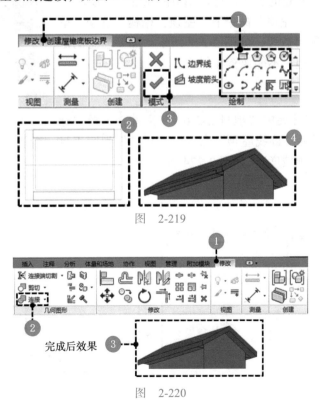

图　2-219

图　2-220

封檐带：单击"屋顶"命令下"屋顶：封檐带"选项，拾取屋顶的边将随边界生成封檐带，如图 2-221 所示。

如果需要继续添加封檐带，单击选择绘制好的封檐带，在"修改 | 封檐带"上下文选项卡中单击"添加 / 删除线段"命令，可继续拾取其他边添加封檐带，如图 2-222 所示。

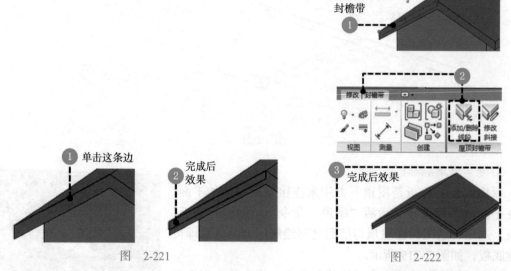

图　2-221

图　2-222

封檐带与墙饰条、楼板边类似，激活命令后，可在"属性"面板中"复制"新建的类型，选择相应的轮廓、材质。

屋顶檐槽：单击"屋顶"命令下"屋顶：檐槽"选项，单击拾取屋顶的边，即可放置，如图 2-223 所示。需要注意的是檐槽只能放置在水平边，不能放置在斜边。

图　2-223

案例示范

（1）打开本节文件夹中"项目 2-2-6-1"文件，选择"标高 3"楼层平面，激活"迹线屋顶"命令，选择"矩形"工具，绘制一个迹线轮廓，取消左右两边的"定义屋顶坡度"，如图 2-224 所示。

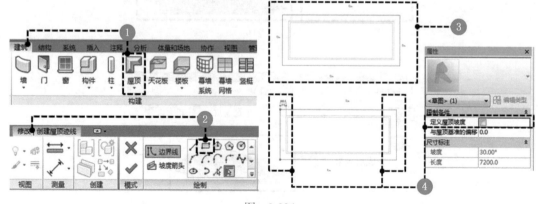

图　2-224

（2）选择上方水平迹线，将其打断为 3 段，并取消中间段的定义坡度，如图 2-225 所示。

（3）在"修改 | 创建屋顶迹线"上下文选项卡中选择"坡度箭头"命令，选择"直线"，为迹线绘制坡度箭头。选中绘制好的坡度箭头，在"属性"面板中修改"坡度"为"25°"，将 2 个"箭头"的坡度修改好后，单击"完成编辑模式"命令，完成编辑，并在三维视图中查看，如图 2-226 所示。

（4）回到"标高 3"楼层平面，将视图调整为"线框"模式，在如图 2-227 所示位置绘制一个小的双坡屋顶。

（5）选择绘制的小屋顶，在"属性"面板中将标高偏移量修改为"800"，并将绘制的小屋顶移动到合适的位置，如图 2-228 所示。

（6）切换到三维视图，用"修改"选项卡下"几何图形"面板中"连接 / 取消连接屋顶"命令将两个屋顶连接，如图 2-229 所示。

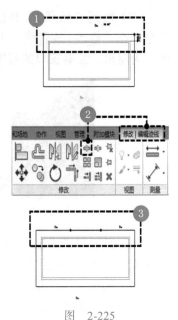

图　2-225

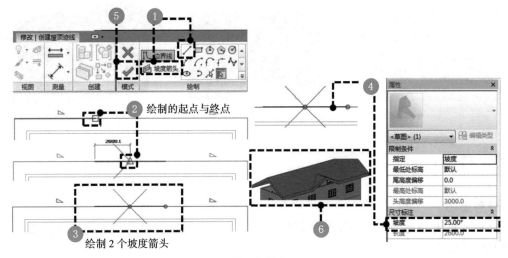

图　2-226

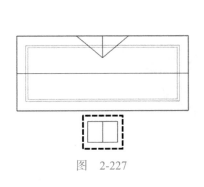

图　2-227

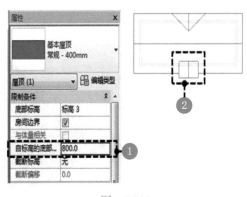

图　2-228

（7）回到"标高 3"楼层平面中，单击"建筑"选项卡下"模型"面板中"模型线"命令，在"修改 | 放置线"上下文选项卡中选择"直线"工具，在属性栏中选择"放置平面"为屋顶，绘制窗口的范围。绘制完成后在三维视图中查看，如图 2-230 所示。

图　2-229

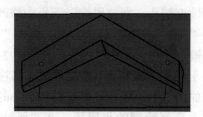

图　2-230

（8）激活"老虎窗"命令，单击要绘制老虎窗的屋顶，此时进入选择模式，选择老虎窗的范围，选择完成后单击"完成编辑模式"按钮完成绘制，如图 2-231 所示。

（9）选中二层的墙体，用"修改 | 墙"上下文选项卡中"附着顶部 / 底部"命令，连接屋顶与墙，如图 2-232 所示。完成样例参见文件夹中"项目 2-2-6-2"文件。

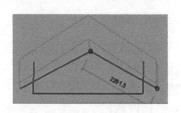

图　2-231

图　2-232

2.2.7　楼梯

任务描述

楼梯和坡道是连接不同高度的建筑构件。本节的主要任务是学习创建和编辑楼梯、坡道及其栏杆扶手。

案例：完成图 2-233 所示楼梯。

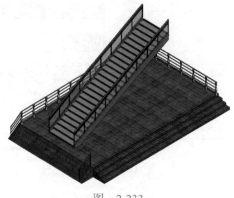

图　2-233

任务分解

任务	创建楼梯	编辑楼梯	楼梯与建筑	创建栏杆扶手	编辑栏杆扶手	台阶与坡道
知识点	1. 创建楼梯前注意事项 2. 命令位置 3. 按构件创建楼梯 4. 按草图创建楼梯	5. 构件楼梯的实例属性 6. 构件楼梯的类型属性 7. 草图楼梯的实例属性 8. 草图楼梯的类型属性	9. 剪贴板复制楼梯 10. 多层顶部标高复制楼梯	11. 三种方式创建栏杆扶手	12. 栏杆扶手的实例属性 13. 栏杆扶手的类型属性	14. 创建坡道 15. 坡道的实例属性 16. 坡道的类型属性 17. 使用楼板边工具创建台阶
视频学习	按构件创建楼梯 草图楼梯的实例属性、类型属性 编辑栏杆位置	按草图创建楼梯 楼梯与建筑 创建坡道以及坡道的实例属性、类型属性	组合楼梯的实例属性、类型属性 创建栏杆扶手 使用楼板边工具创建台阶	楼梯的实例属性、类型属性 栏杆扶手的实例属性、类型属性		

知识学习

1. 创建楼梯前注意事项

创建楼梯前应先明确楼梯的常规信息，如：楼梯起止高度、步数、踏板深度、梯段宽度、材质、用途等。

楼梯一般在平面视图中进行绘制，绘制前应先双击"项目浏览器"中楼梯所在的楼层平面视图，将活动视图切换到楼梯所在的楼层平面，如图 2-234 所示。

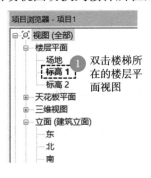

图　2-234

2. 命令位置

单击功能区"🛇"图标，即可激活"楼梯"命令。该图标位于"建筑"选项卡→"楼梯坡道"面板中。单击"楼梯"命令下方的小三角，打开下拉菜单，楼梯有两种创建方式：一是按构件创建楼梯，二是按草图创建楼梯，如图 2-235 所示。

图　2-235

3. 按构件创建楼梯

按构件绘制楼梯，是通过定义楼梯的"梯段""平台"和"支座"来生成楼梯的方式，如图 2-236 所示。通常，绘制完"梯段"，"平台"和"支座"会按照默认状态自动生成。如果生成的平台和支座样式与预期不符，可删除构件后，单击图 2-236 中所示构件名称切换到相应工具栏，再根据需要绘制。

梯段：单击"建筑"选项卡→"楼梯坡道"面板→"楼梯"下拉菜单→"楼梯（按构件）"命令，在上下文选项卡中激活"构件"面板→"梯段"→"直梯"命令（图 2-237）后，可开始绘制构件楼梯的梯段。绘制前，应对梯段的主要尺寸参数进行定义，如图 2-238 所示，梯段宽度和踏板深度可以直接定义，而每一级踢面高度是通过"踢面高度＝标高差 / 踢面数"间接确定的。

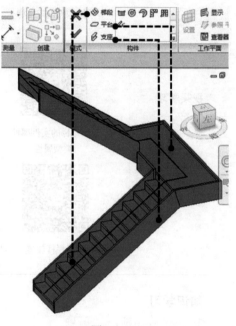

图　2-236

设置完成后，在绘图区域根据楼梯的行进路线依次单击鼠标（图 2-239），可生成楼梯。绘制完成后，单击上下文选项卡中"✔"命令完成楼梯编辑。

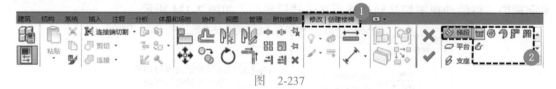

图　2-237

梯段工具栏中，可以绘制除直梯外的其他形态楼梯（图 2-240），其生成的方式与直梯基本相同。

平台：单击"构件"面板→"平台"→"拾取两个梯段"命令，依次按照楼梯的走向单击两个梯段，即可自动生成平台，如图 2-241 所示。

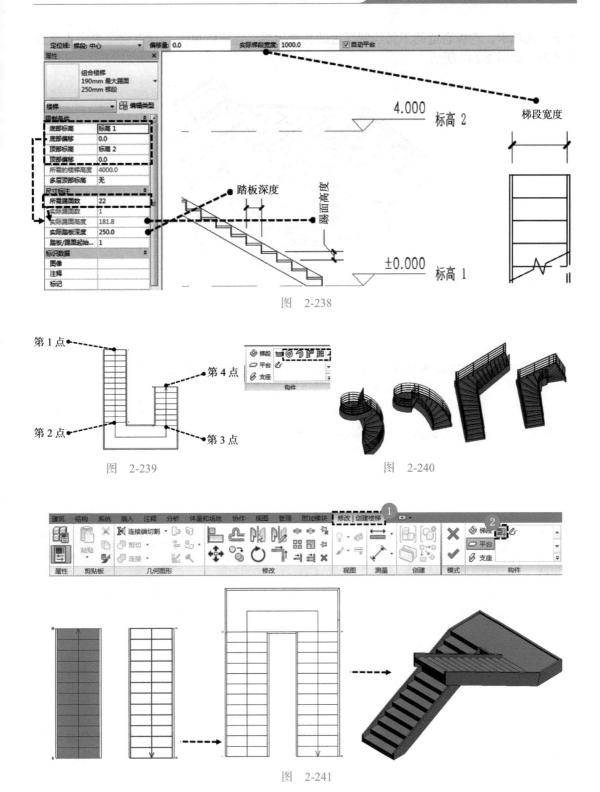

图　2-238

图　2-239

图　2-240

图　2-241

除了拾取梯段生成平台外，对于一些形状较复杂的平台（图2-242），可以采取绘制的方式完成，选择"平台"中"创建草图"工具后，可激活"修改 | 创建楼梯 > 绘制平台"

上下文选项卡，选择合适的工具绘制平台的轮廓边界，完成后单击"✔"命令可完成平台的绘制，如图 2-243 所示。

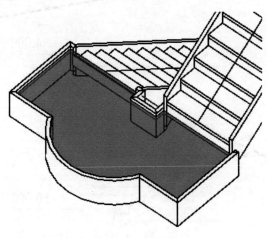

图　2-242

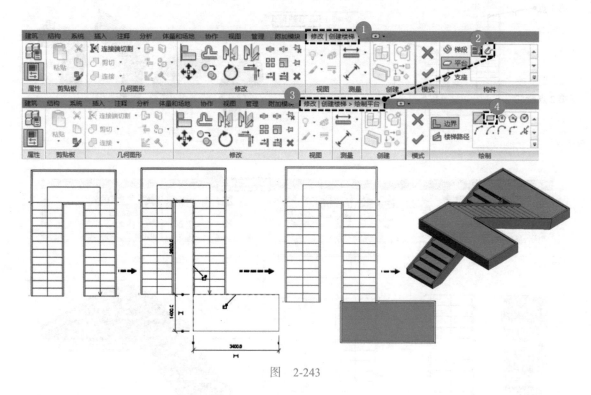

图　2-243

支座：支座只能拾取梯段生成，单击"拾取边"命令，在绘图区域拾取梯段即可生成支座，如图 2-244 所示。

4. 按草图创建楼梯

按草图绘制楼梯，是通过"边界"和"踢面"绘制楼梯（图 2-245）。与构件方式相比，草图方式创建的楼梯更自由（可以是各种形态的边界以及不同的踢面形态、踏板深度等）。

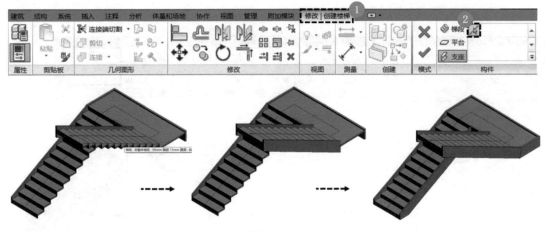

图　2-244

要绘制草图楼梯，可单击"建筑"选项卡→"楼梯坡道"面板→"楼梯"下拉菜单→"楼梯（按草图）"命令，在上下文选项卡"绘制"面板中，有"梯段""边界"和"踢面"工具栏。

踢面线是黑线，可决定楼梯踢面的位置、形态和数量，如图 2-246 所示。

边界线是绿线，与"踢面"相交，决定了楼梯梯段的宽度、形态，如图 2-247 所示。

"梯段"工具可快速绘制带有"边界"和"踢面"的草图线，如图 2-248 所示。

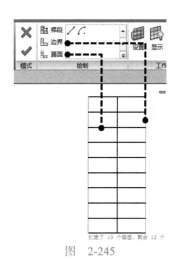

图　2-245

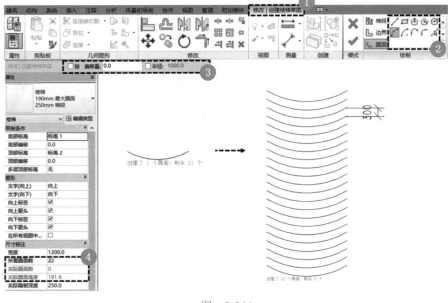

图　2-246

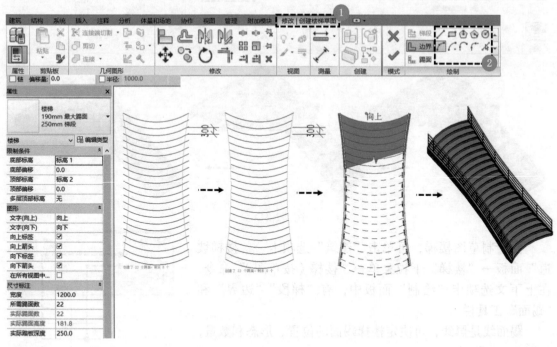

图　2-247

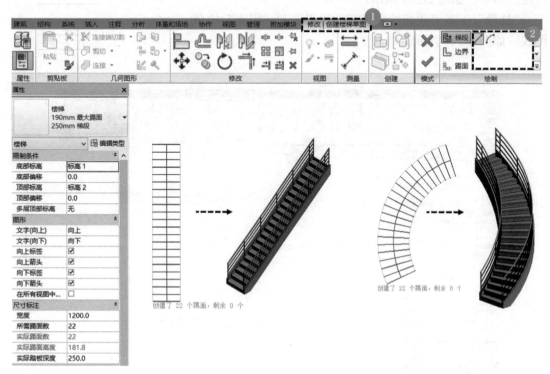

图　2-248

在平面视图中选中创建好的楼梯，单击"向上翻转楼梯的方向"命令的小箭头，可以控制楼梯起点和终点的变换，如图 2-249 所示。

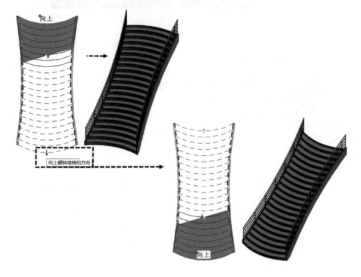

图　2-249

草图楼梯的平台通过踢面线的间距控制，但应注意在平台处的边界线要打断处理，如图 2-250 所示。

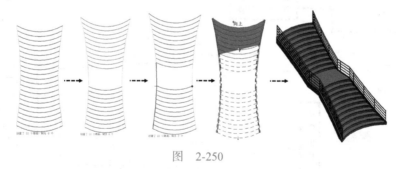

图　2-250

构件楼梯中，也可以用草图方式绘制梯段和平台（图 2-251），其创建方法同草图楼梯类型，但最后属性仍属于构件楼梯，会有梯段和平台的区别。

5. 构件楼梯的实例属性

按构件方式创建的楼梯有"组合楼梯""现场浇注楼梯""预浇注楼梯"三种系统族，如图 2-252、图 2-253 所示。它们在构造上有差异，但属性的修改相似。

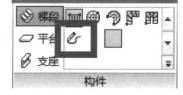

图　2-251

楼梯左侧"属性"面板可以对楼梯的实例属性进行编辑。"族类型"下拉菜单可以重新选择族类型；"限制条件"下拉菜单，通过编辑楼梯的"底部标高""底部偏移""顶部标高""顶部偏移"控制楼梯的起止高度；"所需的楼梯高度"是指符合限制条件的楼梯整体高度；"多层顶部标高"是在标高距离相等、楼梯相同的情况下，对已有楼梯在其他标高的简便复制；通过设置"所需踢面数"编辑"实际踢面高度"；通过"实际踏板深度"编辑踏板深度（图 2-254）。

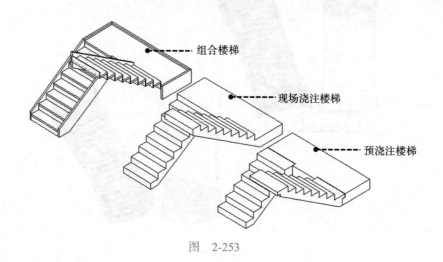

图　2-252

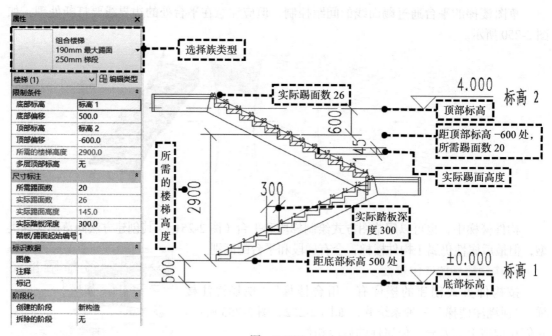

图　2-253

图　2-254

　　双击楼梯，进入"修改|楼梯"状态，选中梯段，可在"属性"面板中单独编辑所选梯段的实例属性，如图 2-255 所示。

　　其中"定位线"指梯段的参照线，"相对基准高度"指本段梯段的起点高度，"相对顶部高度"指本段梯段的终点高度，"以踢面开始"和"以踢面结束"用于设置楼梯的起止位置是踢面还是踏板，"实际梯段宽度"可编辑梯段的宽度，如图 2-256 所示。

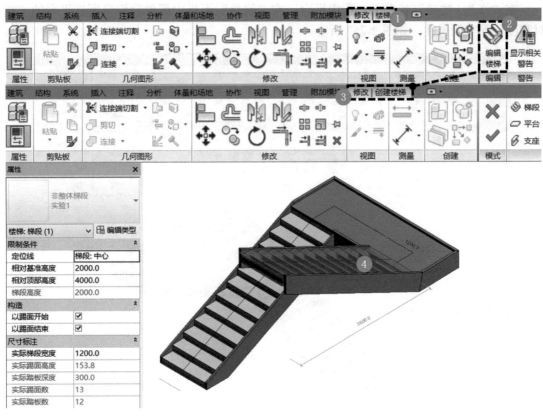

图　2-255

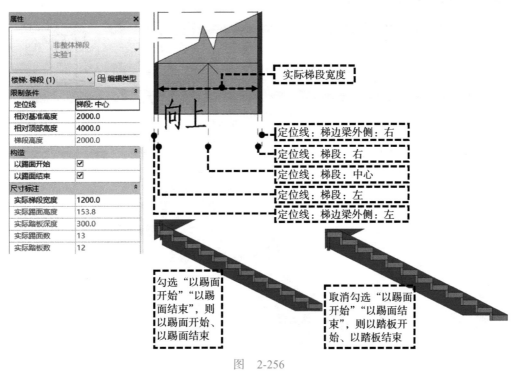

图　2-256

在"修改 | 楼梯"状态下，选中平台，在"属性"面板中可单独编辑所选平台的"相对高度"等实例属性，如图 2-257 所示。

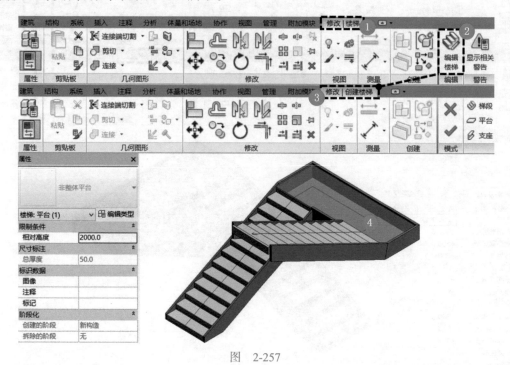

图 2-257

在编辑楼梯的状态下选中梯边梁，在"属性"面板中可单独编辑所选梯边梁的实例属性，如图 2-258、图 2-259 所示。

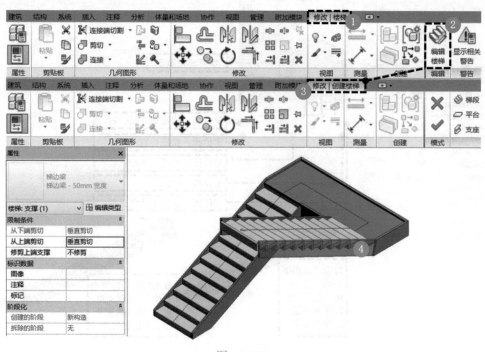

图 2-258

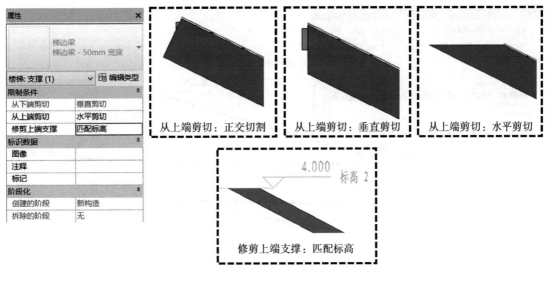

图　2-259

6. 构件楼梯的类型属性

单击楼梯"属性"面板中"编辑类型"按钮，"复制"创建名称为"新款式楼梯"的楼梯类型，在"类型属性"对话框中，"最大踢面高度"要求楼梯踢面高度小于所设置的数值，"最小踏板深度"要求楼梯踏板深度大于所设置的数值，"最小梯段宽度"要求楼梯梯段宽度大于所设置的数值，如图 2-260 所示。

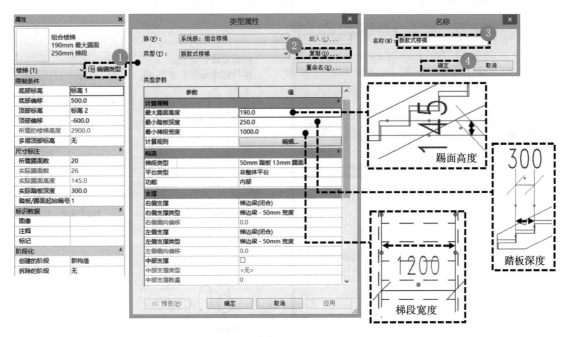

图　2-260

对话框中还可设置梯段的族类型、平台的族类型和楼梯的功能等内容，如图 2-261 所示。

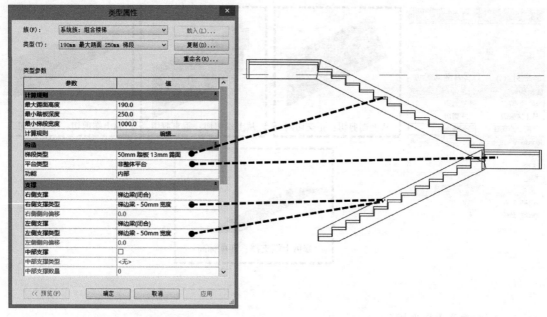

图　2-261

　　在楼梯的"类型属性"对话框中，单击"梯段类型"旁边的"▣"按钮，弹出嵌套的梯段族"类型属性"对话框，可复制新建的梯段族类型（进入编辑状态，选中梯段再单击"编辑类型"按钮，也可打开梯段族的"类型属性"对话框）。梯段"类型属性"对话框中可分别设置踏板和踢面的材质和样式属性，如图 2-262~ 图 2-264 所示。

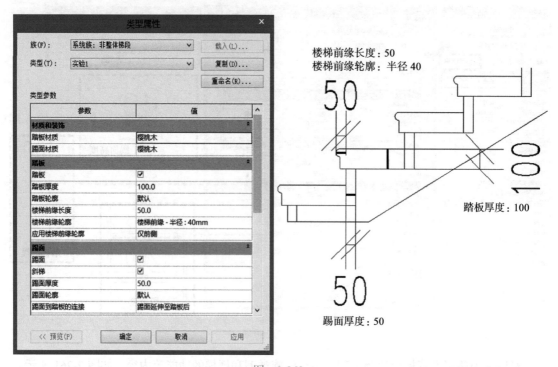

图　2-262

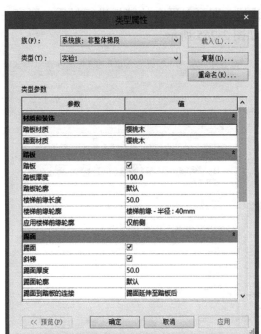

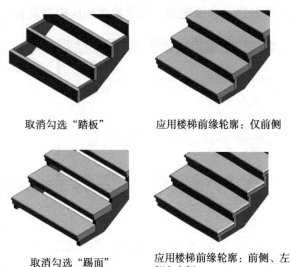

图　2-263

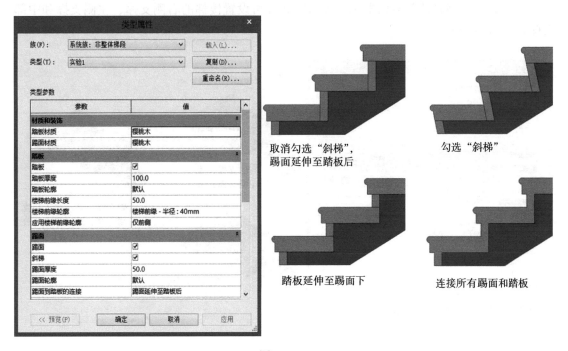

图　2-264

在楼梯的"类型属性"对话框中，单击"平台类型"旁边的"▦"按钮，弹出嵌套的平台族"类型属性"对话框（在楼梯编辑状态下，选中"平台"再单击"编辑类型"按钮，也可打开该对话框）。一般情况下，我们选择平台踏板的设置"与梯段相同"，如需单独对平台的踏板进行设置，取消勾选"与梯段相同"，即可对平台的踏板进行材质、厚度、前缘长度、前缘轮廓、前缘轮廓的应用等设置，如图 2-265 所示。

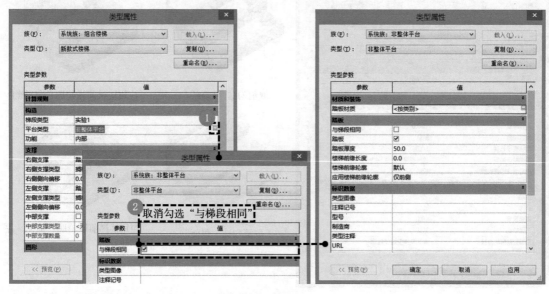

图　2-265

楼梯的"类型属性"对话框中"支撑"属性可设置楼梯的右侧支撑、左侧支撑和中部支撑，如图 2-266 所示。

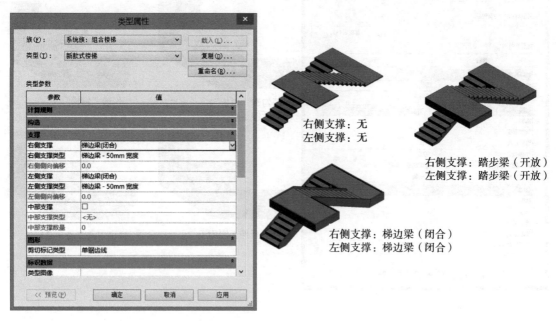

图　2-266

在楼梯的"类型属性"对话框中，单击"右侧支撑类型"或"左侧支撑类型"旁边的"▣"按钮，弹出嵌套的梯边梁族"类型属性"对话框（在楼梯编辑状态下，选中

"支撑"再单击"编辑类型"按钮,也可打开该对话框),如图 2-267 所示。在梯边梁的"类型属性"对话框中,可设置梯边梁的材质、截面轮廓、截面轮廓的方向、梯段上的结构深度、平台上的结构深度、总深度、宽度等,如图 2-268 所示。

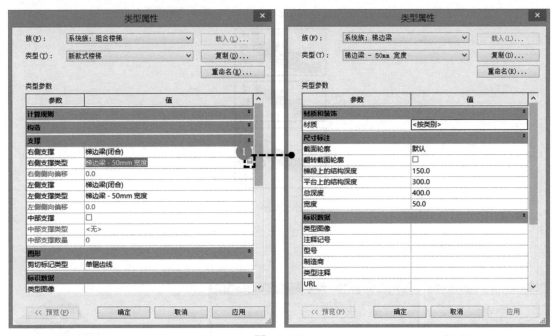

图　2-267

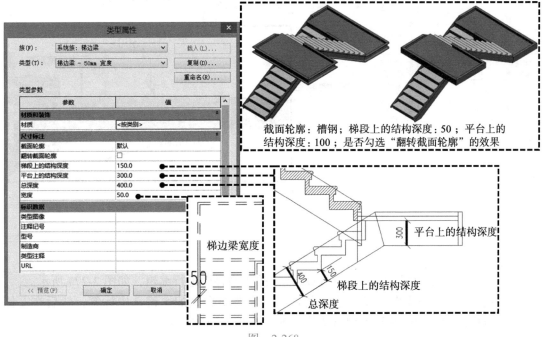

图　2-268

　　"整体浇注楼梯""预浇注楼梯"与"组合楼梯"的编辑方法类似。针对"整体浇注楼梯"和"预浇注楼梯"的构造特点，其"属性"面板中还包含有对"构造"（图 2-269）和"槽口"（图 2-270）等内容的编辑。

图　2-269

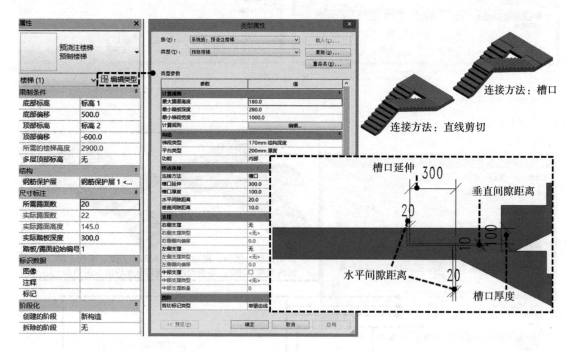

图　2-270

7. 草图楼梯的实例属性

　　在草图楼梯"属性"面板中，可以对楼梯的实例属性进行编辑，如图 2-271 所示。

　　构件楼梯的平面视图标签及箭头的显示，需要结合 \<Tab\> 键选中标签，然后在左侧"属性"面板进行实例属性和类型属性的设置，如图 2-272 所示。

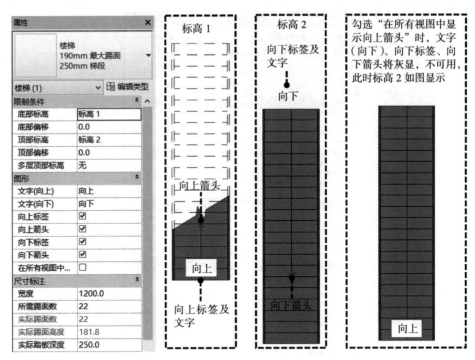

图　2-271

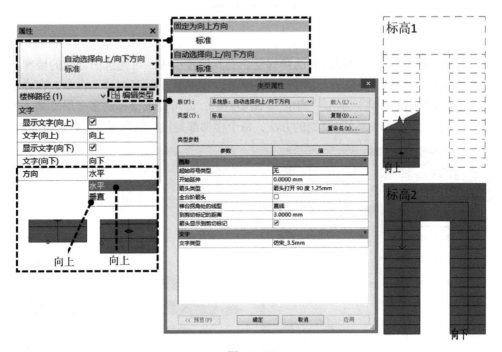

图　2-272

8. 草图楼梯的类型属性

草图楼梯的类型属性修改与构件楼梯不同，它不依据梯段、平台和支撑分别设置，踏板、踢面等都在同一对话框中直接修改，如图 2-273 所示。

图 2-273

9. 剪贴板复制楼梯

在多层及高层建筑中，要将已有的楼梯复制到其他楼层中，可先选中创建的楼梯，单击"剪贴板"面板中"复制到剪贴板"命令，然后单击"与选定的标高对齐"命令，在弹出的对话框中多选需要粘贴的标高，单击"确定"（图 2-274），即可完成楼梯的多楼层复制（此方法也可用于其他构件的复制）。这种复制的方法，每个楼梯都是独立的图元，可以单独编辑。

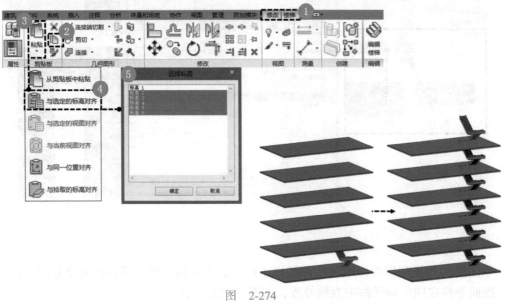

图 2-274

10. 多层顶部标高复制楼梯

在多层及高层建筑中，如果每层的标高和楼梯相同，可以选中创建的楼梯，在"属性"面板下"多层顶部标高"属性的下拉菜单中选择楼梯需要到达的标高，即可快速创建多层楼梯（图 2-275）。这种方法创建的多层楼梯是一个整体，不能单独编辑。

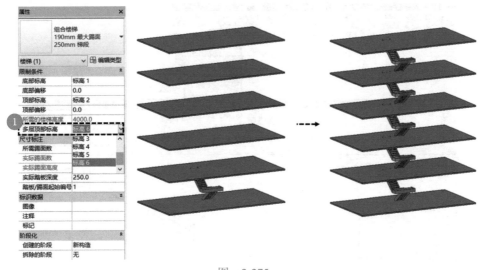

图　2-275

11. 三种方式创建栏杆扶手

随主体生成：在绘制楼梯和坡道等构件时，上下文选项卡中"栏杆扶手"命令可定义在主体生成时是否创建相应栏杆，如图 2-276 所示。

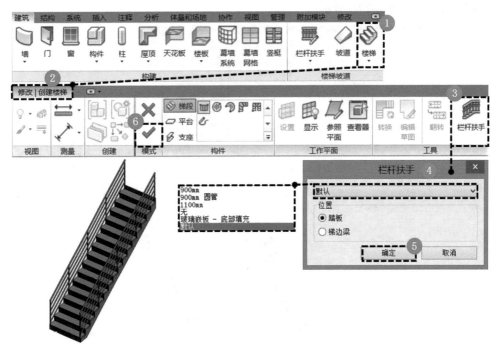

图　2-276

  绘制路径生成：栏杆也可不依赖于主体直接创建。要绘制栏杆，可单击"建筑"选项卡→"楼梯坡道"面板→"栏杆扶手"下拉菜单→"绘制路径"命令，选择合适的草图工具在绘图区域中绘制栏杆（需是连续单线），绘制完成后单击"✔"即可完成栏杆扶手的创建，如图 2-277 所示。

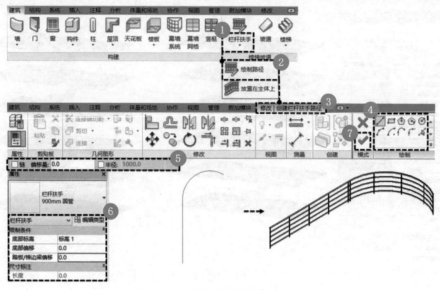

图　2-277

  拾取主体生成：单击"建筑"选项卡→"楼梯坡道"面板→"栏杆扶手"下拉菜单→"放置在主体上"命令，在上下文选项卡中选择栏杆扶手的放置位置，选择主体即可完成栏杆扶手的创建，如图 2-278 所示。

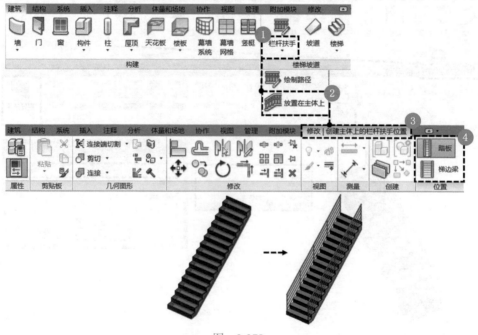

图　2-278

12. 栏杆扶手的实例属性

　　选中栏杆扶手，在"属性"面板中可设置栏杆扶手的实例属性，其中"族类型"下拉菜单可以选择不同的栏杆扶手族，"踏板 / 梯边梁偏移"用来控制栏杆扶手到踏板或梯边梁边缘的距离。选中栏杆扶手，单击双箭头翻转符号，可变换栏杆扶手距踏板、梯边梁的偏移方向，如图 2-279 所示。

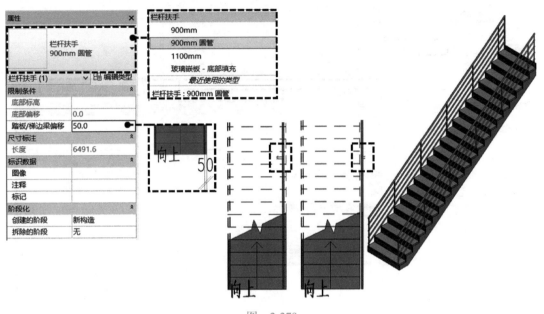

图　2-279

　　无主体的栏杆扶手，可通过"底部标高""底部偏移"等修改其高度，"踏板 / 梯边梁偏移"用来设置栏杆扶手距绘制路径的偏移。选中栏杆扶手，单击双箭头翻转符号，可变换栏杆扶手距绘制路径的偏移方向，如图 2-280 所示。

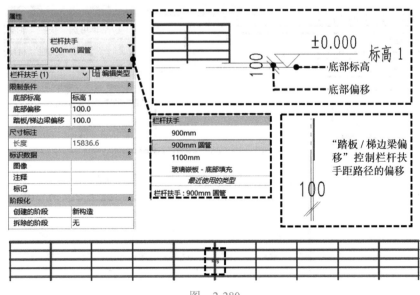

图　2-280

13. 栏杆扶手的类型属性

选中栏杆扶手，单击"属性"面板中"编辑类型"按钮，打开"类型属性"对话框，可对栏杆扶手的类型属性进行设置。其中"构造"下拉菜单中"栏杆扶手高度"由顶部"扶栏"的高度决定；单击"扶栏结构"右侧"编辑"按钮，弹出"编辑扶手"对话框，如图 2-281 所示。

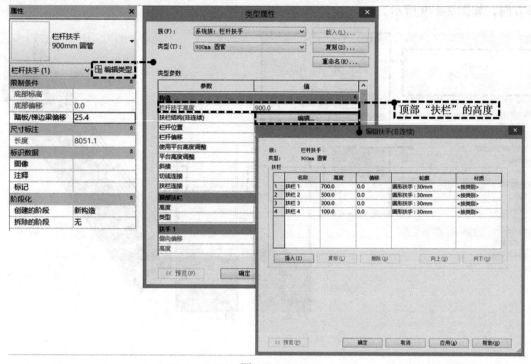

图 2-281

"编辑扶手"对话框用来设置"扶栏"的各项类型属性，如图 2-282 所示。

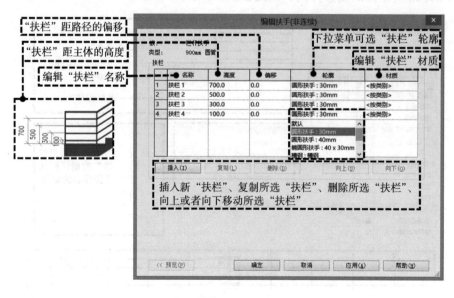

图 2-282

单击栏杆扶手"类型属性"对话框→"构造"下拉菜单→"栏杆位置"右侧"编辑"按钮，弹出"编辑栏杆位置"对话框，如图 2-283 所示。

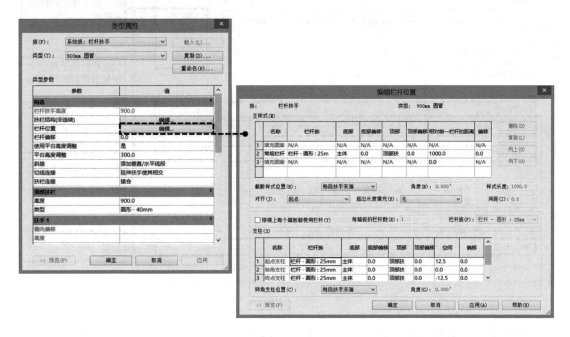

图　2-283

"编辑栏杆位置"对话框用来设置栏杆的各项类型属性，如图 2-284、图 2-285 所示。

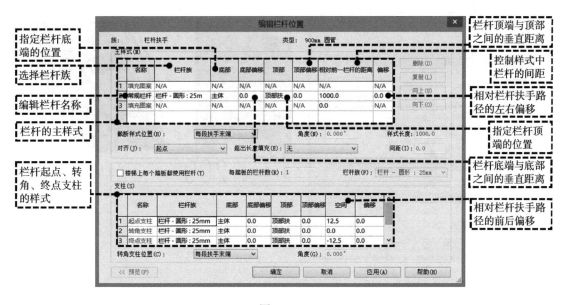

图　2-284

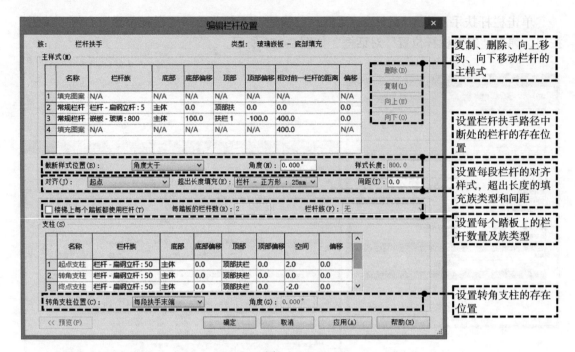

图 2-285

栏杆扶手"类型属性"对话框→"构造"下拉菜单→"栏杆偏移",设置栏杆距离"扶栏"的偏移,如图 2-286 所示。

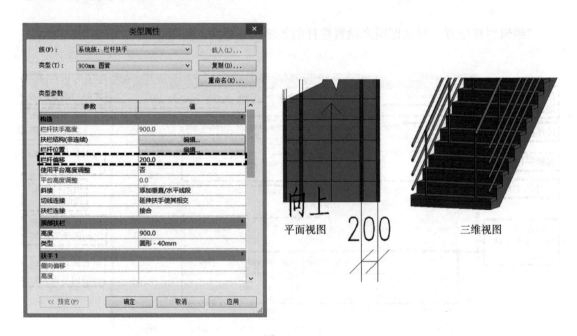

图 2-286

栏杆扶手"类型属性"对话框→"构造"下拉菜单→"使用平台高度调整"和"平台高度调整",设置栏杆扶手基于平台的提高或降低,如图 2-287 所示。

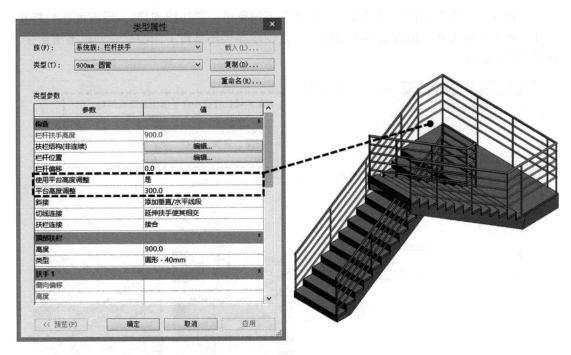

图　2-287

栏杆扶手"类型属性"对话框→"构造"下拉菜单→"斜接",设置两段栏杆扶手在平面中相交成一定角度但没有垂直连接时,是创建连接还是留下间隙,如图 2-288 所示。

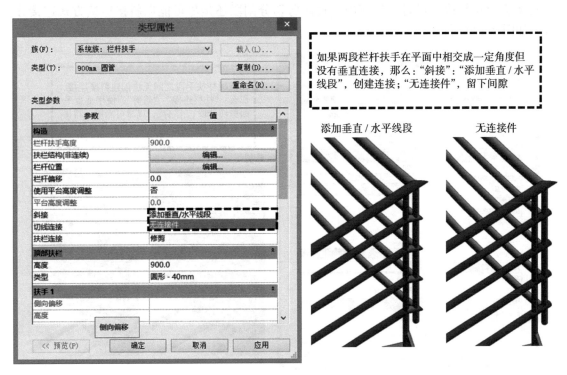

图　2-288

栏杆扶手"类型属性"对话框→"构造"下拉菜单→"切线连接",设置两段栏杆扶手在平面中共线或相切但没有垂直连接时,是创建连接还是留下间隙或者创建平滑连接,如图 2-289 所示。

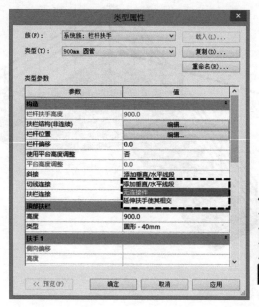

如果两段栏杆扶手在平面中共线或相切,但没有垂直连接,那么:"切线连接":"添加垂直/水平线段",创建连接;"无连接件",留下间隙;延伸"扶栏"使其相交,创建平滑连接

添加垂直/水平线段　　延伸"扶栏"使其相交

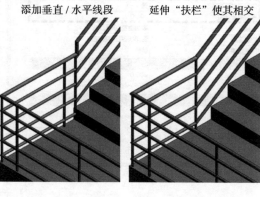

图　2-289

栏杆扶手"类型属性"对话框→"构造"下拉菜单→"扶栏连接",设置栏杆扶手段之间无法创建斜接连接时,是使用垂直面剪切分割段还是尽可能以斜接连接方式连接分段,如图 2-290 所示。

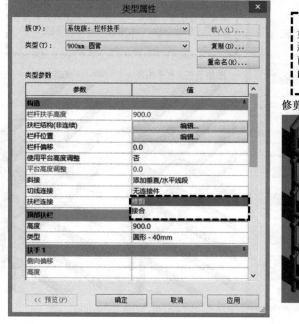

如果栏杆扶手段之间无法创建斜接连接,那么:"扶栏连接":"修剪",使用垂直平面剪切分段;"接合",以尽可能接近斜接的方式连接分段

修剪　　接合

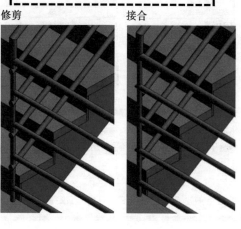

图　2-290

　　栏杆扶手"类型属性"对话框→"顶部扶栏"下拉菜单，设置顶部"扶栏"的高度和选择顶部"扶栏"的族类型，如图 2-291 所示。

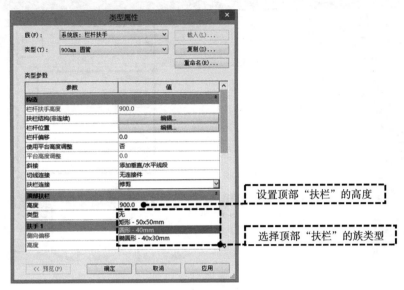

图　2-291

　　顶部"扶栏"区别于其他"扶栏"，可单独进行编辑。结合 <Tab> 键在绘图区域内选中顶部"扶栏"，在"修改 | 顶部扶栏"上下文选项卡中单击"编辑扶栏"命令，可修改和编辑"连续扶栏"；单击"编辑路径"命令，使用草图线绘制工具可在绘图区域顶部"扶栏"处捕捉端点编辑路径，如图 2-292 所示。

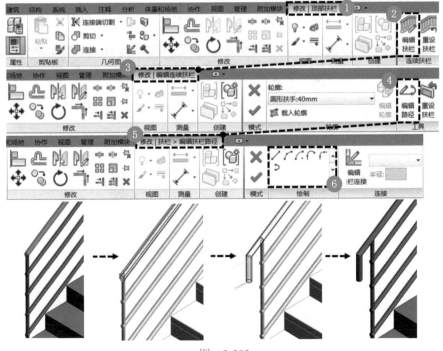

图　2-292

顶部"扶栏"的轮廓也可进行替换,如图 2-293 所示。

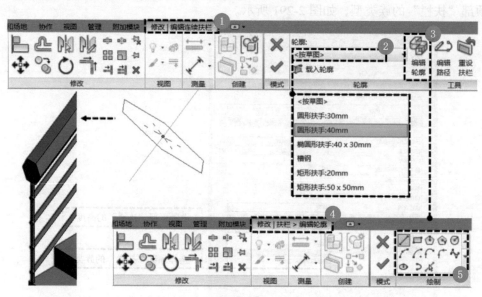

图   2-293

14. 创建坡道

坡道的创建和编辑方式类似于草图楼梯,也是通过边界线和踢面线生成。坡道的创建可直接通过"梯段"工具快速完成边界和踢面(图 2-294),也可通过"边界""踢面"分开绘制,如图 2-295、图 2-296 所示。

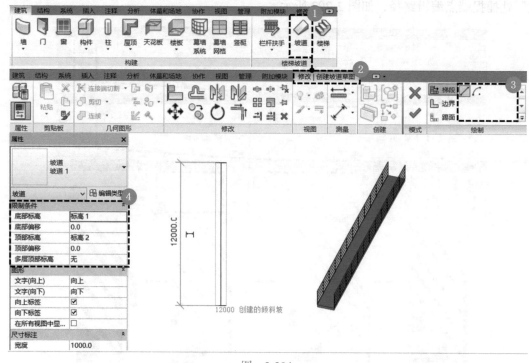

图   2-294

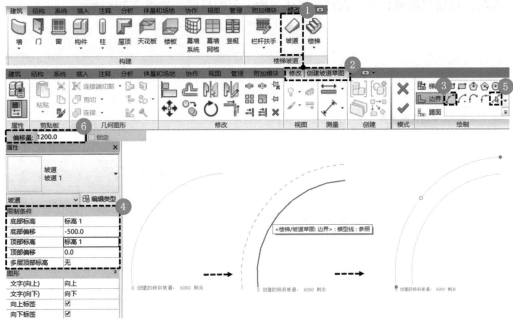

图 2-295

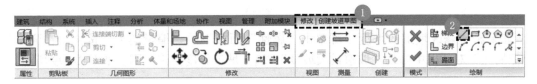

图 2-296

当绘制的坡道无法达到设定的顶部限制条件时，会弹出"警告"对话框，如图 2-297 所示。

图 2-297

此时，可增加坡道长度，直到坡道达到所设定的高度，如图 2-298 所示。

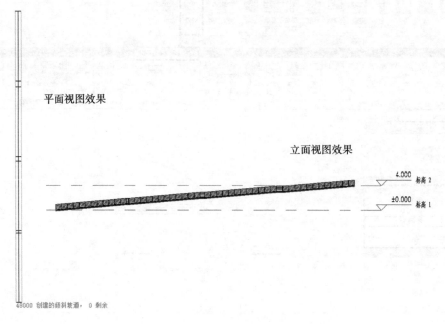

图   2-298

如果希望修改坡道的坡度，可单击"属性"面板下的"编辑类型"按钮，在弹出的"类型属性"对话框中修改"坡道最大坡度"，增大坡道斜度允许范围，如图 2-299 所示。

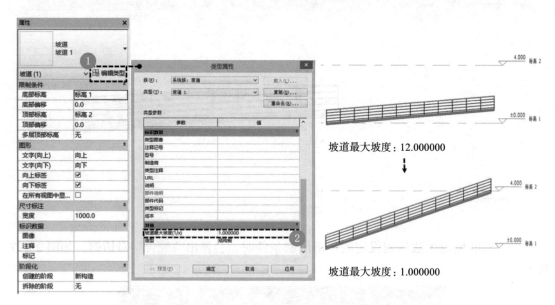

图   2-299

15. 坡道的实例属性

在坡道的实例"属性"面板中，通过修改坡道的"底部标高""底部偏移""顶部标高""顶部偏移"等属性控制坡道的起止高度，同时，实例"属性"面板还能修改坡道在平面视图的文字及箭头的显示，如图 2-300 所示。

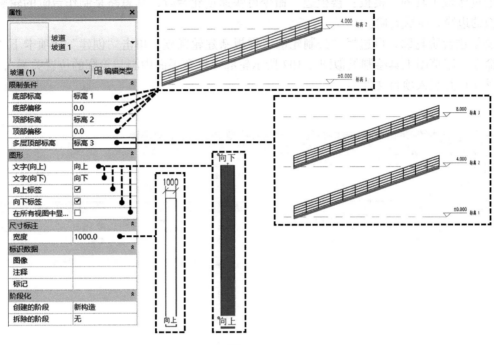

图　2-300

16. 坡道的类型属性

打开坡道"编辑类型"下的"类型属性"对话框，可对坡道的类型属性进行设置，如图 2-301 所示。

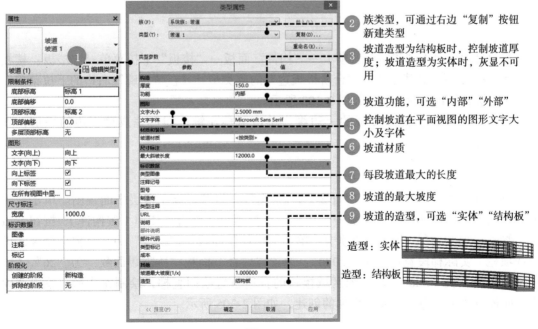

图　2-301

17. 使用楼板边工具创建台阶

通过楼板工具的"楼板：楼板边"命令可快速创建台阶，其思路是制作台阶的轮廓拾取楼板的边缘，生成台阶。

要创建台阶轮廓，可选择"公制轮廓"样板新建轮廓族，单击"创建"选项卡下"直线"命令，用草图工具绘制类似图 2-302 所示轮廓（注意平面中心与轮廓的位置关系），然后将其保存并载入项目文件中。

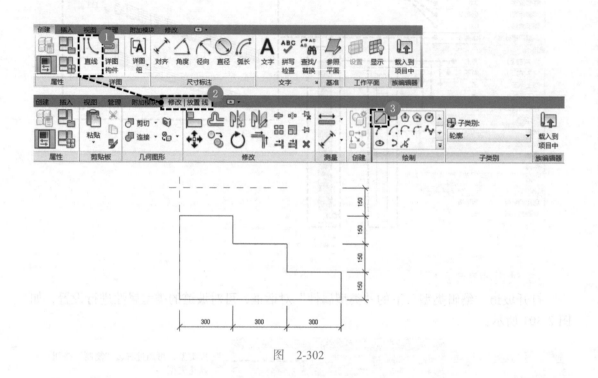

图 2-302

在项目中，单击"建筑"选项卡→"构件"面板→"楼板"下拉菜单→"楼板：楼板边"命令；"复制"新建名称为"台阶楼板边"的族类型，并在"轮廓"右边的下拉菜单中选择先前绘制的台阶轮廓族，如图 2-303 所示。

在绘图区域依次捕捉楼板的上边缘，单击鼠标左键，即可完成楼板边的添加，如图 2-304 所示。

案例示范

（1）打开本节文件夹中"项目 2-2-7-1"文件，打开标高 1 楼层平面视图。单击"建筑"选项卡→"楼梯坡道"面板→"楼梯"下拉菜单，单击"楼梯（按构件）"按钮，激活"修改|创建楼梯"上下文选项卡，单击"构件"面板→"梯段"→"直梯"命令，设置选项栏"实际梯段宽度"为"2000"，设置"属性"面板"所需踢面数"为"26"，"实际踏板深度"为"300"，在绘图区域楼板的合适位置绘制直梯，绘制完成后，单击"模式"面板→"✔"命令，完成楼梯的创建，如图 2-305 所示。

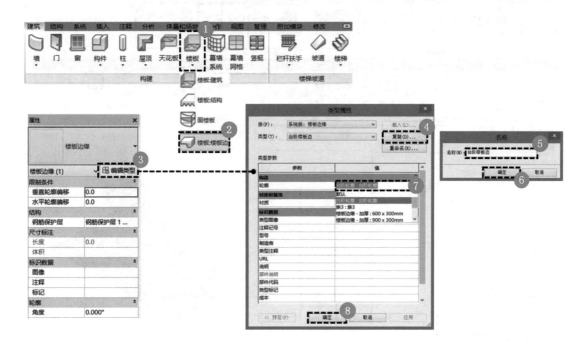

图 2-303

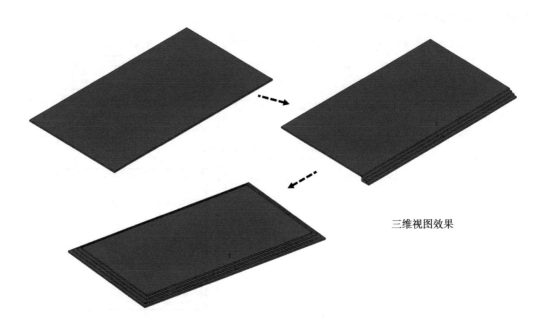

三维视图效果

图 2-304

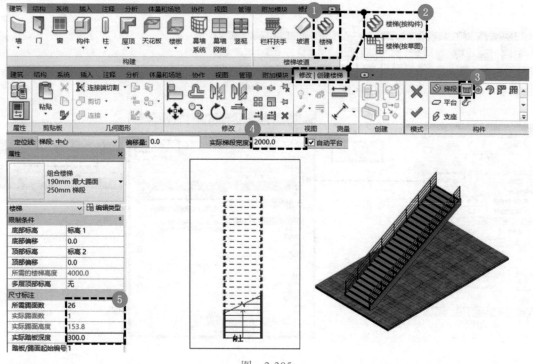

图 2-305

（2）选中所创建的直梯，单击"属性"面板→"编辑类型"按钮，弹出组合楼梯"类型属性"对话框，单击"构造"下拉菜单→"梯段类型"旁边的"□"符号，弹出梯段"类型属性"对话框，单击"复制"命令，创建名称为"梯段 1"的族类型，设置梯段各项类型属性，如图 2-306 所示。

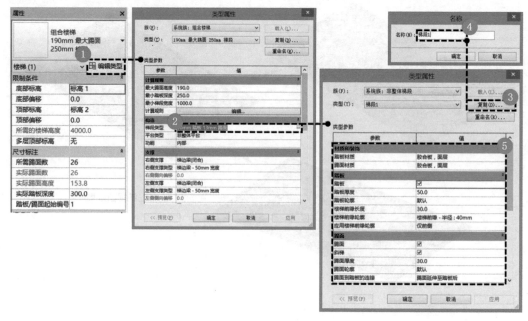

图 2-306

（3）在组合楼梯"类型属性"对话框中，单击"支撑"下拉菜单→"右侧支撑类型"旁边的"…"符号，弹出梯边梁"类型属性"对话框，修改梯边梁材质，如图 2-307 所示。

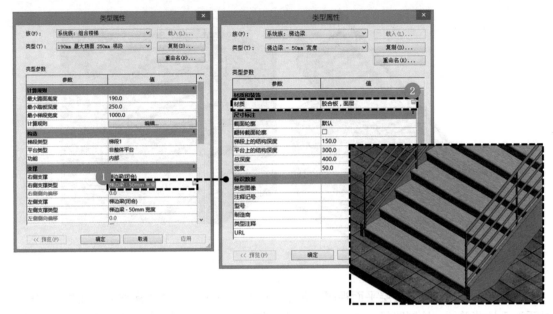

图　2-307

（4）分别选中所创建直梯的栏杆扶手，单击"属性"面板→"族类型"下拉菜单，选择"玻璃嵌板-底部填充"族类型，再单击"编辑类型"按钮，弹出栏杆扶手"类型属性"对话框，单击"构造"下拉菜单→"栏杆位置"旁边的"编辑"按钮，弹出"编辑栏杆位置"对话框，选择"对齐"为"展开样式以匹配"，使玻璃嵌板均衡分布，如图 2-308 所示。

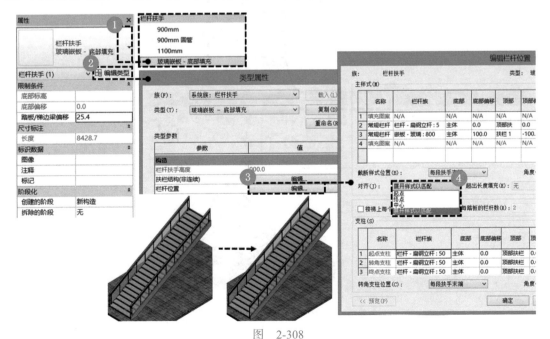

图　2-308

（5）分别选中栏杆扶手，单击双箭头翻转符号，使栏杆扶手放置在梯边梁上，如图 2-309 所示。

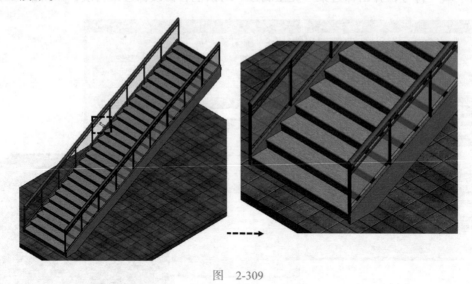

图　2-309

（6）打开"标高 1"楼层平面视图，单击"建筑"选项卡→"楼梯坡道"面板→"栏杆扶手"下拉菜单→"绘制路径"命令，弹出"修改 | 创建栏杆扶手路径"上下文选项卡，单击"绘制"面板→"拾取线"命令，在绘图区域拾取楼板两条边缘线为栏杆扶手的绘制路径，拾取完成后，单击"模式"面板→"✔"命令，完成栏杆扶手的创建，如图 2-310 所示。

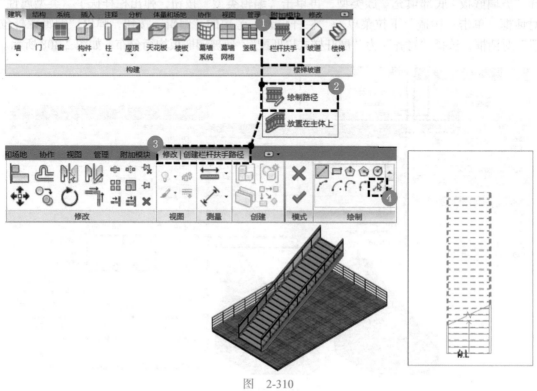

图　2-310

（7）单击"插入"选项卡→"从库中载入"面板→"载入族"命令，弹出"载入族"对话框，选择"建筑"→"栏杆扶手"→"栏杆"→"欧式栏杆"→"葫芦瓶系列"文件夹→"HFC8010"文件，单击"打开"，将栏杆族样式载入项目中，如图 2-311 所示。

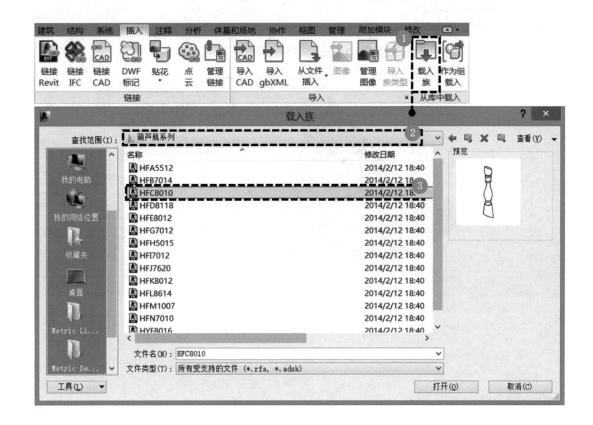

图　2-311

（8）选中栏杆扶手，单击"属性"面板→"编辑类型"按钮，弹出栏杆扶手"类型属性"对话框，单击"复制"，新建名称为"宝葫芦"的栏杆扶手族类型，单击"构造"下拉菜单→"栏杆位置"旁边的"编辑"按钮，弹出"编辑栏杆位置"对话框，将"主样式"和"支柱"的栏杆族都选择为先前载入的"HFC8010"样式，如图 2-312 所示。

（9）选中栏杆扶手，设置"属性"面板下的"踏板/梯边梁偏移"为"-200"（或"200"，数据的正负与路径方向相关），将栏杆扶手向内偏移，如图 2-313 所示。

（10）打开"标高 1"楼层平面视图，单击"建筑"选项卡→"楼梯坡道"面板→"坡道"命令，弹出"修改|创建坡道草图"上下文选项卡，单击"绘制"面板→"边界"→"直线"命令，设置"属性"面板→"限制条件"，设置"底部标高"为"标高1"，"底部偏移"为"-600"，"顶部标高"为"标高 1"，在绘图区域绘制超出楼板 900的两条绿色边界线，如图 2-314 所示。

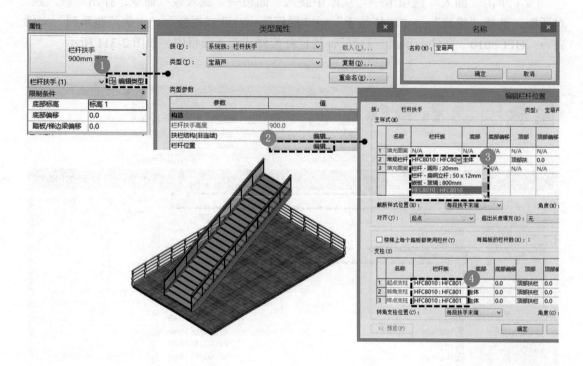

图　2-312

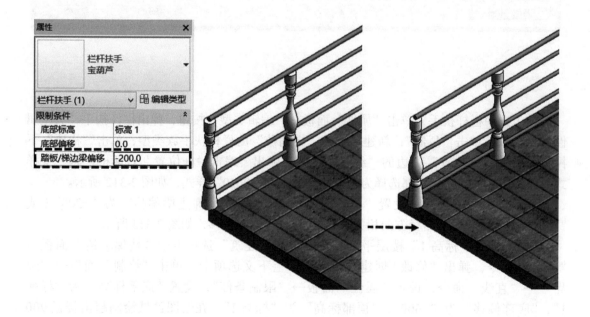

图　2-313

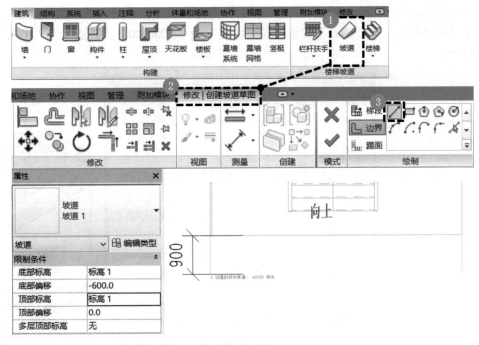

图　2-314

（11）单击"修改|创建坡道草图"上下文选项卡→"绘制"面板→"踢面"→"直线"命令，在绘图区域两条绿色边界线两端绘制两条黑色踢面线，单击"模式"面板→"✔"命令，完成坡道的创建。弹出"警告"对话框，提示坡道无法达到限制条件，如图 2-315 所示。

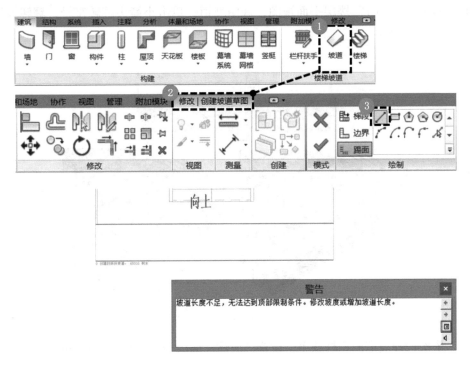

图　2-315

（12）选中坡道，单击"属性"面板→"编辑类型"按钮，弹出坡道"类型属性"对话框，设置"坡道材质"为"砖石"，"坡道最大坡度"为"1.000000"，"造型"为"实体"，如图 2-316 所示。

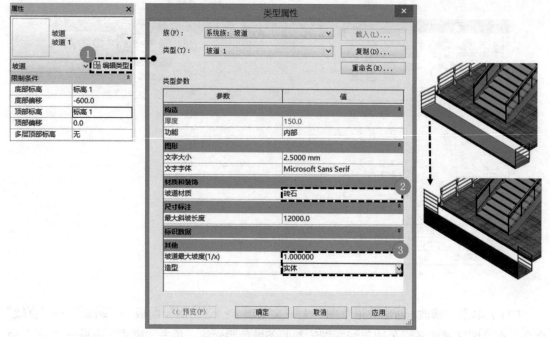

图 2-316

（13）打开"标高 1"楼层平面视图，选中坡道，单击小箭头翻转符号，翻转坡道的方向，如图 2-317 所示。

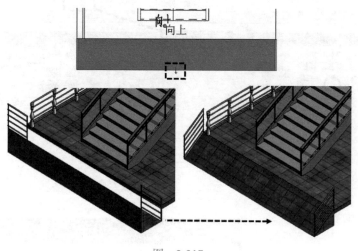

图 2-317

（14）依次选择坡道的栏杆扶手，设置"属性"面板→"踏板/梯边梁偏移"为"-200"，如图 2-318 所示。

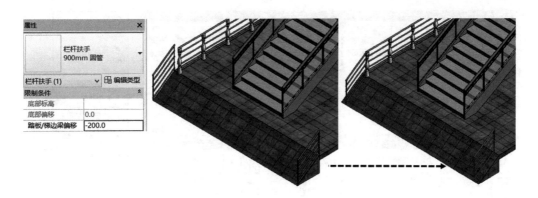

图 2-318

（15）单击"插入"选项卡→"从库中载入"面板→"载入族"命令，弹出"载入族"对话框，选择本节文件夹中"族 2-2-7-1"文件，单击"打开"，将"族 2-2-7-1"文件载入项目中，如图 2-319 所示。

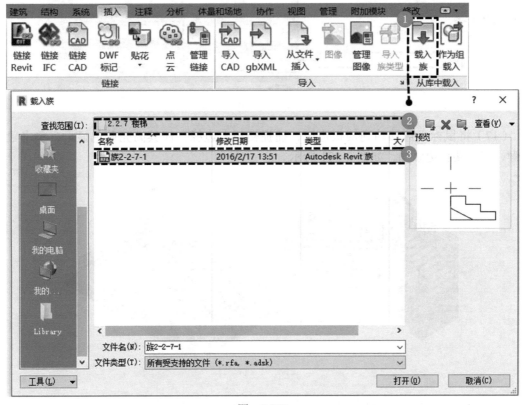

图 2-319

（16）单击"建筑"选项卡→"构建"面板→"楼板"下拉菜单→"楼板：楼板边"命令，激活"修改 | 放置楼板边缘"上下文选项卡，单击"属性"面板→"编辑类型"按钮，弹出楼板边缘"类型属性"对话框，在"构造"下拉菜单选择"轮廓"为先前载入的"族 2-2-7-1"，如图 2-320 所示。

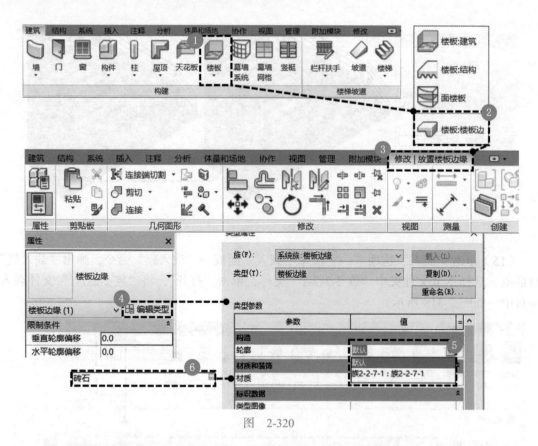

图　2-320

（17）将鼠标光标移动到楼板边缘，捕捉楼板上边缘，使其高亮蓝色显示，单击鼠标左键，完成楼板边添加，如图 2-321 所示。

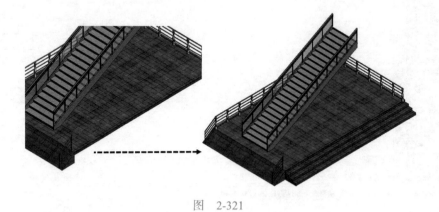

图　2-321

（18）保存文件。完成样例参见文件夹中"项目 2-2-7-2"文件。

2.2.8　柱

任务描述

柱是建筑的主要构件之一，本节的主要任务是了解软件中"建筑柱"与"结构柱"的区别，掌握放置柱的方法。

案例：在模型中放置柱，完成后如图 2-322 所示。

图　2-322

任务分解

任务	放置柱	修改柱
知识点	1. 命令位置 2. 放置柱 3. 柱的样式	4. 建筑柱的实例属性与类型属性 5. 柱与屋顶的连接 6. 柱与墙体的关联 7. 结构柱的实例属性与类型属性
视频学习	放置柱与修改柱	

知识学习

1. 命令位置

在 Revit 软件中，柱分为建筑柱和结构柱两种。

"柱：建筑"命令位于"建筑"选项卡下"构建"面板中，如图 2-323 所示。

"结构柱"命令位于"建筑"选项卡下"构建"面板中，在"结构"选项卡下"结构"面板中也能激活"结构柱"命令，如图 2-324 所示。

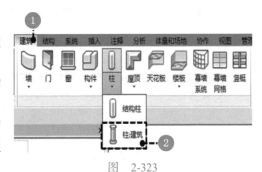

图　2-323

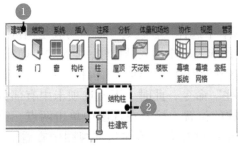

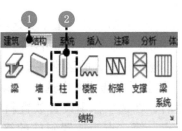

图　2-324

2. 放置柱

建筑柱：激活"柱：建筑"命令后，在"属性"面板中，可以选择建筑柱的类型（图 2-325），在选项栏中可设置柱的高度（图 2-326），设置完成后在绘图区域单击即可完成放置。

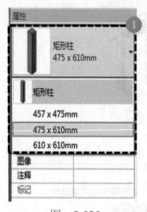

图　2-325

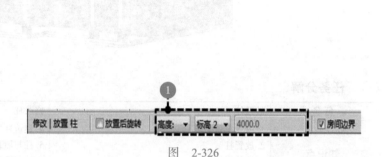

图　2-326

结构柱：激活"结构柱"命令后，可在"修改 | 放置 结构柱"上下文选项卡中确认结构柱的类型和放置方式，如图 2-327 所示。

垂直柱的放置方法与建筑柱的放置方法相同，需要注意的是，如果放置柱时出现了如图 2-328 所示警告，通常是柱默认放在了标高之下，因此在楼层平面范围内不可见。在选项栏中（图 2-329）可对柱的深度、高度位置预先设定。

图　2-327

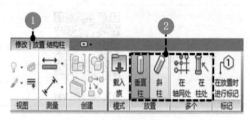

图　2-328

图　2-329

激活"结构柱"命令后，在"修改 | 放置 结构柱"上下文选项卡中选择"在轴网处"命令，选择相交的轴网，此时在轴网相交处将会出现结构柱，单击"完成"即完成放置，如图 2-330 所示。

在"修改 | 放置 结构柱"上下文选项卡中选择"在柱处"后，可在绘图区域中选择建筑柱，单击"完成"命令后，即可在选中的建筑柱中插入结构柱，如图 2-331 所示。

结构柱与建筑柱最大的区别在于能够放置斜柱，激活"结构柱"命令，可在"修改 | 放置 结构柱"上下文选项卡中选择"斜柱"命令，此时上下文选项卡中有部分放置方式会灰显；然后，在选项栏中设置放置斜柱的位置，接着在视图中单击两点，第一点为放置斜柱的起点，第二点为放置斜柱的终点；放置完成后在三维视图中查看，如图 2-332 所示。

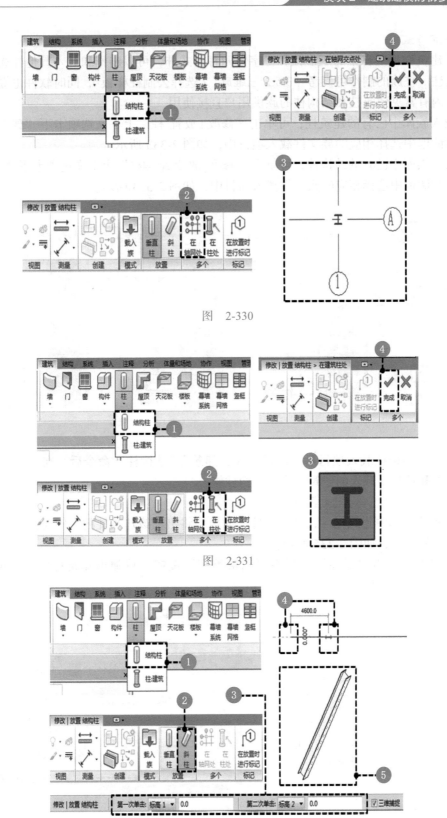

图　2-330

图　2-331

图　2-332

3. 柱的样式

除了建筑样板里自带的矩形柱和工字钢两种样式外，可以制作和载入其他样式的建筑柱或结构柱。柱族的制作可参考"3.5.2 三维族"（选择公制柱样板），同时软件也提供了一个族库，内有常见建筑柱和结构柱的族供用户直接使用。

要载入族库中已有的建筑柱，可单击"修改|放置 柱"上下文选项卡下"载入族"命令，在对话框中选择相应的族文件载入项目中，如图 2-333 所示。

要载入族库中已有的结构柱，可单击"修改|放置 结构柱"上下文选项卡下"载入族"命令，在对话框中选择相应的族文件载入项目中，如图 2-334 所示。

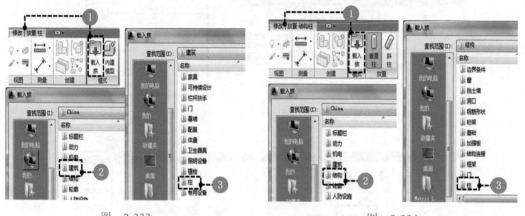

图 2-333　　　　　　　　图 2-334

建筑柱、结构柱载入项目后，激活"柱：建筑""结构柱"命令后，在"属性"面板中可以查看和选择新载入的建筑柱族、结构柱族。

4. 建筑柱的实例属性与类型属性

实例属性：选中建筑柱后，在"属性"面板中将出现该建筑柱的实例属性，主要调整建筑柱所在的位置，如图 2-335 所示。

类型属性：单击"属性"面板中"编辑类型"按钮，将弹出建筑柱的"类型属性"对话框，如图 2-336 所示。

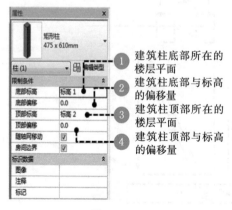

图 2-335

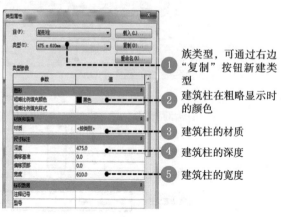

图 2-336

5. 柱与屋顶的连接

视图中有如图 2-337 所示屋顶与建筑柱，单击选中一根建筑柱，在"修改|柱"上下文选项卡中选择"附着顶部／底部"命令，在选项栏中选择附着柱的顶部，接着选择屋顶，完成屋顶与建筑柱的连接，如图 2-338 所示。

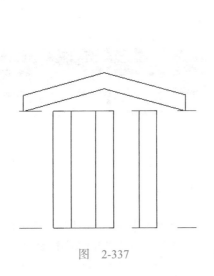

图　2-337

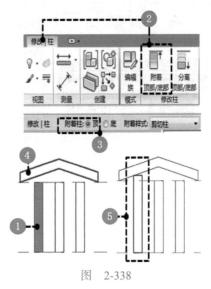

图　2-338

在选项栏中可以选择屋顶与建筑柱附着的形式，如图 2-339 所示。

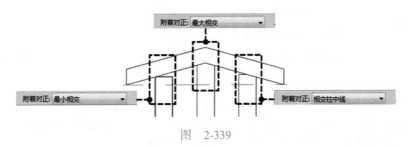

图　2-339

6. 柱与墙体的关联

建筑柱会和墙体自动连接在一起，如图 2-340 所示。如果不希望墙柱连接，可单击建筑柱的"编辑族"命令，在修改族的"属性"面板中取消勾选"将几何图形自动连接到墙"，然后载入项目中，并"覆盖现有版本及其参数值"。完成以上操作后，在墙体处再次放置相同的建筑柱，建筑柱将不和墙体发生关联，如图 2-341 所示。

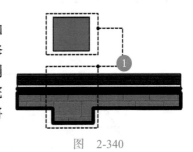

图　2-340

7. 结构柱的实例属性与类型属性

实例属性：选中结构柱后，在"属性"面板中将出现该结构柱的实例属性，可调整结构柱所在的位置、材质、截面的构造等。需要注意的是垂直柱和斜柱的实例属性有所不同，如图 2-342 所示为结构柱（垂直柱）常需要修改的属性；如图 2-343 所示为结构柱（斜柱）常需要修改的属性。

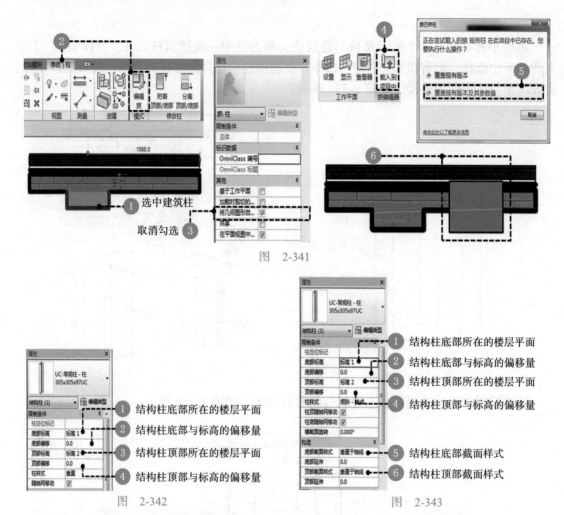

图 2-341

图 2-342

图 2-343

斜柱的构造中，截面样式有三种形式，如图 2-344 所示。

类型属性：单击"属性"面板中"编辑类型"按钮，将弹出结构柱的"类型属性"对话框，主要对结构柱的尺寸进行调整，如图 2-345 所示。

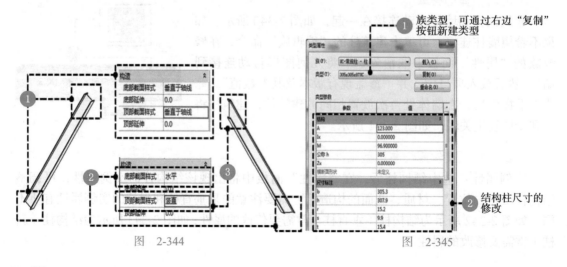

图 2-344

图 2-345

案例示范

（1）打开本节文件夹中"项目 2-2-8-1"文件，切换到"标高 1"楼层平面视图中，在"插入"选项卡中单击"载入族"命令，找到本节文件夹中"族 2-2-8"族文件，选中并打开，如图 2-346 所示。

（2）回到"建筑"选项卡，选择"柱"，此时"属性"面板中出现刚刚载入的族，在视图中相应位置放置柱，如图 2-347 所示。

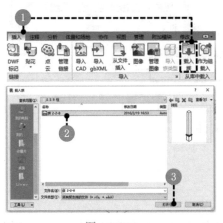

图　2-346

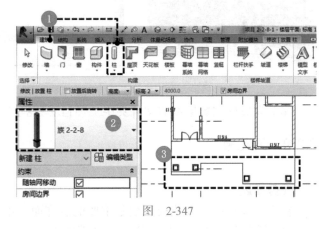

图　2-347

（3）选中放置的柱，在"修改 | 柱"上下文选项卡下"修改"面板中，单击"对齐"命令，调整柱的位置，如图 2-348 所示。

（4）切换到三维视图中，将屋顶和柱进行连接，方法如下：选中柱，在"修改 | 柱"上下文选项卡中单击"附着顶部 / 底部"命令，在选项栏中设置"附着柱"为"顶"，"附着样式"为"剪切柱"，"附着对正"为"最大相交"，然后单击屋顶，完成屋顶与柱的连接，如图 2-349 所示。完成效果如图 2-350 所示。

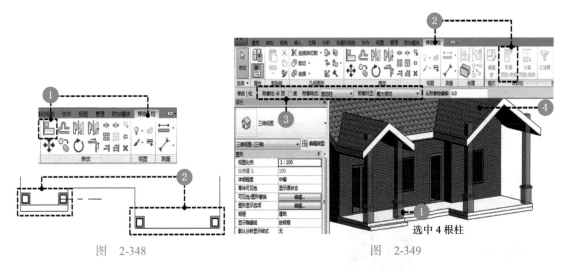

图　2-348

图　2-349

（5）再次选中柱，在"属性"面板中点击"编辑类型"，打开"类型属性"对话框，修改柱的材质，使其与项目中的材质统一，如图 2-351 所示。

图 2-350

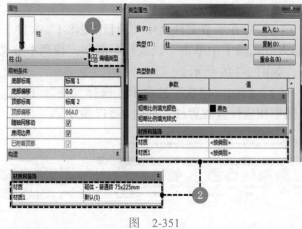

图 2-351

（6）完成样例参见本节文件夹中"项目 2-2-8-2"文件。

2.2.9　天花板

任务描述

在室内设计中，天花板顶面是重要的装饰面。本节的主要任务是掌握简单天花板的创建方法（复杂形态的天花板，详见本书模块 4）。

案例：在房间内完成如图 2-352 所示天花板。

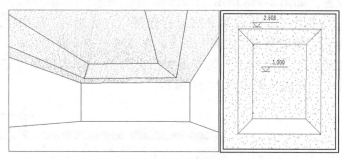

图 2-352

任务分解

任务	创建平天花板	创建斜天花板	修改天花板
知识点	1. 绘制天花板注意事项 2. 命令位置 3. 生成天花板的主要方式	4. 坡度箭头	5. 天花板的实例属性与类型属性
视频学习	![二维码] 创建天花板与修改天花板		

知识学习

1. 绘制天花板注意事项

根据"视图范围"的知识，位于剖切面之上的天花板一般在"楼层平面"视图中无法观察到，对此，Revit软件提供了"天花板平面"视图，用来反映剖切面之上的图元状态。

如果要创建天花板平面视图，应打开"视图"选项卡，单击"平面视图"命令旁三角形按钮，选择"天花板投影平面"命令，在弹出的对话框中选择要生成平面视图的标高，单击确定后，将生成相应天花板平面视图，如图2-353所示。

图 2-353

2. 命令位置

打开相应楼层的天花板平面视图，单击"🗂"图标即可绘制天花板，该图标位于"建筑"选项卡下的"构建"面板中，如图2-354所示。

图 2-354

3. 生成天花板的主要方式

激活天花板命令后，在上下文选项栏中，将出现两种生成天花板的方式，一种是"自动创建天花板"，另一种是"绘制天花板"，如图2-355所示。

"自动创建天花板"用于在闭合成环的墙体内部创建单一、平整的天花板。当墙体满足创建条件时，选择"自动创建天花板"选项，将鼠标移至墙体围合空间内部，当墙体内部轮廓红色高亮时，单击鼠标，即可完成天花板的自动创建，如图2-356所示。

图 2-355

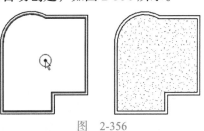

图 2-356

"绘制天花板"可以不受墙体约束自由绘制天花板轮廓（图2-357）。选择"绘制天花板"选项后，绘图区域将进入编辑模式下，用户可以在"绘制"面板里选择适合的工具来绘制天花板轮廓，绘制完成后单击"✔"结束轮廓编辑，如图2-358所示。

图 2-357

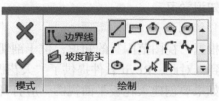

图 2-358

4. 坡度箭头

绘制完天花板轮廓后，在编辑状态下选择"坡度箭头"并绘制，能使天花板变成斜面，选中箭头，在"属性"面板中可以设置天花板倾斜的斜度，如图 2-359 所示。

图 2-359

5. 天花板的实例属性与类型属性

天花板有"基本天花板"和"复合天花板"两个系统族（图 2-360），其区别在于基本天花板是没有厚度和结构的，而复合天花板可以像墙体一样编辑它的层结构，并设置厚度。

在天花板的实例属性面板中，可以修改天花板的参照标高，及其相对于标高的高度，如图 2-361 所示。

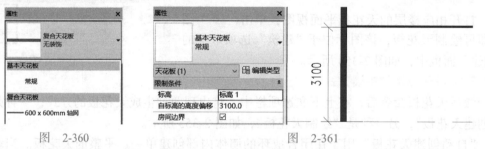

图 2-360   图 2-361

基本天花板的"类型属性"面板中，可以修改天花板的材质；复合天花板的"类型属性"面板中，可以修改天花板的结构，结构的编辑方法同墙体和楼板，如图 2-362 所示。

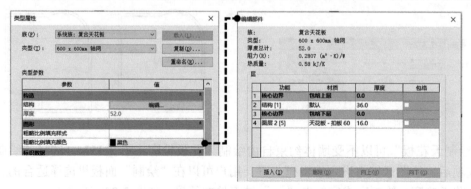

图 2-362

案例示范

（1）打开本节文件夹中"项目 2-2-9-1"文件。

（2）单击"视图"选项卡→"创建"面板→"平面视图"命令，选择创建标高 1 的"天花板投影平面"，如图 2-363 所示。

图 2-363

（3）切换到标高 1"天花板平面"视图中，单击"建筑"选项卡→"构建"面板→"天花板"命令，在上下文选项卡中选择"绘制天花板"，确保天花板实例属性如图 2-364 所示，在绘图区域完成如图 2-365 所示天花板轮廓，生成第一块天花板。

（4）继续选择"绘制天花板"工具，修改天花板实例属性中"自标高的高度偏移"为"3000"，在绘图区域中绘制第二块天花板，如图 2-366 所示。

图 2-364

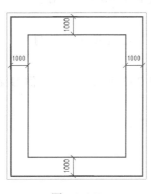

图 2-365

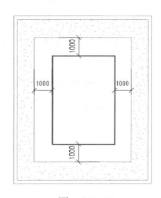

图 2-366

（5）再次选择"绘制天花板"工具，修改天花板实例属性中"自标高的高度偏移"为"3000"，在绘图区域中绘制如图 2-367 所示天花板轮廓。

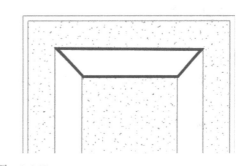

图 2-367

（6）在编辑状态下，选择"坡度箭头"工具，在第三块天花板上绘制坡度方向。绘制完成后选择该坡度箭头，在"属性"面板中，设置箭头的"尾高度偏移"为"–400"，如图 2-368 所示，绘制完成后单击"✔"完成第三块天花板。

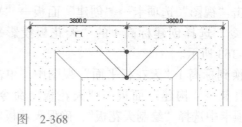

图 2-368

第三块天花板完成后如图 2-369 所示。

（7）在标高 1 "天花板平面"视图中绘制第四
块天花板，天花板及其坡度箭头的实例属性与第三
块天花板一致，如图 2-370 所示。

（8）用镜像的方式，完成如图 2-371 所示另外两
块天花板。

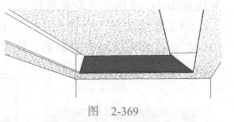

图 2-369

（9）天花板修改完成后如图 2-352 所示，完成样例参见文件夹中"项目 2-2-9-2"文件。

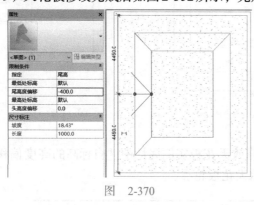

图 2-370

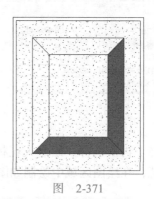

图 2-371

2.2.10 模型文字

任务描述

模型文字是基于工作平面的三维图元，可用于建筑或墙上的标志或字母。本节的主要
任务是掌握在特定的工作平面下放置模型文字。

案例：在墙面上完成如图 2-372 所示模型文字。

图 2-372

任务分解

任务	放置模型文字	修改模型文字
知识点	1. 放置模型文字注意事项 2. 命令位置 3. 放置模型文字	4. 修改模型文字
视频学习	放置模型文字与修改	

知识学习

1. 放置模型文字注意事项

模型文字会默认放置在当前的工作平面中，因此激活"模型文字"命令前，应设放置面为工作平面。

2. 命令位置

在功能区单击"Ａ"图标，即可激活"模型文字"命令。该图标位于"建筑"选项卡→"模型"面板中，如图 2-373 所示。

3. 放置模型文字

激活"模型文字"命令后，将弹出"编辑文字"对话框，如图 2-374 所示。在对话框内输入要放置的文字，单击"确定"，然后在工作平面内指定位置单击，即可完成模型文字的放置。

编辑文字 ✕
模型文字
确定 取消

图 2-373

图 2-374

4. 修改模型文字

选中模型文字，可以在实例"属性"面板中修改文字的内容、材质和厚度等，如图 2-375 所示。

模型文字的字体和大小等内容属于类型属性（图 2-376）。如果项目中需要放置不同字体的两类模型文字，应首先创建各自的类型。

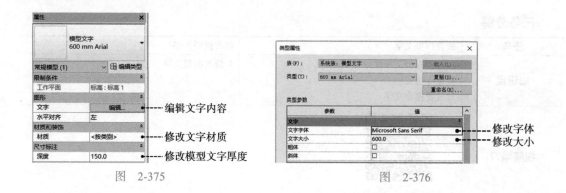

图 2-375　　　　　　　　　　　　　图 2-376

案例示范

（1）打开本节文件夹中"项目 2-2-10-1"文件，在三维视图中，单击"建筑"选项卡→"工作平面"面板→"设置"按钮，在弹出的"工作平面"对话框中，选择"拾取一个平面"，并拾取墙面作为当前工作平面（图 2-377）。

（2）激活"模型文字"命令，在编辑文字对话框中输入"Revit 建筑建模与室内设计基础"，单击"确定"后，在墙面合适位置放置文字，如图 2-378 所示。

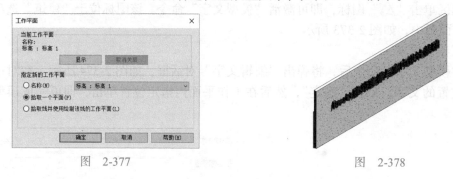

图 2-377　　　　　　　　　　　　　图 2-378

（3）选中模型文字，在实例"属性"和"类型属性"面板中修改文字的字体、大小和材质，如图 2-379 所示。

图 2-379

（4）模型文字修改完成后如图 2-372 所示，完成样例参见文件夹中"项目 2-2-10-2"文件。

2.2.11　构件

任务描述

对家具和卫浴设备等建筑图元，通常需要专门进行建模。在 Revit 软件中，可放置已经制作好的构件，也可以自己制作构件。

案例：在项目中制作如图 2-380 所示家具模型。

图　2-380

任务分解

任务	放置已有构件	在项目中制作构件
知识点	1. 放置构件 2. 调整构件 3. 载入族	4. 内建模型 5. 拉伸 6. 放样 7. 融合、放样融合、旋转 8. 给定参数 9. 连接与剪切
视频学习	放置已有构件　　　　　　　内建构件及拉伸命令　　　　　　　放样命令 修改内建模型以及设置参数　　　空心形状及剪切　　　　融合、放样融合、旋转	

知识学习

1. 放置构件

"构件"命令位于"建筑"选项卡→"构建"面板中，在构件图标"🗔"的下方有一个三角形按钮，下面有"放置构件"和"内建模型"两个选项。
"放置构件"用来摆放项目中已有的构件。

选择了"放置构件"的选项后，可在"属性"面板中找到
并选择需要放置的构件（图 2-381），在绘图区域相应位置单击
鼠标即可完成放置。

2. 调整构件

位置调整：放置好的构件，可以通过临时尺寸标注和工作
平面等修改构件的位置。构件可以进行复制阵列等修改操作。

参数调整：构件的参数设定有很大的自主性，用户可根据
项目需要添加不同参数，并决定设置这些参数为实例属性还是
类型属性。

放置好构件后，选择该构件，查看其实例和类型属性面板，
可观察其参数组成（图 2-382）并修改这些参数值。

如果要增加、删除或重设参数，可修改该构件，参数编辑
的具体操作参见"3.5 族的制作"。

图　2-381

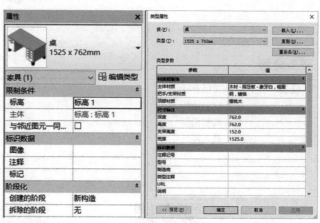

图　2-382

3. 载入族

为提高建模效率与速度，Revit 软件的构件可以单独保存并载入其他项目中反复使用，
它们是可载入的族。如果事先拥有大量的族文件，设计人员不必另外花时间去制作族文
件，可以专注于发挥本身特长。例如室内设计人员，并不需要把大量精力花费到家具的三
维建模中，而是通过直接导入室内家具族库，从而专注于设计本身。

要载入已有的族文件，单击"插入"选项卡→"从库中载入"面板→"载入族"命
令，将弹出"载入族"对话框（图 2-383），打开族文件存放的路径，选择文件将其打开
后，族文件将载入项目中。

载入后的文件可在项目浏览器中根据名称搜索到（图 2-384）。需要使用时，用户
可通过"建筑"选项卡→"构建"面板→"构件"命令下"放置构件"选项将其放置
在项目中。

图　2-383　　　　　　　　　　　图　2-384

4. 内建模型

构件可通过载入族文件的方式放置，也可以在项目中直接创建。可载入的族和内建的模型各有优势和特点：能在多个项目中经常用到的构件，通常将其制作为可载入的族文件，保存在计算机里供调用；而不会在其他项目中用到的构件，且建模过程中需要参照项目其他图元的尺寸、位置或表面时，可通过内建模型的方式在项目里完成。

"内建模型"选项位于"建筑"选项卡→"构建"面板→"构件"命令下，单击选项后，软件首先弹出"族类别和族参数"对话框，如图 2-385 所示，提示用户为内建模型选择类别，模型的类别将影响到模型的统计、显示等各种按类别区别的设置。

在选择了内建模型的类别后，需要为其指定一个名称以方便识别，如图 2-386 所示。

图　2-385　　　　　　　　　　　图　2-386

软件在定义了内建模型的名称后进入编辑状态，此时选项卡的内容和命令图标发生了较大变化，如图 2-387 所示，项目中的模型也变为灰色，不可编辑。

图　2-387

在内建模型编辑状态下，选项卡的右边都有一个"在位编辑器"面板（图 2-388），模型完成后，可单击"完成模型"确认模型并返回项目编辑状态，单击"取消模型"将不保存模型仅返回项目编辑状态。

在项目编辑状态下，若要重新编辑内建模型，可双击模型；或选中模型，单击上下文选项卡中的"在位编辑"按钮，如图 2-389 所示，软件将返回内建模型的编辑状态。

图 2-388

图 2-389

5. 拉伸

在内建模型编辑状态下，"创建"选项卡→"形状"面板里的命令（图 2-390）均是用来创建几何形体的工具，其中以"拉伸"工具使用频率最高。

"拉伸"工具适合用来创建如图 2-391 所示通直的、两端轮廓一致的形体。

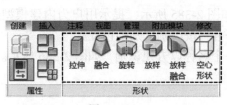

图 2-390

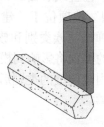

图 2-391

在 Revit 软件中，创建一个拉伸的形体需要明确三个基本信息：拉伸的起点、拉伸的轮廓和拉伸的长度。软件默认将当前的工作平面认定为拉伸的起点，因此在单击"拉伸"命令前，应事先设定好工作平面。

定义好工作平面后，单击"拉伸"命令，开始绘制拉伸的轮廓。在"创建拉伸"上下文选项卡中，绘制轮廓线的工具（图 2-392）和绘制模型线类似，可在工作平面中绘制若干闭合的轮廓，绘制完成后单击"✔"结束拉伸轮廓的编辑。

轮廓编辑完成后，选择拉伸形体，可在"属性"面板中修改拉伸长度。如图 2-393 所示，拉伸的长度值是拉伸端点相对工作平面的距离。另外，在"属性"面板中还可以修改拉伸的材质等属性。

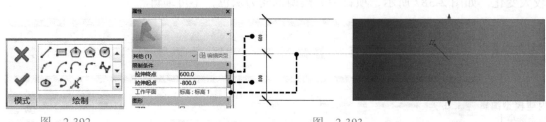

图 2-392

图 2-393

6. 放样

"放样"工具适合创建如图 2-394 所示截面轮廓一致但路径是弯曲或有转折的形体。

在 Revit 软件中，创建一个放样的形体需要完善两个信息：放样的路径和放样的轮廓，如图 2-395 所示。

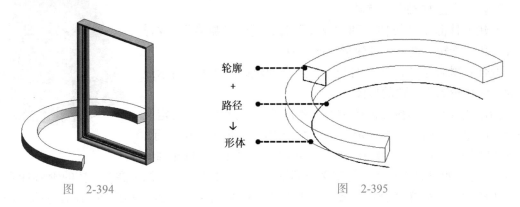

图　2-394　　　　　　　　　　　　　　　　　　图　2-395

单击"放样"命令后，首先要在选项卡里选择生成路径的方式。如图 2-396 所示，生成路径有"绘制路径"和"拾取路径"两个选项，"拾取路径"用于快速拾取项目中已存在的线段或形体边界，如项目中没有可拾取的路径，应用"绘制路径"进行绘制。

图　2-396

路径绘制完成后可单击"✔"结束编辑，此时路径变成黑色显示，路径中央出现一个交叉线表示的平面，如图 2-397 所示，这个平面是放样轮廓的工作平面。

要编辑轮廓，应在上下文选项卡中单击"选择轮廓"按钮（图 2-398），在"选择轮廓"按钮右边有一个下拉菜单，可以在其中选择项目中已有轮廓进行放样，如果要将其他轮廓载入菜单中，可单击菜单下方的"载入轮廓"按钮。选定轮廓相对于平面中心的位置，可在选项栏中（图 2-399）进行调节。

图　2-397

图　2-398

| 修改 \| 放样 | 编辑 | 载入轮廓... | X: | 0 | Y: | 0 | 角度: | 0.00° | 翻转 | 应用 |

图　2-399

如果要在项目中直接绘制轮廓，应在下拉菜单中选择"＜按草图＞"选项，然后单击下方"编辑轮廓"按钮以进入轮廓的编辑状态。绘制放样轮廓的方式同拉伸轮廓，绘制完成后单击"✔"结束轮廓编辑，再单击"✔"结束放样的编辑，在三维视图下观察放样形体。

7. 融合、放样融合、旋转

创建形体除了"拉伸"和"放样"外，还有"融合""放样融合"和"旋转"这三个创建形体的工具。

融合：融合是"拉伸"的变体，适合创建如图 2-400 所示通直的但两端轮廓不一致的形体。

创建融合与创建拉伸形体类似，不同的是，拉伸只需要定义一个截面轮廓，而融合需要定义上下两个轮廓。如图 2-401 所示，在创建融合的上下文选项卡中，提供了可以切换顶部、底部轮廓的按钮，在绘制好底部轮廓后，再定义顶部轮廓，方可单击"✔"结束融合形体的轮廓编辑。

图　2-400

放样融合：放样融合是"放样"的变体，适合创建如图 2-402 所示路径有弯曲且两端轮廓不一致的形体。

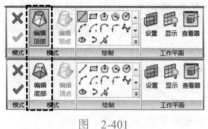

图　2-401

图　2-402

创建放样融合与创建放样的方式类似，首先要绘制好形体的路径，与放样的区别在于，放样仅需定义一个轮廓，而放样融合需在路径两端各定义一个轮廓，如图 2-403 所示。

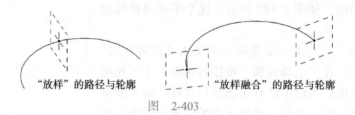

图　2-403

因此，"放样融合"的创建在完成路径绘制、进入轮廓编辑时，上下文选项卡中会给出切换轮廓的按钮（图 2-404），当选择了一个轮廓时，该轮廓编辑平面会高亮，另一个平面会灰显，以帮助用户进行区分，如图 2-405 所示。

图　2-404

图　2-405

旋转："旋转"工具适合创建如图 2-406 所示围绕着轴旋转出的形体。旋转形体是一种特殊的"放样"形体（路径是圆形），当遇到这种特殊情况时，用"旋转"工具更为快捷。

创建旋转形体，需要定义一个轴和一个轮廓，如图 2-407 所示，单击"旋转"工具后，在上下文选项卡中先选择"轴线"绘制蓝色的旋转轴，再选择"边界线"绘制要围绕轴旋转的轮廓，然后单击"✔"完成旋转形体的编辑。如图 2-408 所示，可在旋转体的"属性"面板中定义旋转的起止角度。

图　2-406

8. 给定参数

为方便在项目中对构件进行参数化控制，可以将内建模型的参数添加到其实例属性或类型属性面板中。此处简单介绍如何将形体的属性设置为构件参数，更多具体的操作详见"3.5 族的制作"。

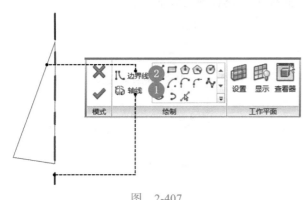

图　2-407

图　2-408

增加材质参数：材质参数可以修改内建模型中几何形体的构成材质。在使用"在位编辑"命令修改内建模型时，先选择模型，单击"在位编辑"命令，再选中形体，单击其"属性"面板中"材质"项后的"关联族参数"按钮，在弹出的"关联族参数"对话框中，单击"添加参数"，在"参数属性"对话框中，输入自定义的参数名称，并确定其为类型属性还是实例属性，如图 2-409 所示。

图　2-409

完成材质参数的添加后，在项目编辑状态下选择内建模型，可以在"属性"面板中查看到新添加的属性，如图 2-410 所示。

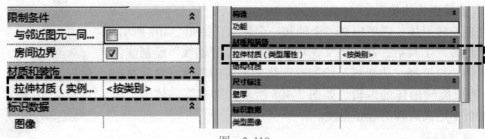

图　2-410

增加可见性参数：可见性参数是"是 / 否"类的参数，能控制构件中某些形体是否显示。如图 2-411 所示，为模型添加可见性参数与添加材质参数的步骤是一致的，完成可见性参数的添加后，在相应"属性"面板中可查看到新添加的属性。

图　2-411

9. 连接与剪切

如图 2-412 所示，简单的形体能通过相互连接或剪切形成丰富的形态。

连接或剪切操作只能在构件内部进行。要进行"连接"操作，应先进入编辑构件的状态，单击"修改"选项卡→"几何图形"面板→"连接"命令，根据形体数量选择是否需要"多重连接"，再依次用鼠标点选几何形体即可，如图 2-413 所示。

图　2-412

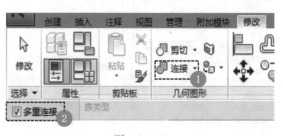

图　2-413

要进行"剪切"操作，应选中需要剪切的物体，在"属性"面板中将其修改为"空心"，如图 2-414 所示，空心形体是以黄色透明显示的，再单击"修改"选项卡→"几何图形"面板→"剪切"命令，再依次用鼠标点选空心形体和实心形体，操作成功后，实心形体中将减去空心形体的体积，空心形体变为不可显示。

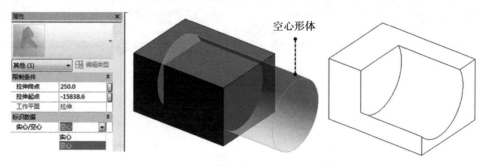

图　2-414

剪切形体时，将形体变为空心后再执行剪切操作，其过程稍复杂。可直接创建"空心形状"（图 2-415），它将自动剪切工作平面内的形体，提高建模效率。空心形体的创建方式同实心形体。

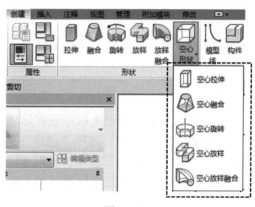

案例示范

（1）用内建模型完成图 2-380 所示沙发，应先用系统自带"建筑样板"新建一个项目，单击"建筑"选项卡→"构建"面板→"构件"命令下"内建模型"选项，在弹出的对话框中选择"家具"类别，并定义其名称，如图 2-416 所示。

图　2-415

（2）进入模型编辑状态后，单击"创建"选项卡→"形状"面板→"放样"→"绘制路径"命令，在平面视图中绘制放样路径，尺寸如图 2-417 所示，绘制完成后单击"✔"确认路径。

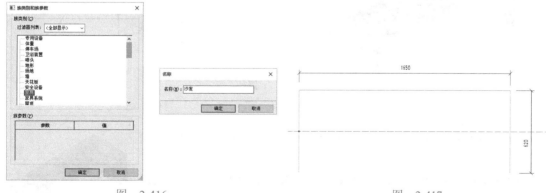

图　2-416　　　　　　　　　　　　　　图　2-417

（3）在"修改 | 放样"上下文选项卡中单击"编辑轮廓"命令，因为路径上轮廓的工作平面是一个竖直面，竖直面在平面视图中仅为单线显示，无法编辑轮廓，因此软件会弹

出"转到视图"对话框,提示用户转到合适的视图下绘制轮廓,一般选择转到南立面视图中。在南立面视图中,找到轮廓工作平面的中心点,在其左上角绘制一个圆角的矩形轮廓,如图 2-418 所示。

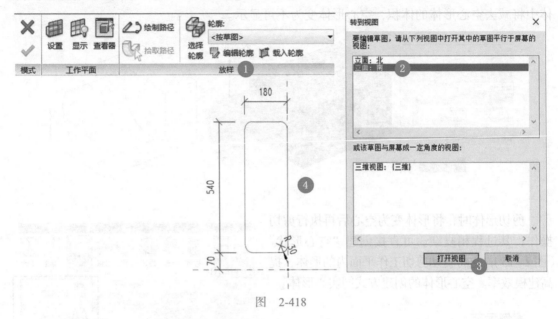

图　2-418

放样完成后,打开三维视图查看形体,如图 2-419 所示。

(4)在三维视图中,选择"创建"选项卡→"形状"面板→"空心形状"命令→"空心放样"→"拾取路径"选项,拾取上一放样形体的端面轮廓作为空心放样的路径,并在路径上绘制轮廓,轮廓尺寸如图 2-420 所示,完成后空心放样将剪切实心放样形成圆角。

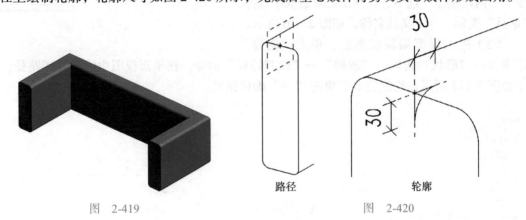

图　2-419

路径　　　　　轮廓

图　2-420

(5)按照相同的方式为实心放样另一端面切出圆角,结果如图 2-421 所示。

(6)选择"拉伸"工具,拾取沙发内侧面作为工作平面,在东立面视图中,绘制拉伸轮廓如图 2-422 所示,在"属性"面板中修改"拉伸终点"为"1650",形体完成后如图 2-423 所示。

(7)在立面图中用"拉伸"工具为沙发创建凳脚,其拉伸轮廓

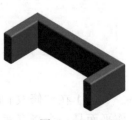

图　2-421

如图 2-424 所示，拉伸厚度及位置如图 2-425 所示。

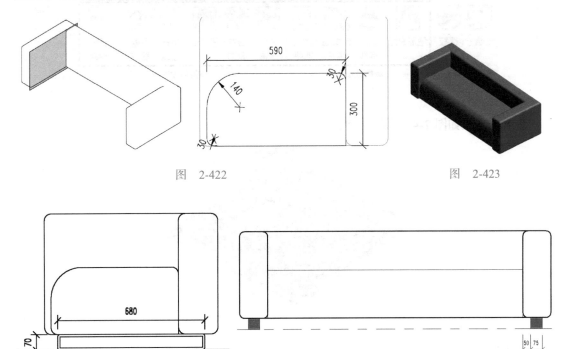

图　2-422

图　2-423

图　2-424

图　2-425

（8）完成沙发的模型后，选中实心放样，在其"属性"面板中，单击"材质"选项后的"关联族参数"按钮，在弹出的"关联族参数"对话框中，单击"添加参数"，在"参数属性"对话框中，输入"沙发材质"作为参数名称，并确定其为类型属性。

（9）选择沙发坐垫，单击其"属性"面板中"材质"选项后的"关联族参数"按钮，在弹出的"关联族参数"对话框中，选择之前新建的"沙发材质"作为相同参数（图 2-426）。

（10）多选中凳脚，在"属性"面板中直接修改凳脚的"材质"为"不锈钢"。

图　2-426

（11）单击上下文选项卡中的"完成模型"，在项目编辑模式下观察沙发，并在其"类型属性"面板中修改沙发材质，保存文件。完成样例参见文件夹中"项目 2-2-11"文件。

2.2.12 场地

任务描述

在 Revit 软件中，建筑室外景观部分通常用"体量和场地"选项卡中的命令（图 2-427）完成，本节的主要任务是学习场地的绘制。

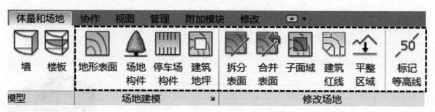

图　2-427

案例：完成如图 2-428 所示场地。

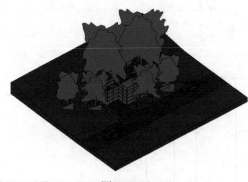

图　2-428

任务分解

任务	绘制地形	编辑地形	放置构件
知识点	1. 绘制地形前注意事项 2. 放置地形表面	3. 修改地形表面 4. 设置等高线 5. 拆分、合并表面 6. 分割子面域 7. 放置建筑地坪 8. 建筑红线 9. 修改项目方向	10. 放置植物、人物等场地构件
视频学习	绘制地形	修改地形表面　　拆分、合并表面，创建子面域，放置建筑地坪，建筑红线　　项目基点	放置场地构件

知识学习

1. 绘制地形前注意事项

要为项目绘制地形，应进入软件自带建筑样板内的"场地"楼层平面视图。相比其他楼层平面视图，场地视图的区别在于，其视图可见性中未隐藏地形、场地和植物等类别，剖切面也比普通楼层平面视图要高，如图 2-429 所示。如果误删了场地平面视图，可通过修改普通楼层平面视图的"可见性 / 图形替换"和"视图范围"重新定义一个"场地"视图。

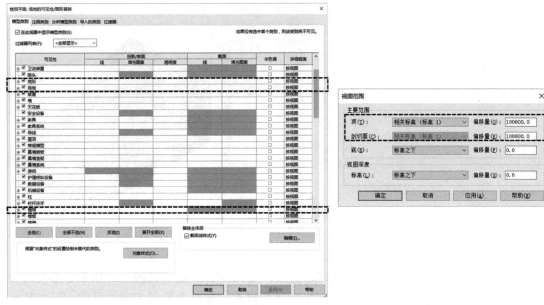

图　2-429

2. 放置地形表面

地形表面""按钮位于"体量和场地"选项卡→"场地建模"面板中，单击该命令后，用户可以通过"放置点"在项目中直接绘制地形表面；也可以通过导入 CAD 或 CSV 文件创建地形表面，如图 2-430 所示。

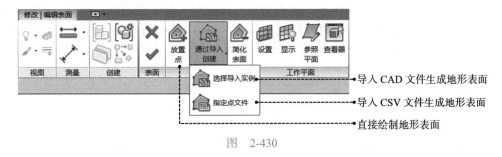

图　2-430

通过放置点生成地形表面：单击"地形表面"按钮后，选择"修改 | 编辑表面"选项卡下"放置点"命令，在绘图区域中放置 3 个以上的高程点即可生成地形，这些点的高程值可以在选项栏中进行修改，放置完关键点后单击"✔"可确认并完成地形表面，如图 2-431 所示。

图　2-431

地形表面在三维视图中呈面状显示，在视图的"属性"面板中勾选"剖面框"，可将地形表面剖切出"厚度"显示，如图 2-432 所示。

3. 修改地形表面

选中地形表面，在"修改 | 地形"上下文选项卡中单击"编辑表面"命令，可返回地形表面编辑状态对其进行修改：要添加关键点，可继续单击"放置点"进行高程点的放置；

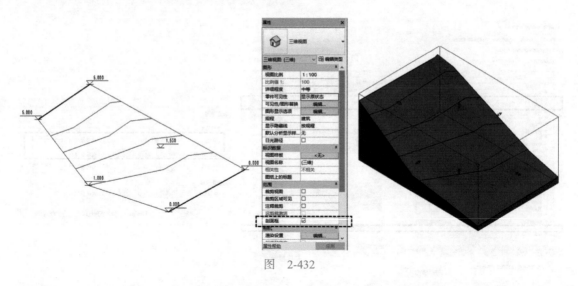

图　2-432

要删除高程点，可在绘图区域中选择该高程点，按 <Delete> 键将其删除；如果要修改高程点的高度，可选择该点，在"属性"面板中进行修改。要修改地形表面的材质，可在其实例"属性"面板中修改。

4. 设置等高线

要修改地形表面的等高线，可单击"体量和场地"选项卡→"场地建模"面板旁箭头符号，软件会弹出"场地设置"对话框。在对话框中可以设置等高线的间隔以及附加等高线的间隔等，如图 2-433 所示。

单击"体量和场地"选项卡→"修改场地"面板→"标记等高线"命令，在地形上绘制直线与等高线相交，可以标记出等高线的高度，如图 2-434 所示。

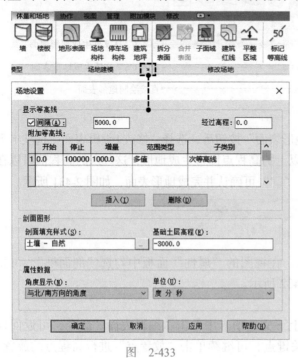

图　2-433

图　2-434

5. 拆分、合并表面

要将一个整体的地形表面拆分为两个独立的图元，可单击"体量和场地"选项卡→"修改场地"面板→"拆分表面"命令，选择要拆分的表面，并用草图线工具将模型分开，如图 2-435 所示，单击"确定"后，地形表面会随着草图线分割开来，变成两个独立的地形表面。

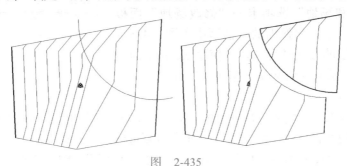

图　2-435

"体量和场地"选项卡→"修改场地"面板→"合并表面"命令可以将若干个有面域重叠的地形表面合并为一个整体的地形表面，其操作方法是先单击"合并表面"按钮，再依次单击需要合并的地形表面。

6. 分割子面域

子面域是从地形表面分割出来的子集，它不同于拆分的表面，分割后仍属于地形表面的一部分，子面域表面会随其所在的地形表面变化而变化，但是可以定义其自身属性（如材质），常用来绘制道路等，如图 2-436 所示。

图　2-436

要创建子面域，应单击"体量和场地"选项卡→"修改场地"面板→"子面域"命令进入草图模式，使用草图绘制工具在地形表面上创建单个闭合环，然后完成编辑即可。分割好的子面域可被单独选择，在实例"属性"面板中可以修改材质等属性。

要修改子面域的边界，应选择子面域，单击"修改 | 地形"上下文选项卡→"模式"面板→"编辑边界"命令，在草图模式下对边界进行修改。

7. 放置建筑地坪

建筑地坪是类似楼板的建模构件，与楼板不同的是它会根据自身的高度，在地形表面上进行"开挖"或"填平"。建筑地坪可用来处理建筑和地形表面的关系，如图 2-437 所示。

无建筑地坪

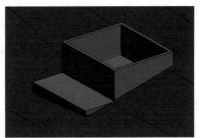
添加建筑地坪

图　2-437

"建筑地坪"的命令位于"体量和场地"选项卡→"场地建模"面板中，其创建方式与楼板的绘制相同，其结构也能像楼板一样进行分层设置。

8. 建筑红线

要在平面图中绘制建筑红线，应切换到平面视图中，单击"体量和场地"选项卡→"修改场地"面板→"建筑红线"命令，在弹出的对话框中（图 2-438），用户可对创建红线的方式进行选择：使用 Revit 中的绘制工具进行绘制，或直接将测量数据输入项目中。

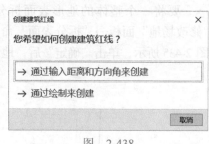

图 2-438

9. 修改项目方向

在场地平面视图中，"▲"符号中包含了项目基点"⊗"和测量点"△"。

测量点代表现实世界中的已知点，例如大地测量标记。测量点用于在其他坐标系（如在土木工程应用程序中使用的坐标系）中正确确定建筑几何图形的方向。

项目基点定义了项目坐标系的原点 (0,0,0)。此外，项目基点还可用于在场地中确定建筑的位置，并在构造期间定位建筑的设计图元。参照项目坐标系的高程点坐标和高程点相对于此点显示。

选中项目基点，会出现项目基点相对位置的值，单击这些数据，可以对其进行精确修改，如图 2-439 所示，可以设置项目"到正北的角度"，设置了项目的角度后，在视图的"属性"面板中选择项目应按"正北"还是"项目北"方向显示，如图 2-440 所示。

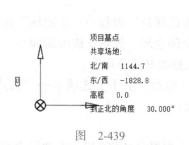

图 2-439

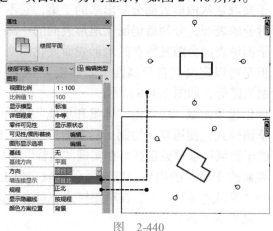

图 2-440

10. 放置植物、人物等场地构件

绘制完地形后，场地中的植物、人物、车辆、停车场、路灯等景观设置可以通过"体量和场地"选项卡中的"🌲""场地构件"和"▦""停车场构件"完成。

案例示范

（1）打开本节文件夹中"项目 2-2-12-1"文件，如图 2-441 所示。先将视图切换到场地平面视图中。

（2）单击"体量和场地"选项卡→"场地建模"

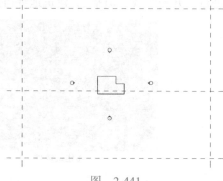

图 2-441

面板→"地形表面"按钮，在"修改 | 编辑表面"上下文选项卡中选择"放置点"工具，在参照平面的六个交点处单击放置六个高程点，生成地形平面。

（3）选中最下方两个高程点，在实例"属性"面板中修改其立面值为"3000"，单击"✔"确认并完成地形表面，如图 2-442 所示。

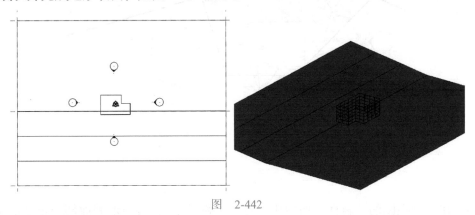

图　2-442

（4）在场地平面视图中，单击"体量和场地"选项卡→"修改场地"面板→"子面域"按钮，在地形表面中绘制如图 2-443 所示子面域，在"属性"面板中修改其"材质"为"沥青"。

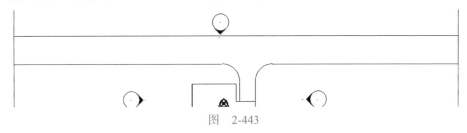

图　2-443

（5）单击"体量和场地"选项卡→"场地建模"面板→"建筑地坪"按钮，围绕建筑绘制地坪轮廓，并确定其高度限制条件为"标高 1"，绘制完成后如图 2-444 所示。

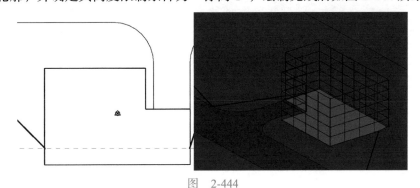

图　2-444

（6）单击"插入"选项卡→"从库中载入"面板→"载入族"命令，依次打开软件自带族库中"建筑"→"配景"文件夹，载入人物和车辆。

（7）单击"体量和场地"选项卡→"场地建模"面板中"场地构件"命令，在地形表面放置植物、车辆和人物等内容，如图 2-445 所示。

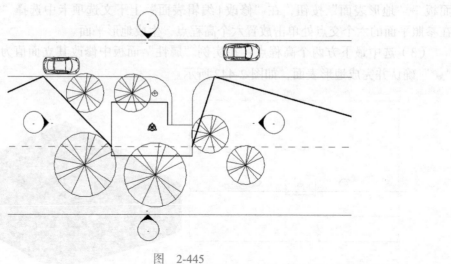

图　2-445

（8）在三维视图的"属性"面板中，打开"剖面框"，将地形表面剖切至合适位置后永久隐藏剖切框。完成样例参见文件夹中"项目 2-2-12-2"文件。

模块 3 模型的深化与应用

3.1 渲染与展示

3.1.1 材质

任务描述

　　Revit 软件中"材质"可以包含外观、物理、填充样式、制造商、成本和注释记号等信息，定义模型的材质是进行渲染、材质统计和施工出图的前提。本节的主要任务是学习材质的建立与编辑。

　　案例：为墙体定义如图 3-1 所示材质。

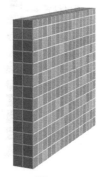

图　3-1

任务分解

任务	创建材质与材质库	编辑材质	给定图元材质
知识点	1. 材质面板 2. 新建材质 3. 自定义材质库	4. 材质的不同属性 5. 图形属性——着色 6. 图形属性——填充图案 7. 外观属性——材质与外观的关系 8. 外观属性——着色器及其属性	9. 给定图元材质
视频学习	材质面板	新建材质 & 自定义材质库	材质的属性
	填充图案	材质与外观的关系	着色器及其属性

图 3-2

知识学习

1. 材质面板

单击"管理"选项卡→"设置"面板→"材质"命令（图 3-2）可打开"材质浏览器"。

材质浏览器如图 3-3 所示，在面板的左边是项目材质列表，包含了所有载入项目的材质，其上方的"搜索"栏能按名称快速查找材质。鼠标选中材质，在材质浏览器右边的材质编辑器中将显示该材质的属性信息，用户能在此对材质进行编辑。

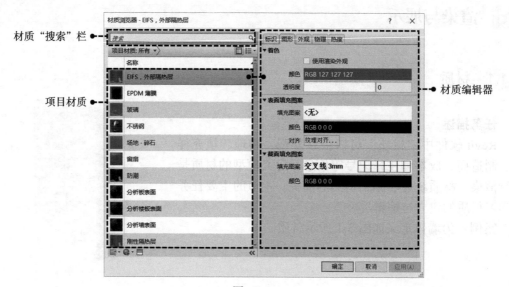

图 3-3

当项目材质不足时，用户能从"材质库"中直接调用材质，提高建模效率。单击"材质浏览器"中的"显示/隐藏库面板""□"按钮，能打开如图 3-4 所示"材质库"。材质库左边的库目录中有软件自带的两个材质库（"Autodesk 材质"和"AEC 材质"），用户也可以建立自己的材质库以保存材质。

2. 新建材质

在项目中添加材质有三种方式：载入材质库中材质、复制并修改材质和新建材质。

要载入材质库中的材质，应打开材质库，在库目录中打开相应类别，该类别下的材质将出现在右边的材质列表中，选择材质后，它的属性能在材质编辑器中查看。双击选中的材质或单击其右边的"↑"符号，能将材质载入项目中，如图 3-5 所示。

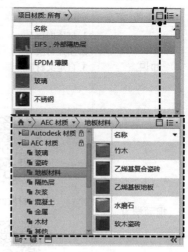

图 3-4

注意：材质编辑器不能直接修改材质库中的材质属性，只能载入项目后再进行修改。

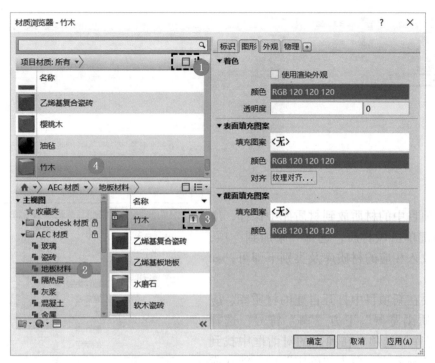

图　3-5

如果要添加的材质与项目中已有的材质差别不大，可复制该材质后再简单编辑。复制材质的方法是选中已有材质，单击鼠标右键后选择"复制"，或单击"材质浏览器"面板下"![图标]"图标后选择"复制选定的材质"，如图 3-6 所示，复制完成后可单击鼠标右键对新材质进行重命名。

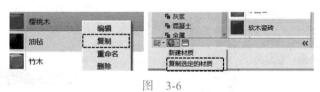

图　3-6

除了载入或复制修改已有材质，用户也可以直接新建材质，其方法是单击"材质浏览器"面板下"![图标]"图标后选择"新建材质"，新建成功后，项目材质目录中将出现名称为"默认为新材质"的新建材质，对其重命名后可开始定义它的材质属性。

3. 自定义材质库

材质库是独立于项目文件外用于存放材质信息的数据库，软件安装后通常自带了材质库，但带有"![图标]"标记，不能进行编辑；用户能建立自己的材质库用于保存项目中的材质，以供其他项目和用户使用。

要建立材质库，应单击"材质浏览器"下方"![图标]"符号，选择"创建新库"选项，在弹出的对话框中，选择材质库存放的路径并输入材质库名称，如图 3-7 所示，单击"确定"后能在库面板中查看到新库。

右键单击自定义的材质库，如图 3-8 所示，可以删除材质库或对材质库进行重命名，也可以选择"创建类别"在材质库下生成二级分类。

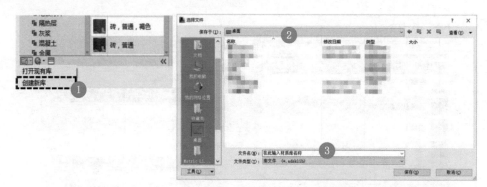

图 3-7

要把项目中的材质放到材质库中保存，应用鼠标右键单击该材质，选择"添加到"项，再将材质放入相应的材质库及类别下即可，如图 3-9 所示。

如果要在新项目中打开自建的材质库，应单击"材质浏览器"下方"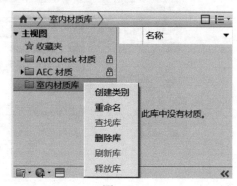"符号，选择"打开现有库"选项，在弹出的对话框中找到计算机中的材质库，单击"确定"后，能在库面板中查看载入的材质库。

图 3-8

图 3-9

4. 材质的不同属性

选中材质，可以在材质编辑器中查看它的属性，软件为材质定义了标识、图形、外观、物理、热度五类属性，如图 3-10 所示，它们在材质编辑器里通过选项卡的方式切换。

标识属性：材质的标识属性如图 3-11 所示，可存储材质常规的文本信息。大部分信息能在材质标记和统计时被提取，材质面

图 3-10

板的"搜索"栏也会搜索材质的所有标识参数值。

物理属性和热度属性：如果需要对建筑进行结构和热分析时，需要为材质指定物理和热度的属性（图 3-12）。物理和热度属性不是材质必备的属性，可以单击选项卡旁的"×"将其删除，或单击"+"为材质添加该类属性，如图 3-13 所示。

图形属性和外观属性：图形和外观的属性决定材质的显示方式。二者的区别在于，图形属性定义了材质在"线框""隐藏线""着色"和"一致的颜色"视图样式中的显示方式，决

图 3-11

定了材质出图时的主要特征，如图 3-14 所示；外观属性定义了材质在"真实""光线追踪"视图样式中的显示方式，它包括贴图、反射率等渲染设置，决定了材质在渲染时的主要特征，如图 3-15 所示。

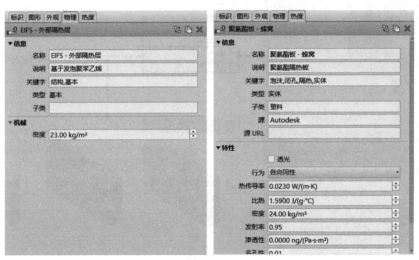

图 3-12

图 3-13

5. 图形属性——着色

图形属性中的"着色"可以控制图元在"着色"和"一致的颜色"两个视图样式下的单色色彩。如图 3-16 所示，图形属性中的"着色"共有三个参数，"颜色"定义显示色彩，"透明度"设置材质的透明程度，当勾选了"使用渲染外观"时，着色颜色将随材质外观属性中的色彩值而变化。

6. 图形属性——填充图案

图形属性中的"填充图案"可以控制图元材质的图例填充，材质可以分别定义"表面"和"截面"的填充图案，如图 3-17 所示，以墙体为例，"截面填充图案"定义平面图中被剖切的墙体的图例填充，而"表面填充图案"定义立面图中墙体的显示样式。

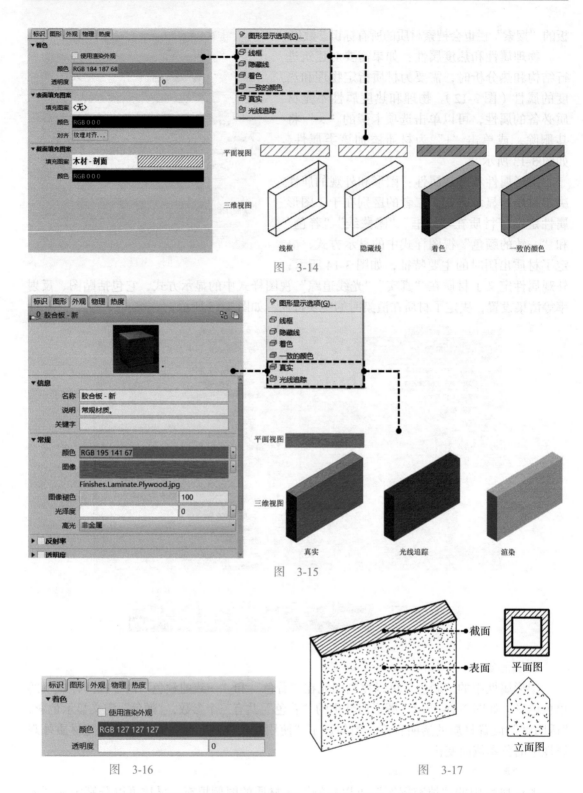

图 3-14

图 3-15

图 3-16

图 3-17

　　单击"图形"属性面板中的"填充图案"，会弹出"填充样式"对话框，用户可以在列表中选择合适的填充图案，如图 3-18 所示。

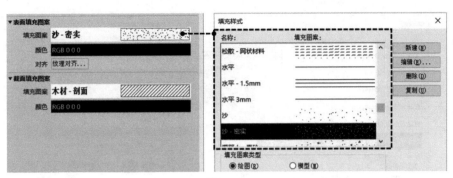

图 3-18

填充图案分为"绘图"和"模型"两类，二者的区别是绘图填充不受视图比例、图元方向的限制；而模型填充与图元大小、方向是保持恒定的，如图 3-19 所示。

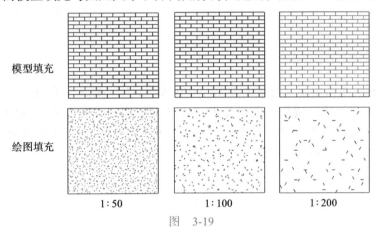

图 3-19

模型填充也可以通过"对齐"工具调整在图元中的位置，如图 3-20 所示。

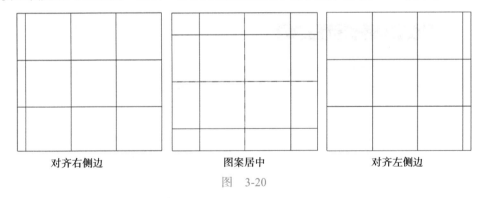

图 3-20

如果项目中自带的填充图案不够使用，可以自行制作简单的填充图案或载入填充图案文件。

用户可以自行制作垂直、水平和交叉的简单网格填充图案，其方法是单击"填充样式"对话框中"新建"按钮，在弹出的"添加表面填充图案"对话框中，选择制作"简单"填充图案。然后定义填充图案的名称，选择填充图案是"平行线"还是"交义填充"组成，再为这些线指定间距和角度即可，如图 3-21 所示。

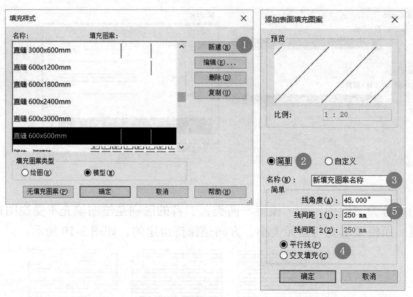

图　3-21

复杂的填充图案需要定义好 pat 文件后再载入项目中，载入文件的方法是单击"填充样式"对话框中"新建"按钮，在弹出的"添加表面填充图案"对话框中，选择"自定义"填充图案，然后单击"导入"按钮，在计算机中选择需要导入的填充文件（扩展名为 .pat），再修改其比例即可，如图 3-22 所示。

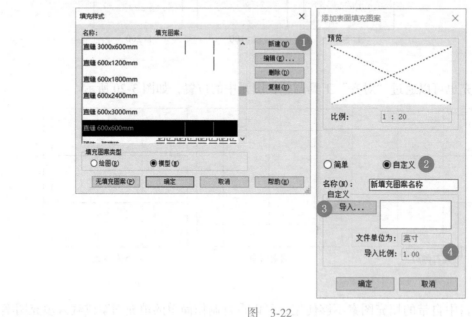

图　3-22

> **注意**：本节文件夹中提供了常见的 pat 填充文件（默认为绘图填充，要变为模型填充，应编辑文件在第二行加入";%TYPE=MODEL"语句），也提供了制作填充图案的插件和视频，供读者查阅。

7. 外观属性——材质与外观的关系

材质的外观属性并不依附于材质而存在，它属于独立的"资源"，如图 3-23 所示，单击"材质浏览器"中的"▤"或"▦"按钮可以打开资源浏览器进行查看。

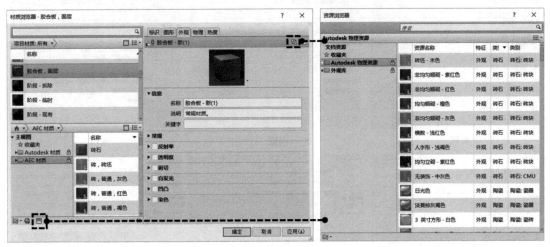

图　3-23

多个材质可以选用同一个外观资源，因此当这一外观资源发生改变时，所有应用了这一资源的材质外观都将发生改变。如希望改动一个材质的外观时不影响到其他材质，应首先观察这一外观是否被其他材质使用，如图 3-24 所示，如果"▦"共享数值大于 0，应单击"▥"符号，在现有资源的基础上复制新建资源。

图　3-24

单击"▦"符号可以打开"资源浏览器"，选择合适的资源替换现有的资源。

8. 外观属性——着色器及其属性

在"外观"属性面板中能对材质资源的属性进行修改。在选项卡的最上方（图 3-25）可修改材质球的外观缩略图和渲染质量。

"信息"栏（图 3-26）用于对资源"名称"和"说明"进行修改。

图　3-25

图　3-26

在"信息"栏的下方是资源属性设置的核心区——"着色器"，根据资源的类型不同，"着色器"里的参数结构有很大区别，如图 3-27 所示。

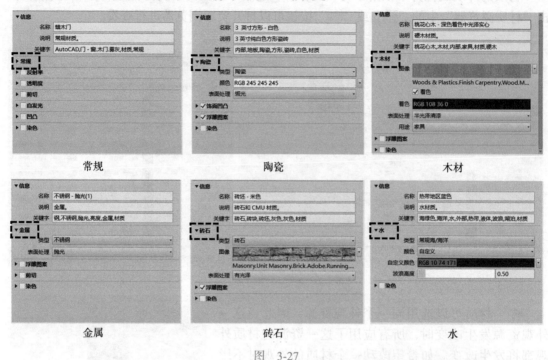

图 3-27

着色器由基本属性和可选属性构成，可选属性的名称前有方框，只有用户勾选并对其进行设置，才能反映到材质中，如图 3-28 所示。

以下对着色器中常用参数作具体说明：

"图像"参数主要用来控制材质的贴图，贴图是增加材质复杂性和真实感的重要方式，一般位于着色器的基本属性中，贴图的来源可以是位图贴图，也可以是程序贴图，如图 3-29、图 3-30 所示。

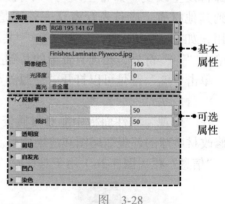

图 3-28

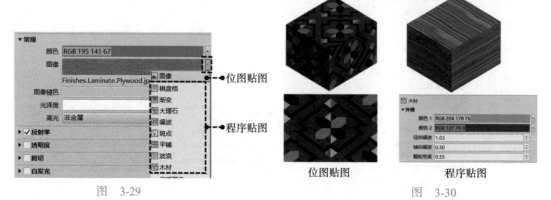

图 3-29   位图贴图   程序贴图

图 3-30

位图贴图：位图贴图需要载入外部图片作为材质外观，载入图片可以单击"图像"选项下方图片名称，在弹出的对话框中找到位图文件后"打开"即可。单击"图像"选项右侧图片，可打开"纹理编辑器"对话框（图 3-31）对贴图大小、方向、重复方式作更详细的设置。

贴图设置好后，材质编辑器中"图形"选项卡中的"纹理对齐"命令，能调整贴图和填充图案的相互位置，如图 3-32 所示。

程序贴图：如图 3-33 所示，程序贴图一共有八种类型，分别是棋盘格（将双色方格图案应用到材质）、渐变（使用颜色和混合创建渐变）、大理石（应用石质和纹理颜色图案）、噪波（根据两种颜色、纹理贴图或两者组合交互创建曲面的随机扰动）、斑点（生成带斑点的曲面图案）、平铺（应用砖块、颜色的堆叠平铺或材质贴图的堆叠平铺）、波浪（模拟水状和波状效果）和木材（创建木材的颜色和颗粒图案）。

"图像褪色"参数（图 3-34）能控制基本颜色与漫射图像之间的复合，只有在使用图像时，"图像褪色"属性才是可编辑的。

"光泽度"参数的值介于 0（黯淡）和 1.0（完美镜面）之间，可以修改亮面的大小和亮度，降低光泽度可生成粗糙表面或磨砂玻璃效果。

"外观"的其他可调节属性如图 3-35 所示。通常，光滑镜面材质要勾选"反射率"，如图 3-36 所示；透明的物体要勾选"透明度"；灯泡、屏幕等有亮度的材质需勾选"自发光"；粗糙的材质需勾选"凹凸"，通过贴图的黑白控制材质的凹凸。

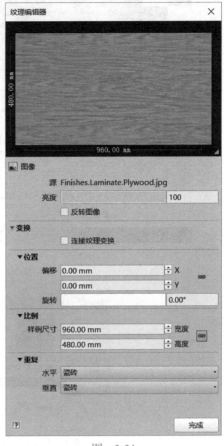

图 3-31

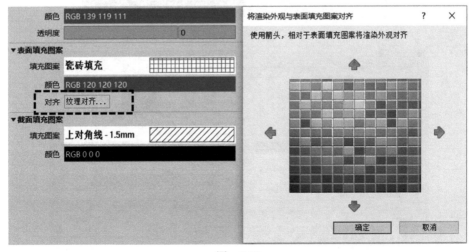

图 3-32

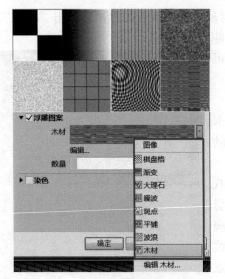

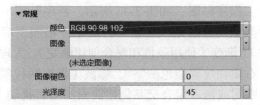

图　3-33　　　　　　　　　　　　　　　图　3-34

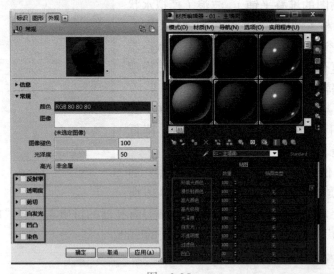

图　3-35

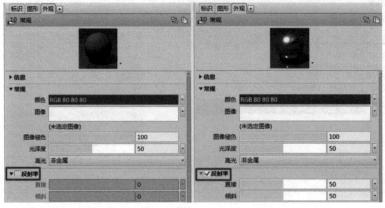

图　3-36

9. 给定图元材质

在图元的"材质"属性中，单击其后方"…"符号（图3-37），可打开"材质浏览器"，选中所需材质再单击"确定"即可更换图元材质。

图　3-37

案例示范

（1）打开本节文件夹中"项目3-1-1-1"文件。

（2）选中墙体，打开墙体"类型属性"面板，修改墙体结构中的材质，如图3-38所示。

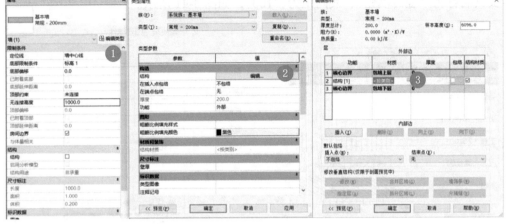

图　3-38

（3）在弹出的"材质浏览器"对话框中，新建一个材质，将其命名为"瓷砖"，如图3-39所示。

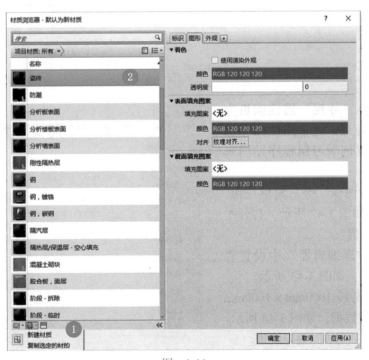

图　3-39

（4）在材质的"图形"属性面板中，勾选"着色"下的"使用渲染外观"，修改墙体的"截面填充图案"为"RGB000""上对角线 –1.5mm"，如图 3-40 所示。

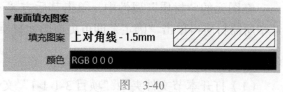

（5）单击"表面填充图案"中的"＜无＞"，在弹出的"填充样式"对话框中，选择"模型"填充项，并单击"新建"按钮，在"修改填充图案属性"对话框中，选择"简单""交叉填充"的填充图案，并定义其名称为"瓷砖填充"、线间距为"100"，如图 3-41 所示。

图 3-40

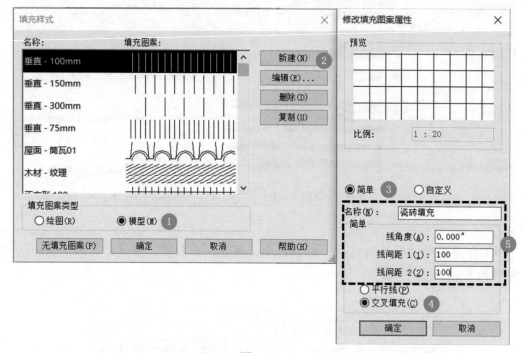

图 3-41

（6）切换到"外观"属性面板为墙体定义渲染外观，通常用位图充当材质贴图，本案例学习用程序贴图来生成渲染外观。

（7）单击"图像"旁三角形按钮，选择"平铺"，如图 3-42 所示，打开平铺的"纹理编辑器"。

（8）在"纹理编辑器"中设置瓷砖和砖缝的色彩，如图 3-43 所示。

（9）根据瓷砖 1000mm×1000mm 的尺寸修改平铺数据，如图 3-44 所示。设置完成后单击"完成"确定纹理。

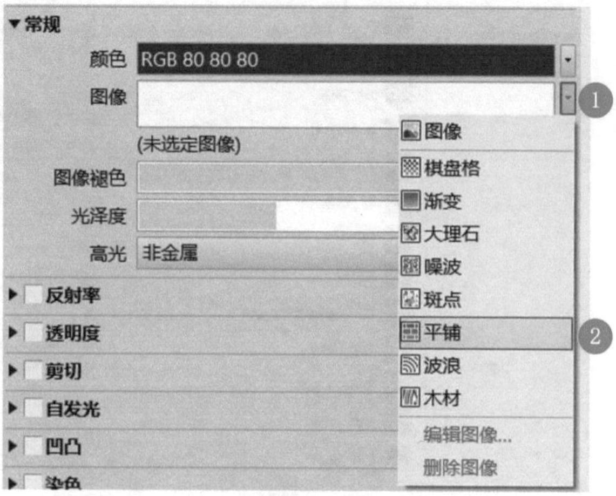

图 3-42

瓷砖外观

瓷砖颜色	RGB 189 135 117	
颜色变化		0.50
褪色变化		0.05
随机	1	种子值

砖缝外观

砖缝颜色	RGB 255 255 255	
间隙宽度	0.50	水平
	0.50	垂直
粗糙度		0.00

图　3-43

▼ 填充图案

类型	叠层式砌法	
瓷砖计数	10.00	每行
	10.00	每列

▶ 瓷砖外观
▶ 砖缝外观
▶ 堆垛布局
▶ □ 行修改
▶ □ 列修改
▼ 变换

□ 连接纹理变换

▶ 位置
▼ 比例

样例尺寸	1000.00 mm	宽度
	1000.00 mm	高度

图　3-44

（10）勾选"凹凸"，同样设置其图像为"平铺"程序贴图，在"纹理编辑器"中修改平铺数据与贴图一致，并设置瓷砖外观为白色（凸）、砖缝外观为黑色（凹），如图3-45所示。设置完成后单击"完成"确定凹凸纹理。

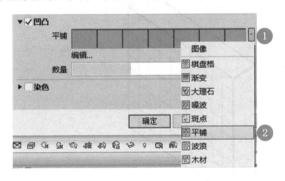

图　3-45

（11）凹凸纹理的深浅可以通过"数量"来调节，如图3-46所示。

（12）打开材质的"图形"属性面板，单击"纹理对齐"命令，在对话框中调整填

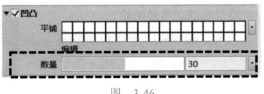

图　3-46

充图案和贴图直至对齐，如图 3-47 所示。

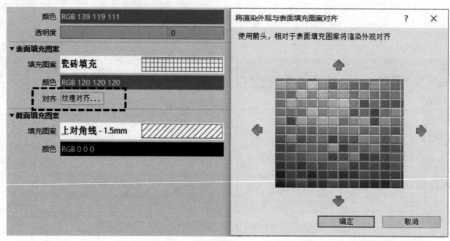

图　3-47

（13）完成材质编辑，查看墙体在"真实"和"隐藏线"下的显示样式（图 3-48）。完成样例参见文件夹中"项目 3-1-1-2"文件。

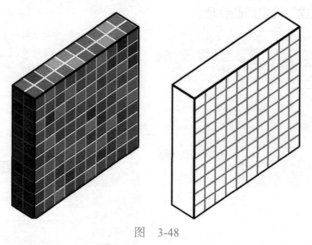

图　3-48

3.1.2　渲染

任务描述

　　渲染是模型进行真实场景展现的重要途径，本节的主要任务是学会设置相机生成透视图，并对其进行渲染以获得高质量图像。

　　案例：渲染如图 3-49 所示效果图。

图　3-49

任务分解

任务	生成透视图	优化透视图	制作效果图
知识点	1. 放置相机 2. 调整透视图	3. 图形显示选项	4. 渲染参数 5. 云渲染
视频学习	 生成 & 优化透视图	渲染参数	云渲染

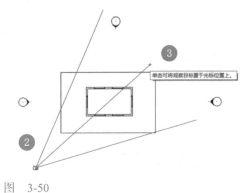

知识学习

1. 放置相机

透视图通过相机而生成，放置相机的方法是首先将项目切换至平面视图中，单击"视图"选项卡→"创建"面板→"三维视图"命令下拉列表"相机"选项，此时鼠标旁将跟随一个相机图标，在绘图区域单击，即可把相机放置于此处；鼠标单击的第二点将决定相机的方向，如图 3-50 所示。

图　3-50

2. 调整透视图

放置好相机后，视图将切换至相机所生成的透视图中，透视图位于"项目浏览器"的"三维视图"目录下，如图 3-51 所示。

选择透视图的边框，将出现四个控制点（图 3-52），拖拽控制点可调整透视图的显示范围。使用 <Shift>+ 鼠标中键能对模型进行旋转的操作。

相机的高度以及相机目标对焦的高度可以在透视图的"属性"面板中进行精确的设置，如图 3-53 所示。

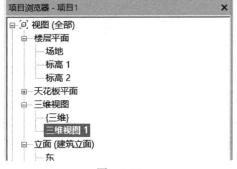

图　3-51

要调整相机和视线的位置，可以切换至平面视图，在"项目浏览器"中，右键单击透视图，选择"显示相机"，相机将出现在平面视图中，通过调整如图 3-54 所示三个控制点可对透视图进行更准确的修改。

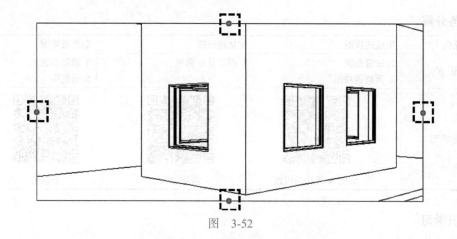

图 3-52

图 3-53

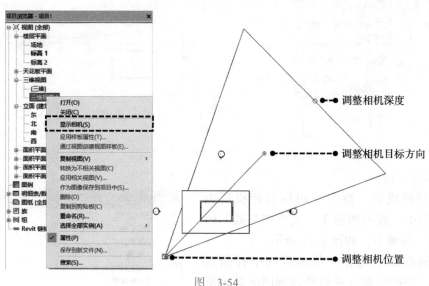

图 3-54

　　相机视点方向的三角形区域代表了透视图的显示范围，如果在视图"属性"面板中取消勾选"远剪裁激活"，相机的范围将变为无限远，如图 3-55 所示。

3. 图形显示选项

　　通过切换"隐藏线""着色"和"真实"等视觉样式，透视图可以显示出不同的效果。要对透视图的背景、线条等进行更深入的设置应打开"图形显示选项"对话框，"图形显示选项"位于视图"属性"面板中，在视图控制栏中也能找到该选项，如图 3-56 所示。

　　"图形显示选项"能从视图阴影、背景、照明等六个方面（图 3-57）对透视图进行修改。

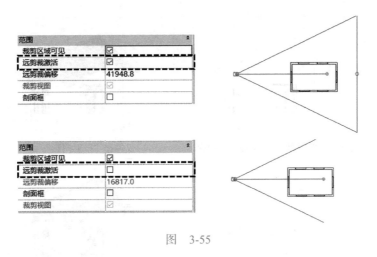

图　3-55

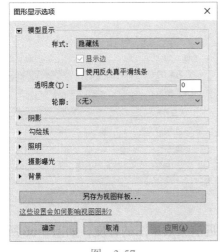

图　3-56

模型显示：模型显示中可以选择视图的视觉"样式"（在视图控制栏中也可快速设定），"透明度"项可以调整模型在本视图中的透明程度，"轮廓"可将模型默认轮廓线替换为其他线型，如图 3-58 所示。

阴影：该项通过勾选可以为模型添加"投射阴影"和"显示环境光阴影"（图 3-59），其效果如图 3-60 所示。此外，单击视图控制栏的" 🔆 "符号可以快速打开项目中的投射阴影。

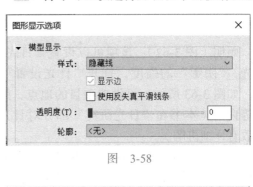

图　3-57

图　3-58

图　3-59

未勾选"投射阴影""显示环境光阴影"   仅勾选"投射阴影"

仅勾选"显示环境光阴影"   勾选"投射阴影""显示环境光阴影"

图 3-60

勾绘线：如图 3-61 所示，勾选"勾绘线"可以将模型线变为手绘线效果。

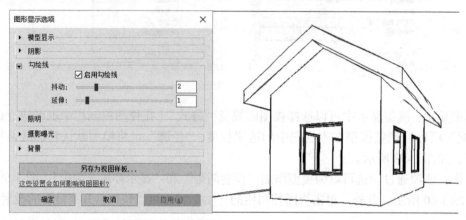

图 3-61

照明（图 3-62）：该项可以设置"日光""环境光""阴影"的强度，打开"日光设置"对话框，如图 3-63 所示，可设置项目的地点、照射时间等内容（本书在"日光研究"部分对日光设置参数有详细讲解）。

曝光（图 3-64）：当视图启用"曝光"后，能调整视图"阴影强度"和"白点"等曝光值。

背景（图 3-65）：该项可以将透视图的空白背景设置为图片、渐变或是天空效果。

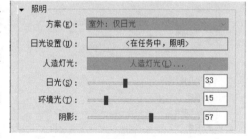

图 3-62

通过设置"图形显示选项"，能将项目调整至接近渲染效果图的程度，如图 3-66 所示；也能形成其他多样化的视觉风格，如图 3-67 所示。

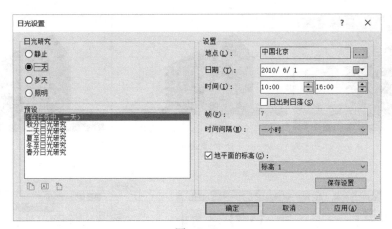

图　3-63

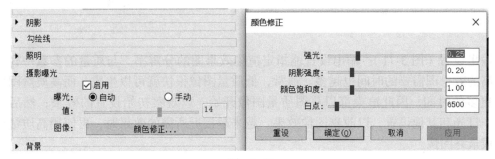

图　3-64

4. 渲染参数

在使用 Revit 渲染工具时，渲染引擎使用复杂的算法从建筑模型的三维视图生成照片级真实感图像。要渲染模型，应打开三维视图，单击"视图"选项卡→"图形"面板→"渲染"命令（图 3-68），软件将打开"渲染"对话框，可在渲染前对各参数进行设定。

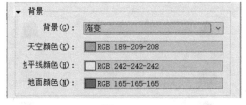

图　3-65

质量：渲染的质量由图 3-69 中参数决定，质量越高，渲染效果越好，但需要的时间也随之越长。选择"编辑…"可打开"渲染质量设置"对话框（图 3-70），对渲染的算法进行更精确的设置。

图　3-66

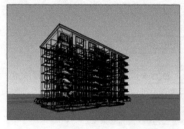

图　3-67

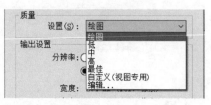

图　3-68　　　　　　　　　　　图　3-69

输出设置（图 3-71）：输出设置能指定渲染效果图的分辨率。与质量的参数一样，像素越高的效果图需要的时间也越多。通常，低质量图像很快就可以生成，而高质量图像会需要更多的时间，因此渲染都以草图质量图像开始，以观察初始设置的效果；然后微调材质、灯光和其他设置，以改善图像效果。越来越接近所需的效果时，再使用高质量设置来生成最终图像。

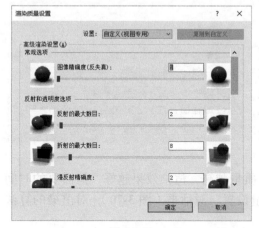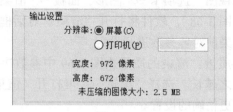

图　3-70　　　　　　　　　　　图　3-71

照明（图 3-72）：照明的方案可以用来选择日光还是人造光作为模型的光源。如果需要日光照明，"日光设置"能调节日光的照射角度和方向；如果需要人造光照明，"人造灯光"能选择关闭或打开哪些人造光源。

背景（图 3-73）："样式"能设置渲染的背景为"天空"或者是"图像""颜色"，"模糊度"能加强景深的效果。

设置完渲染的参数后，可单击"渲染"对话框上方"渲染"按钮开始渲染，如图 3-74所示，待进度条完毕后，可在绘图区域中看到模型变成效果图。

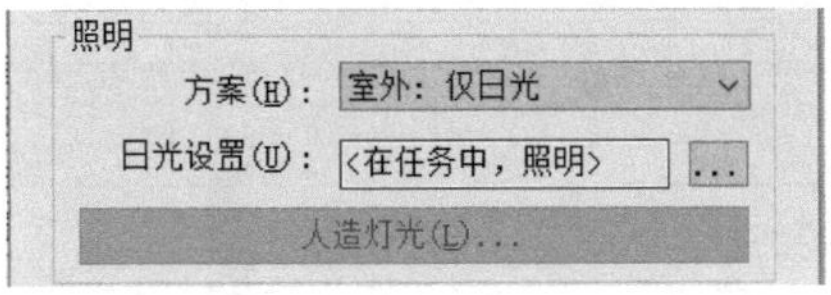

图　3-72 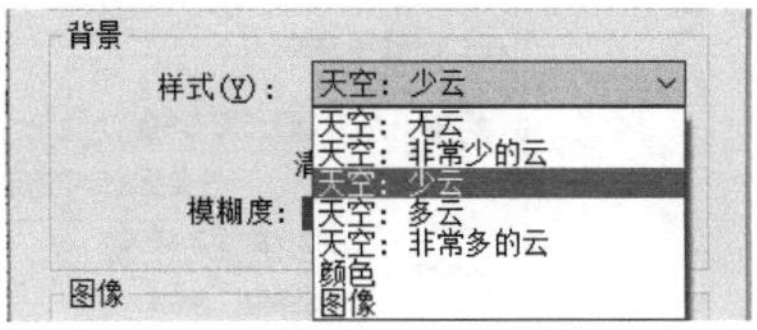　　　　　　　　　　　　　图　3-73

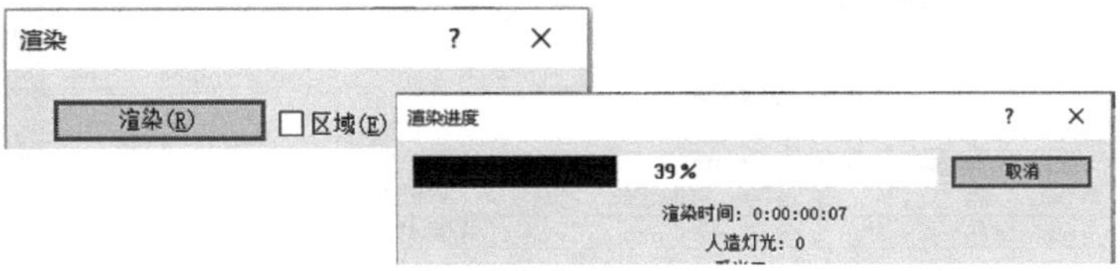

图　3-74

渲染完成后，在"渲染"对话框的下方可以调整图片的曝光，待图片调整到最佳效果后，单击"保存到项目中"可以把图片保存到项目中（图片在"项目浏览器"的"渲染"目录下）；单击"导出"能把图片另存为项目外的文件（图 3-75）。

图　3-75

5. 云渲染

从本机渲染高质量的图像需要耗费大量的时间，且不能后台操作。而"Cloud 渲染"（云渲染）可以将模型放到 Autodesk 公司的平台上进行渲染，节约用户时间。要进行云渲染，可单击"视图"选项卡→"图形"面板→"Cloud 渲染"命令，注册并登录 Autodesk360，单击"继续"，如图 3-76 所示。

图　3-76

在弹出的对话框中，可以选择要进行渲染的视图、渲染质量等，设置完毕后，单击"开始渲染"将模型上传。

云渲染的图片，可以通过单击"视图"选项卡→"图形"面板→"渲染库"命令（图 3-77）打开网站进行查看。

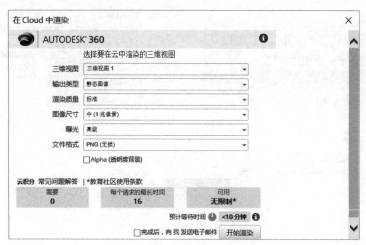

图 3-77

案例示范

（1）打开本节文件夹中"项目 3-1-2"文件。

（2）将项目切换至"F1"楼层平面视图，单击"视图"选项卡→"创建"面板→"三维视图"命令下拉列表"相机"选项，在建筑西南面放置相机，视线指向建筑，如图 3-78 所示。

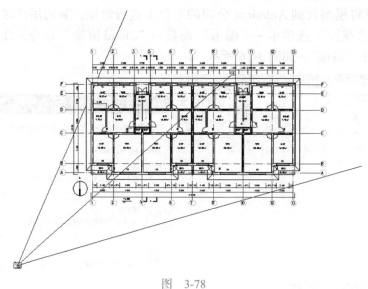

图 3-78

（3）视图跳转至透视图后，在视图"属性"面板中取消勾选相机的"远剪裁激活"，选中透视图外框，拖拽外框大小直至将建筑放置于画面中央，如图 3-79 所示。

（4）单击"视图"选项卡→"图形"面板→"渲染"命令，在"渲染"对话框中调整渲染的"质量""分辨率"等参数，如图 3-80 所示，设置完毕后单击"渲染"按钮开始渲染。

（5）渲染结束后，单击对话框中"导出"按钮将图片另存在计算机中，导出图片如图 3-49 所示。

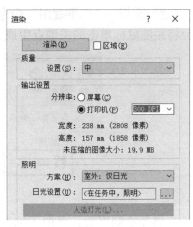

图　3-79　　　　　　　　　　　　　　　　　图　3-80

3.1.3　漫游

任务描述

动画是展示模型空间、时间关系的手段之一，本节的主要任务是学会制作漫游动画与日光研究动画。

案例：为建筑创建如图 3-81 所示漫游动画。

图　3-81

任务分解

任务	制作漫游动画	制作日光研究动画
知识点	1. 绘制漫游路径 2. 修改漫游 3. 导出漫游	4. 设置光照 5. 导出日光研究
视频学习	制作漫游动画	制作日光研究动画　　　　漫游系列

知识学习

1. 绘制漫游路径

在 Revit 软件中，展示三维空间的漫游动画是通过放置在指定路径上的照相机拍摄出的帧画面连接而成。要定义漫游动画，首先应该设置漫游的路径，单击"视图"选项卡→

"创建"面板→"三维视图"命令下拉列表"漫游"选项，接着在绘图区域中单击鼠标，路径将跟随鼠标单击的关键点生成，如图 3-82 所示。

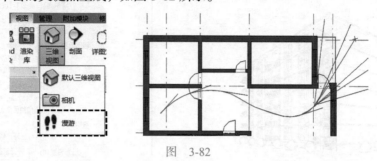

图 3-82

路径绘制完后，可按 <Esc> 键退出路径编辑。在"项目浏览器"中，可查看到新生成的"漫游"，如图 3-83 所示。

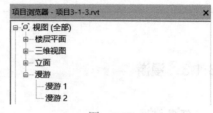

图 3-83

2. 修改漫游

修改漫游前，可以先播放一下漫游动画以查看效果。要播放动画，可从"项目浏览器"中打开"漫游"视图。选中绘图区域中的范围框，单击"修改 | 相机"上下文选项卡中"编辑漫游"按钮，在随后出现的"漫游"面板中，持续单击"上一关键帧"按钮直到其灰显，此时视频将返回至开端，单击"播放"按钮能在绘图区域中看到动画的展示效果，如图 3-84 所示。

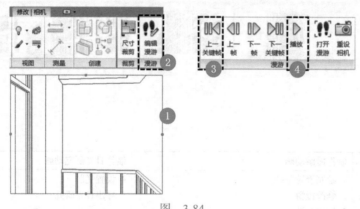

图 3-84

拖拽范围框的控制点，能调整漫游视频的拍摄范围。

要调整视频的路径与相机的方向灯，应切换至平面视图，在"项目浏览器"中，右键单击漫游视图，选择"显示相机"，漫游的路径和相机将出现在平面视图中，如图 3-85 所示。

单击平面视图中出现的漫游路径后，单击"修改 | 相机"上下文选项卡中"编辑漫游"按钮可对漫游进行编辑。如图 3-86 所示，编辑漫游应首先在选项栏中选择要编辑的内容。

当选项栏中的"控制"为"活动相机"时，绘图区域中，关键帧为红色圆点显示，此时只能修改相机的视线方向，而相机所在的路径不能修改，如图 3-87 所示。

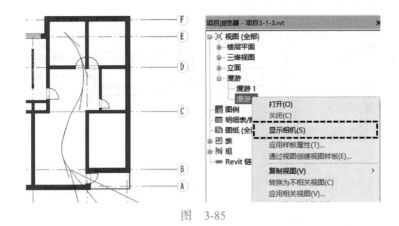

图　3-85

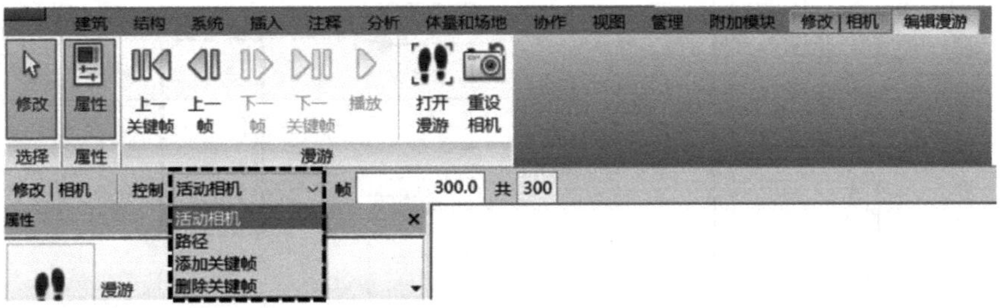

图　3-86

要调整相机的方向，应拖动代表相机方向的红色控制点，修改完一个帧的方向后，可单击"漫游"面板中各切换帧的命令，激活其他帧的相机，对其他相机的方向进行修改（图 3-88）。通常仅修改关键帧即可。

调整选项栏"控制"为"路径"时，绘图区域中，关键帧为蓝色圆点显示，如图 3-89 所示，拖动蓝色点可以修改路径。

当需要在路径上增加或减少关键帧时，可将选项栏"控制"修改为"添加关键帧"或"删除关键帧"，在路径上单击即可。

漫游默认生成匀速的动画，如果要修改每帧时间，可单击选项栏中的"帧设置"，在弹出的"漫游帧"对话框里取消勾选"匀速"，并在"加速器"中修改每帧速度即可，如图 3-90 所示。"加速器"中，以 1 为匀速，其值大于 1 时漫游速度会加快，小于 1 时漫游速度会变慢。

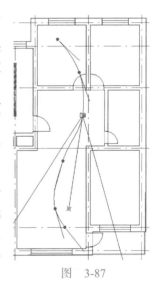

图　3-87

3. 导出漫游

当把漫游调整合适后，修改视图的图形显示选项至合适效果，即可导出漫游视频。通常越复杂的显示效果在导出漫游时需要花费的时间越多，因此用户应在效果和时间效率上进行衡量。

要导出漫游，应切换至漫游的视图中，单击应用程序菜单下的"导出"命令，选择导出"图像和动画"中的"漫游"，在弹出的对话框中进行更细致的设置后，即可导出漫游到指定路径，如图 3-91 所示。

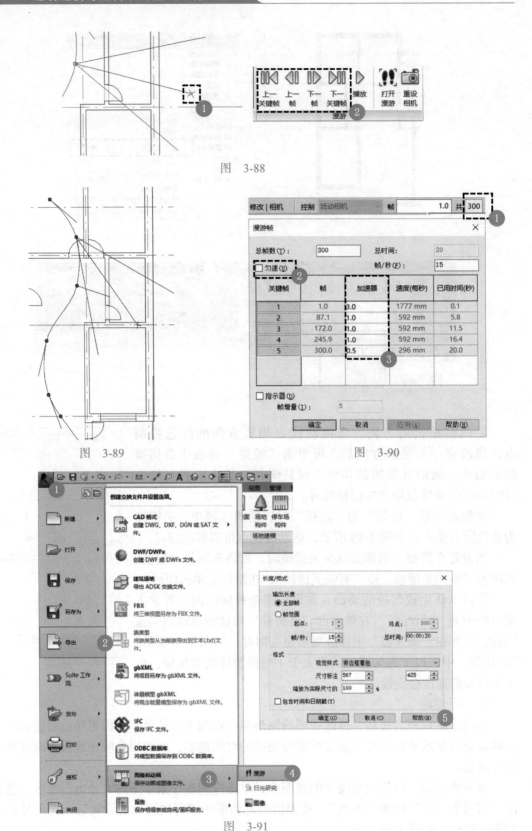

图 3-88

图 3-89　　　　　　　　　　图 3-90

图 3-91

4. 设置光照

"漫游"是对模型空间的展示，"日光研究"是模型在指定时间段内的光线照射展示。要对项目进行日光分析，首先应该设置项目的"光照"。如图 3-92 所示，从"图形显示选项"对话框和视图控制栏中，都可以打开"日光设置"对话框。

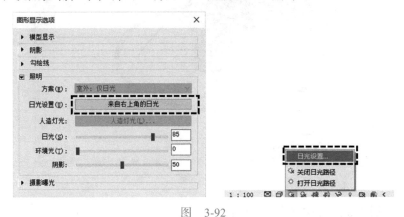

图　3-92

在"日光设置"对话框中，有"静止""一天""多天""照明"四种照射方式供选择（图 3-93），其中，"静止"和"照明"设置的都是单一时间内的日光照射状态，它们的区别在于"照明"是通过输入日光照射角度和方位值来查看日光照射情况，而"静止"是通过指定真实项目位置和时间来查看日光照射情况，更加接近实际。

图　3-93

"一天"和"多天"两种方式都能设定日光照射的时间段，同一天的日光研究可以选择"一天"，而更长的时间可以选择"多天"。如图 3-94 所示，可以在"日光设置"对话框中为项目设定实际的地点，要分析的日期、时间段，并为日光研究动画指定帧数的间隔时间。

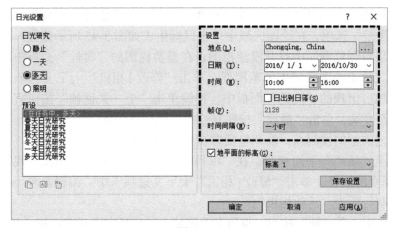

图　3-94

设置好一个时间段的时间后，在视图控制栏中选择"打开日光路径"，能看到日光的可视化路径，如图 3-95 所示。

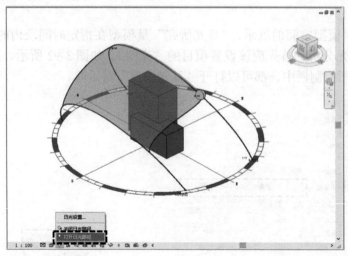

图　3-95

打开视图的阴影，再次选择"打开日
光路径"时，会看到"日光研究预览"，选
择该项后可以在功能区的选项栏中播放预览
动画，如图3-96所示。

5. 导出日光研究

调整好日光研究的动画后，单击"应
用程序"按钮下"导出"命令，选择导出
"图像和动画"中的"日光研究"，在弹出的
对话框中进行更细致的设置后，即可导出日光分析到指定路径。

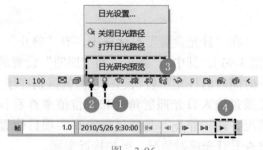

图　3-96

案例示范

（1）打开本节文件夹中"项目3-1-3-1"文件。

（2）在"场地"平面视图中，单击"视图"选项卡→"创建"面板→"三维视图"命
令下拉列表"漫游"选项，在绘图区域中单击鼠标生成如图3-97所示路径。

（3）从"项目浏览器"中打开漫游视图，在漫游视图的"属性"面板中取消"远剪裁
激活"的勾选。单击绘图区域中的范围框，单击"修改 | 相机"上下文选项卡中"编辑漫
游"按钮，在随后出现的"漫游"面板中，持续单击"上一关键帧"按钮直到其灰显，此
时视频将返回至开端，单击"播放"按钮在绘图区域中查看动画。

（4）拖拽范围框的控制点，能调整漫游视频的拍摄范围。

（5）切换至"场地"平面视图，在"项目浏览器"中，右键单击漫游视图，选择"显
示相机"。选择漫游路径，单击"修改 | 相机"上下文选项卡中"编辑漫游"按钮，在选项
栏中确认"控制"项为"活动相机"。

（6）结合"下一关键帧"按钮，将所有关键帧上的相机方向对准建筑，如图3-98所示。

（7）再次切换至漫游视图，播放动画，如不合适再稍微调整。

（8）漫游调整完毕后，打开视图中阴影，单击"应用程序"按钮下"导出"命令，选
择导出"图像和动画"中的"漫游"，导出漫游到指定路径。

（9）完成样例参见文件夹中"项目 3-1-3-2"文件。

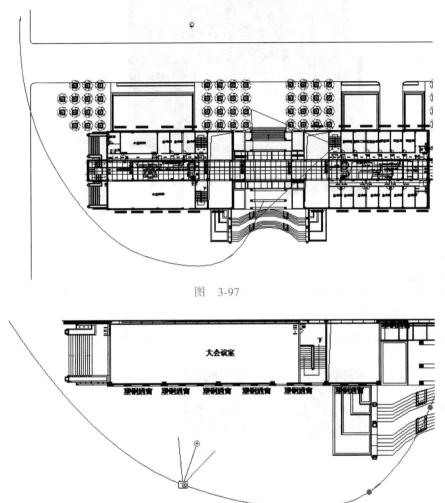

图　3-97

图　3-98

3.2　建筑信息统计

3.2.1　房间面积

任务描述

　　房间是基于图元（墙、楼板、屋顶和天花板等）对建筑模型中的空间进行细分的部分。定义建筑的房间是进行统计和分析的基础，本节的主要任务是掌握放置和标注房间的方法。

　　案例：完成如图 3-99 所示房间与面积标注。

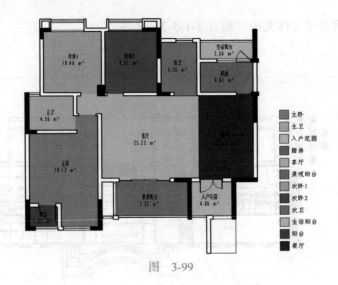

图 3-99

任务分解

任务	放置房间	标记房间
知识点	1. 命令位置与放置方式 2. 房间边界	3. 标记房间 4. 房间颜色
视频学习	放置房间	标记房间

知识学习

1. 命令位置与放置方式

在软件中，放置房间的命令位于"建筑"选项卡→"房间和面积"面板中，如图 3-100 所示，单击"房间"命令后，鼠标放置于闭合空间内能识别其内轮廓，此时单击鼠标即可放置房间。

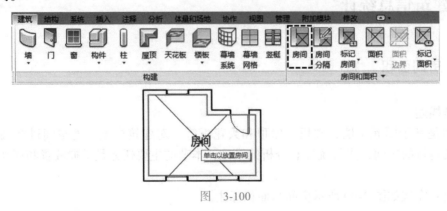

图 3-100

2. 房间边界

只有部分类别的图元（如墙、柱、门窗等）才能围合空间，并被房间命令识别。如果要在没有上述图元的地方自由划分房间，可使用"房间分隔"替代真实模型进行虚拟房间划分，如图 3-101 所示。

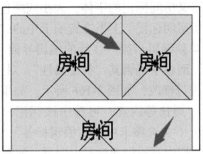

图　3-101

选中隔离房间的图元，在其"属性"面板中取消勾选"房间边界"，放置房间时将不会拾取它作为房间边界，如图 3-102 所示。

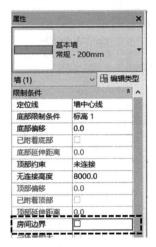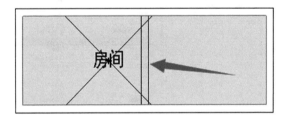

图　3-102

3. 标记房间

激活"房间"命令后，在"修改 | 放置房间"的上下文选项卡中单击"在放置时进行标记"（图 3-103），放置房间时会同时放置该房间的房间标记。

如果放置房间时没有同时标注房间，或删去了房间标记，可单击"标记房间"命令重新标记房间，如图 3-104 所示。

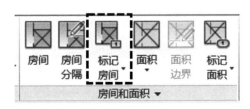

图　3-103　　　　　　　　　　图　3-104

选中房间标记，可以在"属性"面板中替换房间标记族或类型，以此更换字体和标记内容，如图 3-105 所示。

选中绘图区域中任意房间标记，可发现在其"属性"面板中并不能修改字体等属性。因为该标记属于可载入族，要重新定义房间标记的字体、大小或颜色等属性，可单击"修改 | 房间标记"上下文选项卡中的"编辑族"命令，软件将单独编辑该族。在族的编辑界面下选中标记，可在"属性"面板中编辑其"类型属性"，对字体、大小、颜色等参数进行修改，如图 3-106 所示。如果需要标记提取房间面积、周长等内容，可选中该标记，并单击"修改 | 标签"上下文选项卡中的"编辑标签"，在对话框中把房间的可标记内容添加到标签中即可，如图 3-107 所示。编辑完房间标记后，可在"修改 | 标签"上下文选项卡中单击"载入到项目中"，替换原有房间标记。

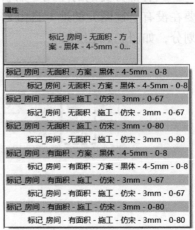

图　3-105

图　3-106

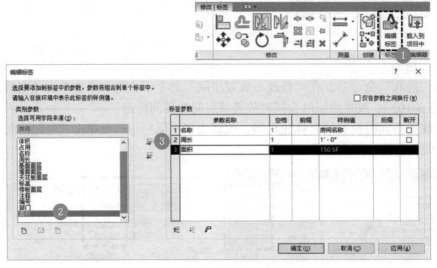

图　3-107

4.房间颜色

在视图中，用户可根据房间的属性用颜色进行区分，使信息更加可视化。要定义颜色的方案，可单击视图"属性"面板的"颜色方案"按钮，打开"编辑颜色方案"对话框，此时选择方案的类别为"房间"后，可选择房间的不同属性（如按面积、名称或使用功能等）作为颜色的显示依据，如图 3-108 所示。单击"应用"再"确定"后，该视图的房间已经被填充了颜色。

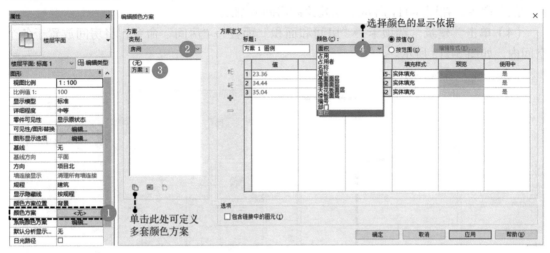

图　3-108

要为房间颜色方案添加图例，可单击"注释"选项卡→"颜色填充"面板→"颜色填充图例"命令，在绘图区域中放置即可，如图 3-109 所示。

> **注意**：删除图例并不能删除颜色方案，要删除颜色显示应在"属性"面板中选择"颜色方案"为"无"。

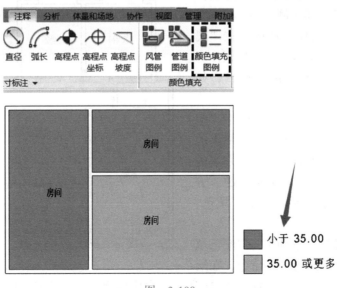

图　3-109

案例示范

（1）打开本节文件夹中"项目 3-2-1-1"文件。

（2）单击"建筑"选项卡→"房间和面积"面板→"房间"命令，鼠标先在各空间上移动，查看哪些房间缺少边界条件，如图 3-110 所示。

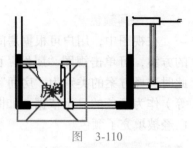

图　3-110

（3）单击"建筑"选项卡→"房间和面积"面板→"房间分隔"命令，在图 3-111 所示虚线处绘制房间分割线。

（4）单击"建筑"选项卡→"房间和面积"面板→"房间"命令，将房间放置于各个空间内，如图 3-112 所示。

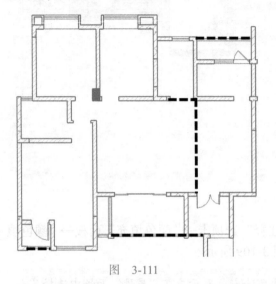

图　3-111

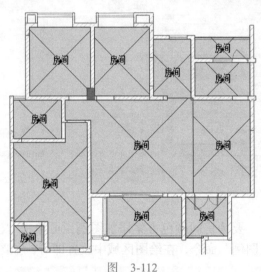

图　3-112

（5）单击房间名称并将其修改为如图 3-113 所示。

（6）选中任意房间标记，单击鼠标右键，选择"选择全部实例"→"在整个项目中"将全部房间标记选中，在"属性"面板中，修改标记类型为"标记 _ 房间 - 有面积 - 施工 - 仿宋 -3mm-0-67"，如图 3-114 所示。

（7）单击视图"属性"面板中"颜色方案"旁的"＜无＞"按钮，在弹出的"编辑颜色方案"对话框中，选择方案的类别为"房间"，选择项目中默认的"方案 1"，修改方案为按房间"名称"填色，如图 3-115 所示。

（8）单击"注释"选项卡→"颜色填充"面板→"颜色填充图例"命令，在绘

图　3-113

图区域中单击放置颜色图例，如图 3-116 所示。完成样例参见文件夹"项目 3-2-1-2"文件。

图　3-114

图　3-115

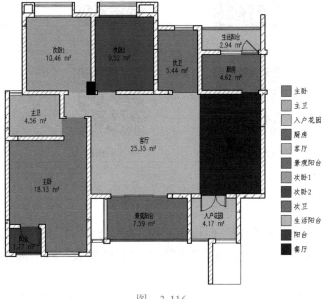

图　3-116

3.2.2　明细表

任务描述

Revit 软件中的明细表能够提取项目中图元的数量、材质等相关信息，并帮助用户管理项目信息。本节的主要任务是学会使用明细表完成项目统计的工作。

案例：完成如图 3-117 所示窗明细表。

窗明细表

名称	编号	洞口尺寸/mm		合计	备注
		宽度	高度		
窗作业-双扇推拉窗	C1	1800	400	8	
窗作业-双扇推拉窗	C3	1500	2000	10	
窗作业-双扇推拉窗2	C4	1800	1800	48	
窗作业-双扇推拉窗2	C5	2100	1800	24	
窗作业-四扇推拉窗	C2	2100	400	8	
窗作业-四扇推拉窗2	C6	2800	2400	24	

总计: 122

图　3-117

任务分解

任务	生成明细表	修改明细表	导出明细表
知识点	1. 明细表的种类 2. 明细表的生成	3. 字段 4. 过滤器 5. 排序、成组 6. 格式 7. 外观 8. 明细表计算值的应用	9. 导出明细表 10. 保存明细表
视频学习	生成明细表 明细表计算值的应用	明细表属性 导出明细表	修改明细表上下文选项卡

知识学习

1. 明细表的种类

单击"视图"选项卡→"创建"面板→"明细表"命令，其下方有"明细表/数量""图形柱明细表""材质提取""图纸列表""注释块""视图列表"六个选项，它们的主要用途如下：

明细表/数量：该明细表是用途广泛的明细表之一，用于统计各类别图元实例的名称、数量和关键属性等内容，如图 3-118 所示的墙体明细表。

<B_外墙明细表>				
A	B	C	D	E
族与类型	面积（平方米）	体积（立方米）	合计	功能
基本墙:外部 - 带砖与金属立	186.40	65.24	5	外部
基本墙:常规 - 90mm 砖	140.93	12.67	4	外部
总计:9	327.33	77.91		

图　3-118

材质提取：明细表 / 数量明细表以实例为单位，若要查看各实例的材质组成，可用材质提取明细表进行统计，如图 3-119 所示。

<墙材质提取>				
A	B	C	D	E
类型	材质:面积	材质:体积	合计	功能
外部 - 带砖与金属立	0.68	0.10	1	外部
外部 - 带砖与金属立	0.68	0.06	1	外部
外部 - 带砖与金属立	0.68	0.01	1	外部
外部 - 带砖与金属立	0.68	0.05	1	外部
外部 - 带砖与金属立	0.68	0.00	1	外部
外部 - 带砖与金属立	0.68	0.01	1	外部
总计:6	4.06	0.24	6	

图　3-119

图形柱明细表：图形柱明细表是特殊的明细表，以可视化的方式统计项目中柱子的高度和位置（图 3-120）。

标高 2							标高 2
4000							4000
标高 1							标高 1
0							0
柱位置	1 (-2258)-2 (-625)	1 (-2258)-2 (-2640)	1 (-2258)-2 (-4933)	1 (-2258)-2 (-6671)	3 (1181)-4 (2918)	3 (2988)-4 (2918)	3 (5107)-4 (2918)

图　3-120

图纸列表和视图列表：图纸列表和视图列表可以快速统计项目中图纸和视图的信息，主要用来创建图纸目录等。

注释块：注释块明细表可统计项目中各二维符号的使用情况。

2. 明细表的生成

制作明细表，应单击要生成的明细表种类（如"明细表 / 数量"选项），软件将弹出"新建明细表"对话框，提示选择需要统计的"类别"，接着再把该类别下相应字段添加进明细表中作为明细表的列内容，如图 3-121 所示，即可生成明细表。

图　3-121

注意：不同类别的图元的参数结构差异很大，因此只有定义好类别后，才能找到对应的参数，如果选择多类别明细表，其后可选的字段将是各类别的通用参数。

3. 字段

生成明细表后，单击"属性"面板"字段"后的"编辑"按钮，能对明细表字段进行调整（添加、删除字段、调整字段顺序），如图 3-122 所示。

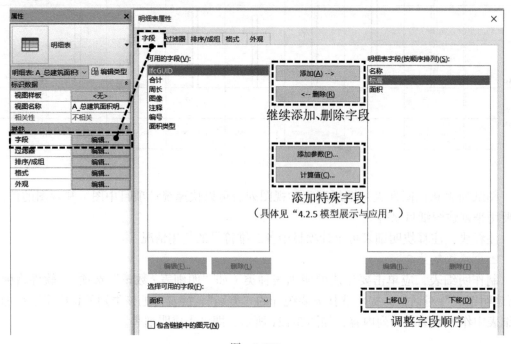

图　3-122

4. 过滤器

单击"属性"面板"过滤器"后的"编辑"按钮，可为明细表添加过滤条件，如图 3-123 所示，明细表将根据过滤器的限制，对不满足要求的数据行进行隐藏，不统计在明细表中。

图 3-123

5. 排序、成组

单击"属性"面板"排序/成组"后的"编辑"按钮，能对明细表中的数据的显示和排序方式进行具体设置。

排序：可将数据先按某一字段值进行排序，相同值的情况下，再按其他字段值排列，如图 3-124 所示，这样能保证数据行的整齐清晰。

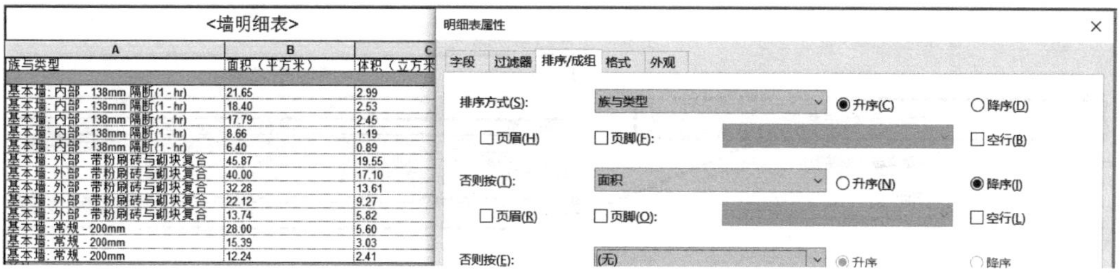

图 3-124

页眉或页脚：在排序方式下勾选"页眉"或"页脚"后，可使排序后的图表分隔显示，如图 3-125 所示。

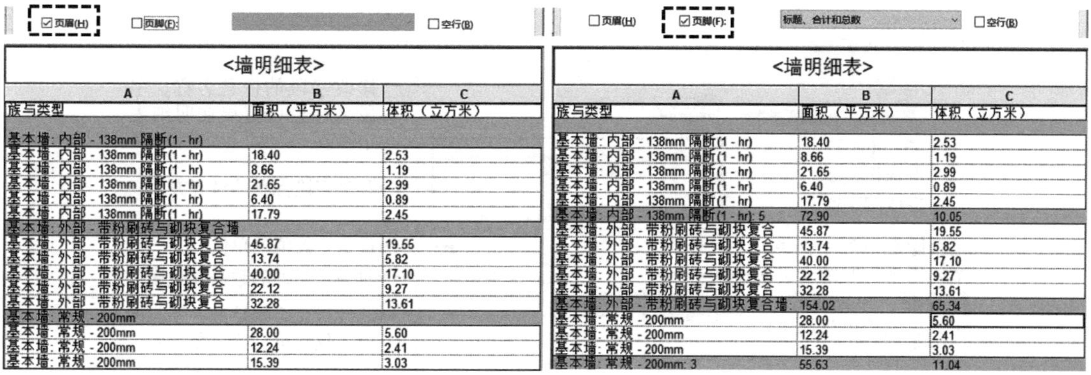

图 3-125

成组：当勾选了"排序/成组"面板中的"逐项列举每个实例"选项时，数据行将逐一显示在明细表中；取消勾选"逐项列举每个实例"选项后，明细表将会把排序信息一致的数据行合并显示，如图 3-126 所示。

总计：勾选"总计"选项后，在明细表最下方将出现汇总行，提供汇总数据的显示位置，如图 3-127 所示。

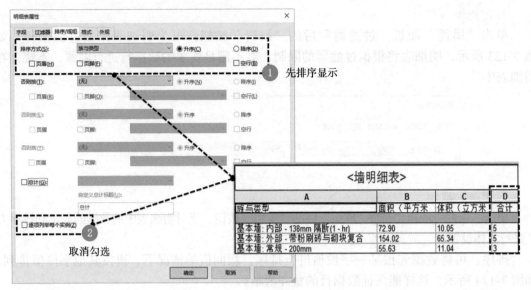

图 3-126

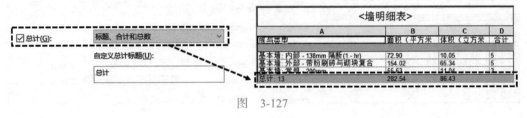

图 3-127

6. 格式

单击"属性"面板"格式"后的"编辑"按钮,能对明细表中各字段的名称、单位等内容进行更深入的设置,如图 3-128 所示。

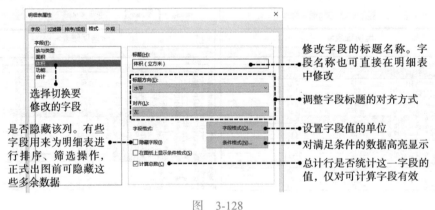

图 3-128

7. 外观

单击"属性"面板"外观"后的"编辑"按钮,可修改明细表在图纸中所显示的网格线样式和字体样式(这些样式有些并不会在明细表视图中显示),如图 3-129 所示。

在明细表视图的上下文选项卡中,"标题和页眉"和"外观"面板中的命令(图 3-130)可单独调整明细表标题栏和字段名称的字体、底色和边界等细节。

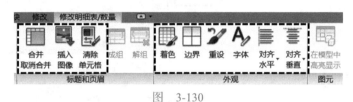

图 3-129

图 3-130

框选中两列以上的字段名称,可单击"修改明细表 / 数量"上下文选项卡→"标题和页眉"面板中的"成组"命令,将字段合并为一组,如图 3-131 所示。

"修改明细表 / 数量"上下文选项卡中的"行"和"列"面板可对行列进行添加、尺寸调整、删除和隐藏等操作,如图 3-132 所示。

注意: 直接删除行将影响到项目中的模型。

图 3-131

图 3-132

8. 明细表计算值的应用

在明细表中,"计算值"能对已有字段进行计算,在"明细表属性"面板中单击计算值"f_x"按钮,在弹出的"计算值"对话框中,可定义新字段的名称、数据类型和计算公式,如图 3-133 所示,单击"确定"后,明细表将增加一列用以显示计算结果。

9. 导出明细表

明细表能通过应用程序菜单中的"导出"命令(图 3-134)将数据导出成 txt 文本(可直接复制粘贴到 Excel 表格中使用)。

10. 保存明细表

用户可以将制作好的明细表格式保存下来,供下一个项目直接使用。其操作方法是:在"项目浏览器"用鼠标右键单击明细表,选择"保存到新文件"中,如图 3-135 所示,可将明细表单独保存成项目文件。

图 3-133

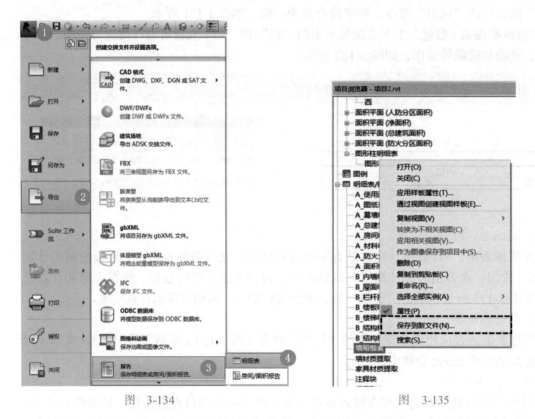

图 3-134   图 3-135

新项目中要使用该明细表, 可以单击 "插入" 选项卡→ "导入" 面板→ "从文件插入"

命令，选择"插入文件中的视图"，选择单独保存的明细表项目文件（或直接选择带有明细表的项目文件），在"插入视图"对话框中，选中需要载入的明细表即可，如图 3-136所示。

图 3-136

案例示范

（1）打开本节文件夹中"项目 3-2-2-1"文件。

（2）单击"视图"选项卡→"创建"面板→"明细表"命令下三角形按钮，选择创建"明细表 / 数量"选项，在弹出的"新建明细表"对话框中，选择类别为"窗"，修改名称为"窗明细表"，如图 3-137 所示，单击"确定"创建窗明细表。

图 3-137

（3）创建明细表后，将弹出"明细表属性"对话框。在"字段"选项卡内，将"可用的字段"内的"族""类型""宽度""高度""合计"与"说明"添加到"明细表字段"内。并将其顺序用"上移""下移"按钮改为如图 3-138 所示，单击"确定"创建明细表。

（4）创建明细表后，绘图区域将切换至明细表视图。单击"属性"面板中"排序 /成组"后的"编辑"按钮，在弹出的"明细表属性"对话框的"排序方式"中选择先按"族"、再按"类型"排序，勾选"总计"选项，并取消勾选"逐项列举每个实例"，如图 3-139 所示。

（5）单击明细表中字段名称可对其进行重命名，将窗明细表字段名称中"族"改为"名称"，"类型"改为"编号"，"说明"改为"备注"，如图 3-140 所示。

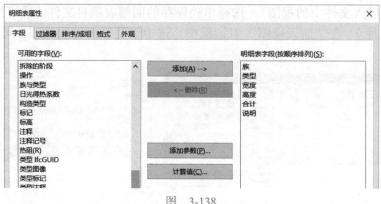

图 3-138

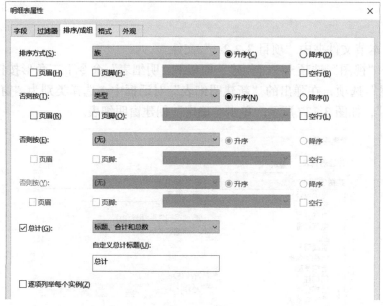

图 3-139

A	B	C	D	E	F
名称	编号	宽度	高度	合计	备注

图 3-140

（6）按住鼠标拖拽，多选中宽度与高度两个字段名称，单击"修改明细表/数量"选项卡→"标题和页面"面板→"成组"命令。"宽度"与"高度"名称上将出现一合并单元格，在单元格中输入"洞口尺寸/mm"，如图 3-141 所示。

A	B	C	D	E	F
名称	编号	洞口尺寸/mm		合计	备注
		宽度	高度		

图 3-141

（7）单击"属性"面板中"外观"后的"编辑"按钮，在弹出的"明细表属性"对话框中，取消勾选"数据前的空行"，如图 3-142 所示。

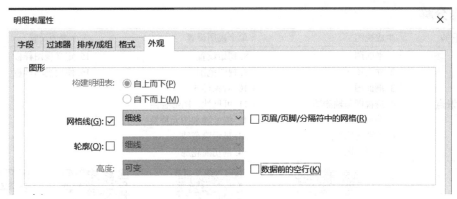

图 3-142

（8）调整数据在表格中的对齐方式，完成明细表的绘制，完成样例参见文件夹中"项目 3-2-2-2"文件。

3.3 图纸创建

3.3.1 视图设置

任务描述

在 Revit 软件中，模型是唯一的，因此对模型的修改将影响各个视图。但在每个视图中，模型的显示方式具有很大的调整空间，可以显示或隐藏不同类别的图元，设置视图的比例、精度、显示方式和图元样式等内容，使其满足不同图纸和展示的需要。本节的主要任务是通过学习对视图的设置，为施工出图做准备。

案例：完成如图 3-143 所示立面、剖面、墙身大样等视图出图前设置。

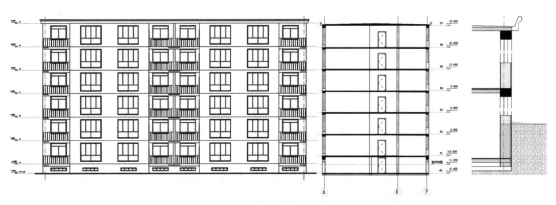

图 3-143

任务分解

任务	生成视图	单个视图设置	多个视图设置
知识点	1. 平面图 2. 立面图 3. 剖面图 4. 透视图与轴测图 5. 图例视图 6. 绘图视图 7. 复制视图	8. 初始设置 9. 视图范围 10. 对象样式 11. 可见性、图形替换 12. 线处理和图元替换 13. 显示隐藏线 14. 剖切面轮廓	15. 定义视图样板 16. 使用视图样板
视频学习	复制视图 & 生成视图　　生成视图 & 范围框　　初始设置　　视图范围 对象样式 & 可见性、图形替换　　视图属性面板　　显示隐藏线 & 剖切面轮廓　　视图样板		

知识学习

1. 平面图

绘制标高时，在选项栏中勾选"创建平面视图"并定义了平面图的类型后（图 3-144），相应平面图将随标高的绘制而自动创建。

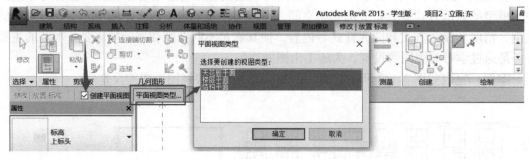

图　3-144

复制和阵列的标高不会同时生成平面视图，此时可单击"视图"选项卡→"创建"面板→"平面视图"命令旁三角形按钮，选择需要创建的平面视图（图 3-145），在弹出的对话框中选择相应的标高即可。创建好的视图能在项目浏览器中查看。

2. 立面图

要创建立面视图，可单击"视图"选项卡→"创建"面板→"立面"命令，在绘图区域中相应位置放置立面主体符号。选中立面符号后，在其四周会出现立面指针的预览，勾选相应方框（图 3-146），即可创建朝向该方向的立面视图；反之取消勾选后，相应视图也将被删除。

图　3-145

选中立面指针，指针上的实线代表立面开始的范围，虚线代表立面结束的范围（图 3-147）。它们可以被鼠标拖动，建筑只有位于该范围内，才能得到立面图。

图　3-146　　　　　　　　　　　　图　3-147

3. 剖面图

要创建建筑的剖面图，可单击"视图"选项卡→"创建"面板→"剖面"命令，在模型上绘制一条直线，即可创建此处的剖切视图。选择剖面符号后，符号旁的淡蓝色控件能修改剖面的方向、范围与剖面标记等内容，如图 3-148 所示。

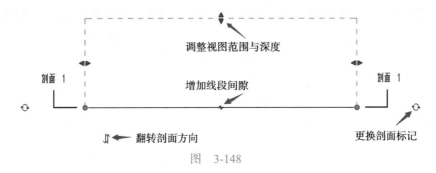

图　3-148

选中剖切符号，单击上下文选项卡中的"拆分线段"命令后，可将鼠标放置在剖切线任意处将其打断并调整局部的剖切位置，如图 3-149 所示。

4. 透视图与轴测图

单击"视图"选项卡→"创建"面板→"三维视图"命令下三角形按钮（图 3-150），"默认三维视图"能创建模型默认的三维轴测图，"相机"能制作模型的透视图，创建方法详见"3.1.2 渲染"。

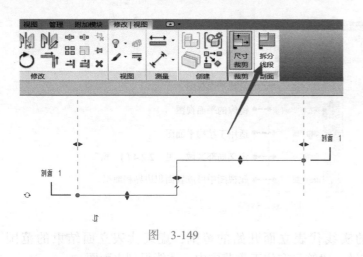

图 3-149　　　　　　　　　　　　　　图 3-150

5. 图例视图

单击"视图"选项卡→"创建"面板→"图例"命令，可创建图例视图。图例构件只可以在该视图中进行放置。

6. 绘图视图

单击"视图"选项卡→"创建"面板→"绘图视图"命令，可创建绘图视图。绘图视图是一个空白的面板，可以将图片、图集放置在视图中，也可以绘制任意示意图，通过多元的信息完善项目展示角度。

7. 复制视图

除了新创建视图，也可以将已有视图复制。要复制视图可以单击"视图"选项卡→"创建"面板→ 复制视图"命令，或在"项目浏览器"中鼠标右键单击需要复制的视图，选择"复制视图"选项。复制视图有"复制视图""带细节复制"和"复制作为相关"三个选项可供选择，如图 3-151 所示，其中"复制视图"选项只复制模型，不复制尺寸、文字、标注等视图专有图元；"带细节复制"将同时复制模型和视图专有图元；"复制作为相关"指视图复制完后二者仍相关联，在某一视图上的设置将同时影响到另一视图。

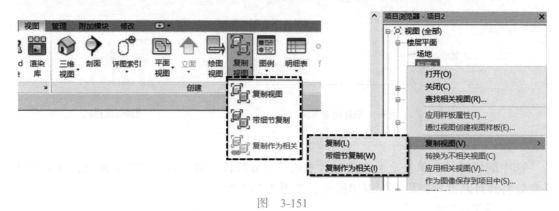

图　3-151

8. 初始设置

出图前，应在视图"属性"面板或视图控制栏中，将视图调整到合适的比例、详细程度和视觉样式（通常工程图纸可将视觉样式设置为"隐藏线"模式，方案图纸可用"着色"或

"真实"模式增加色彩效果，有时"打开阴影"也能增强视觉效果），如图 3-152 所示。

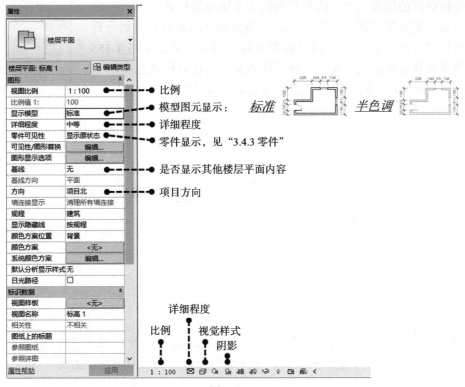

图　3-152

9. 视图范围

不同图纸有各自的展示内容，如总图、建筑平面图或某一空间的平面布置图等，当视图内容多于展示内容时，就需要对视图显示的范围进行设定。

在"属性"面板或是视图控制栏中，可以切换显示或隐藏裁剪框，如图 3-153 所示，选中裁剪框可以调整框的大小和位置。

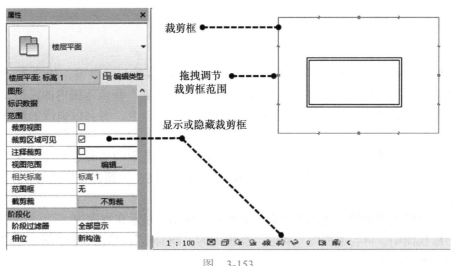

图　3-153

选中裁剪框，在上下文选项卡里的"编辑裁剪"和"尺寸裁剪"命令（图 3-154）中可以修改裁剪框的精确尺寸，或将其编辑为非矩形的样式。

单击裁剪框视图折断"╌"符号，可将裁剪区域划分开，划分开的区域能通过拖拽中心"↔"符号将视图移动得更紧凑，如图 3-155 所示，当两个裁剪框碰到一起时，分开的裁剪框将恢复原状态。

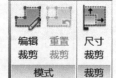

图　3-154

如图 3-156 所示，用户可以选择模型是否被裁剪框所裁剪。

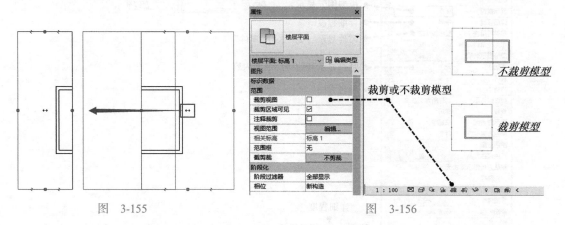

图　3-155

图　3-156

勾选"属性"面板中"注释裁剪"选项，实线裁剪框外将出现一个虚线的裁剪框（图 3-157），实线裁剪框不能裁剪注释，但虚线框可裁剪视图中的注释图元。

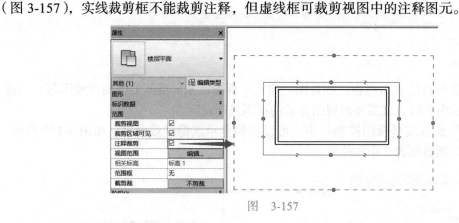

图　3-157

"属性"面板中"视图范围"可用来调节平面视图的高度显示范围，如图 3-158 所示。通常，楼层平面视图显示的主要是"剖切面"的高度到"底"高度范围内的模型；如果有橱柜等特殊类别的族在"顶"高度以下、"剖切面"高度以上，将会以虚线的形式显示在视图中。

从"顶"到"底"是视图的"主要范围"。超出主要范围的图元如果在"底"高度以下、"视图深度"范围内，将以"超出"的状态显示在视图中（超出线样式可在"线样式"中修改）。

不在视图的主要范围和视图深度之内的图元，将不会显示在视图中。

在三维视图中，可勾选视图"属性"面板中的"剖面框"，如图 3-159 所示，将模型剖切开来方便编辑和展示。

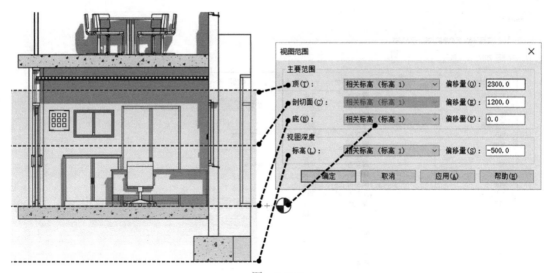

图　3-158

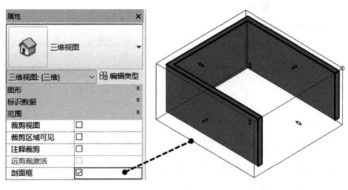

图　3-159

10. 对象样式

在 Revit 软件中，模型在非"真实"和"光线追踪"显示样式下是由线和填充图案组成的，线和填充图案又分为表面和截面两种状态，以墙体为例，其组成如图 3-160 所示。线主要有可见性、宽度、颜色和线型几种属性；填充图案主要有可见性、图案、颜色等几种属性。

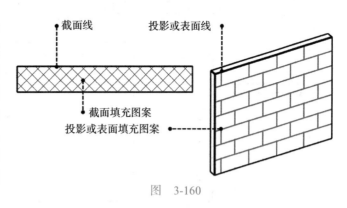

图　3-160

在未定义其他视图设置前，图元的填充图案样式来自于其材质的设置，图元的线样式来自于项目中"对象样式"的设置情况。

单击"管理"选项卡→"设置"面板→"对象样式"命令可打开"对象样式"设置对话框（图 3-161），"对象样式"对话框能设定不同图元类别及子类别在项目中的线框样式和默认材质等内容。其修改是针对整个项目的设定。

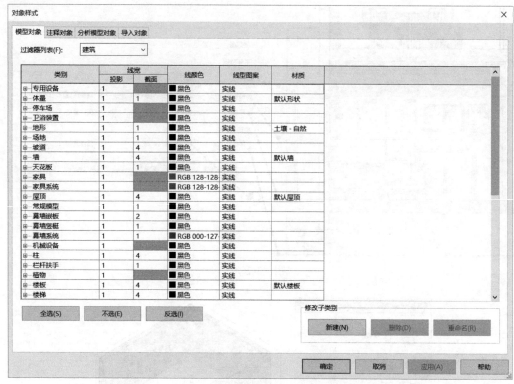

图　3-161

11. 可见性、图形替换

"对象样式"对模型的定义会影响到所有视图，但视图也可单独定义本视图的独特样式。在视图的"属性"面板中，可以打开"可见性 / 图形替换"对话框，如图 3-162 所示，这里可对本视图中各类别的显示样式进行替换。

图　3-162

除此之外，在"可见性 / 图形替换"对话框中，还能根据墙体、楼板等层结构图元的各层功能分别定义线样式，如图 3-163 所示。

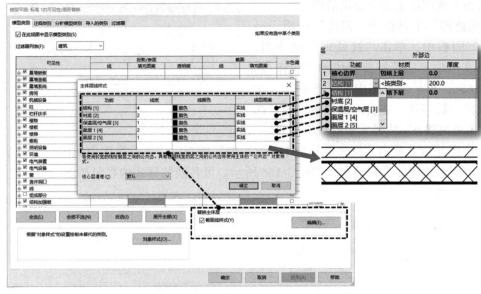

图 3-163

为使视图中某些满足条件的图元高亮显示，"可见性 / 图形替换"对话框中的"过滤器"工具可以将本视图符合一定条件的图元单独设定特殊样式。要设定过滤器，可打开对话框中"过滤器"面板，新建一个过滤器并指定调节内容，然后再添加这个过滤器，并设定显示样式，如图 3-164 所示。

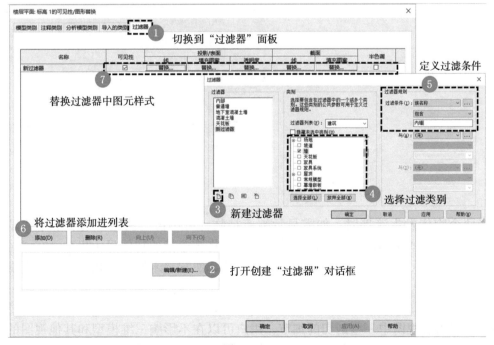

图 3-164

12. 线处理和图元替换

除上述设置图元的样式外，通过"线处理"和"图元替换"功能可将图元进行单独设置，增加了视图设定的自由灵活性。

"线处理"工具位于"修改"选项卡→"视图"面板中，单击"线处理"命令后，在上下文选项卡中选择要替代的"线样式"（图 3-165），再单击视图中的任意轮廓，轮廓样式将会被替代。在实际操作中，通常选择"< 不可见线 >"线样式来隐藏不需要显示的模型线。

图　3-165

选中图元后，单击"修改"选项卡→"视图"面板→"替换视图中的图形"命令，可将选定的图元或图元类别替换，如图 3-166 所示，可替换的样式内容包括表面线、截面线、填充图案及透明度等。

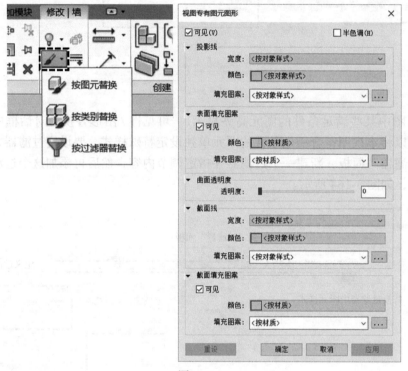

图　3-166

13. 显示隐藏线

当两个物体发生遮挡时，如需显示被遮挡物，可单击"视图"选项卡下"显示隐藏线"命令，再依次单击遮挡和被遮挡物体，可将被遮挡的物体显示出来。在"对象样式"对话框中，可设置该类别图元的隐藏线样式，使它与未遮挡的线样式有所区别，如图 3-167 所示。

14. 剖切面轮廓

为表现当前视图中一些剖切的细节，用户可以在不影响三维模型和其他视图的基础上，用"剖切面轮廓"工具对截面细节进行细化，如图 3-168 所示。

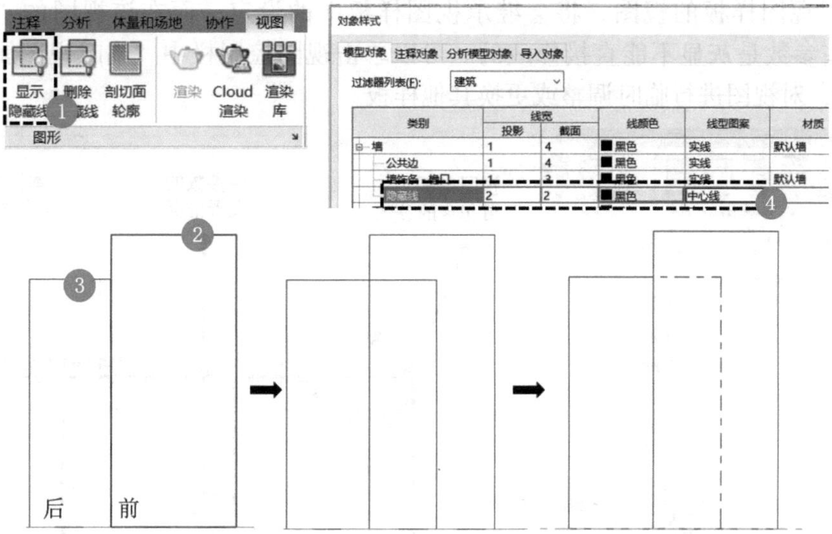

图　3-167

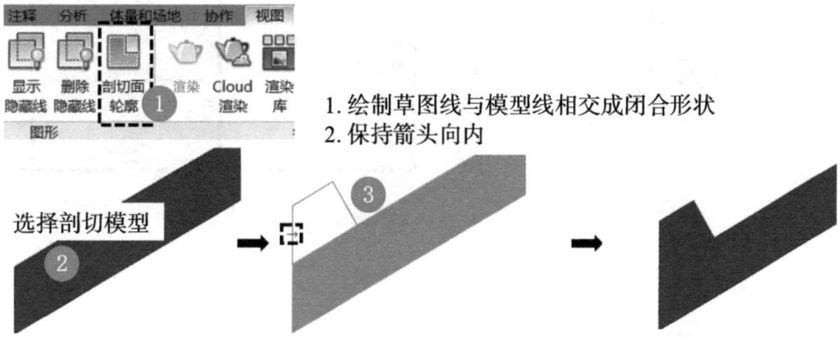

1. 绘制草图线与模型线相交成闭合形状
2. 保持箭头向内

选择剖切模型

图　3-168

15. 定义视图样板

除对象样式外，上述对视图的设置绝大部分只针对单一视图，而待出图的视图在设置上大部分具有一致性，为提高出图效率，可以在设置好一张视图后将其定义为标准样板，其他视图只要选用该样板便可继承标准视图的设置。

要定义视图样板，可以先打开定义好的视图，单击"视图"选项卡→"图形"面板→"视图样板"命令→"从当前视图创建样板"选项。在定义好名称后，在弹出的"视图样板"对话框右侧，可以看到新建样板的具体设置情况。通常，样板能包含视图设置中比例、详细程度、显示样式、可见性与图形替换（具体到各面板）等各项内容，但可以只将部分设置作为样板的标准，从而允许其他视图在部分参数上保留自身设定，如图 3-169所示。

样板创建完成后，单击"视图"选项卡→"图形"面板→"视图样板"命令→"管理视图样板"选项，可再次打开"视图样板"对话框，选中视图样板并对其做出编辑和修改。

16. 使用视图样板

要为其他视图选择视图样板，可以单击视图"属性"面板中"视图样板"中按钮（图 3-170），在弹出的"视图样板"对话框中，按名称选择合适的样板单击"确定"即可。

确定了视图样板的视图，将会继承视图样板中的设定，而在该视图的"属性"面板中，这些参数是灰显不能直接修改的。可以单击视图控制栏中"临时视图属性"按钮（图 3-171），对视图进行临时调整或更换其他样板。

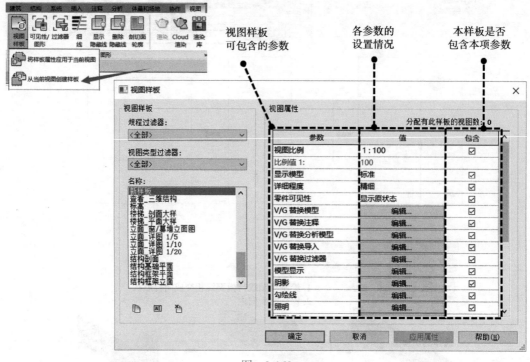

图　3-169

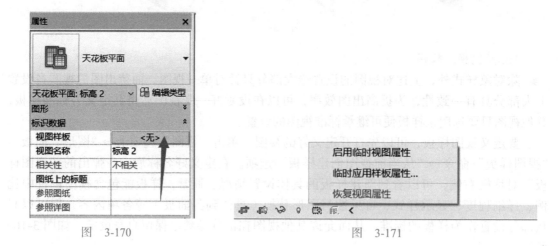

图　3-170　　　　　　　　　　　　　　　图　3-171

案例示范

（1）打开文件夹中"项目 3-3-1-1"文件。

（2）在楼层平面视图中，单击"视图"选项卡→"创建"面板→"立面"命令，在建筑四个方向放置立面符号，如图 3-172 所示，通过单击立面指针的选择框，确保立面指针朝向建筑。

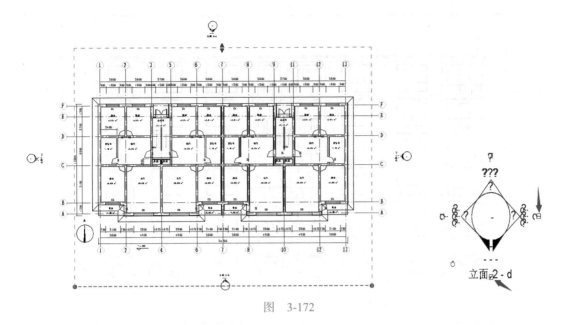

图　3-172

（3）依次选择四个立面指针，在"属性"面板中将其"视图名称"分别修改为"东""西""南""北"，再确保指针范围包住全部建筑，如图 3-173 所示。

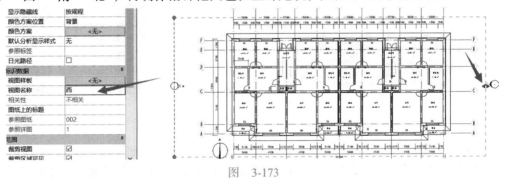

图　3-173

（4）在"项目浏览器"中，能找到新创建的四个立面。单击进入任意一个视图，调整"视图比例"为"1∶50"；"详细程度"为"精细"；"视觉样式"为"隐藏线"模式，如图 3-174 所示。

图　3-174

（5）调整视图裁剪框的范围，使其包含整个建筑（图 3-175）。调整完毕后，单击视图控制栏中"隐藏裁剪区域"按钮，将裁剪框隐藏。

（6）打开视图"属性"面板中"可见性/图形替换"对话框，取消勾选"模型类别"面板中"地形""场地"和"植物"类别的可见性。

（7）只保留两端轴线，选中中间其他轴线，单击鼠标右键，做"隐藏图元"操作，按照同样的方式隐藏建筑的散水和标高"−F1"。

（8）单击"注释"选项卡→"详图"面板→"构件"命令，选择"立面底线"族类型将其放置在室外标高处，并拖拽其控制柄，使其遮挡住建筑地面下的部分，如图 3-176 所示。

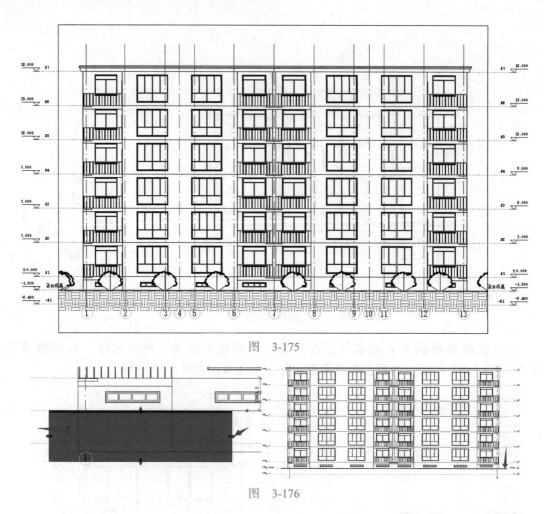

图　3-175

图　3-176

（9）单击"视图"选项卡→"视图样板"命令→"从当前视图创建样板"选项，新建"立面样板"，打开"视图样板"对话框后，不做其他修改，直接单击"确定"按钮，如图 3-177 所示。

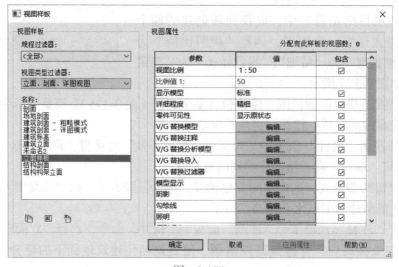

图　3-177

（10）多选中其他三个立面视图，在视图"属性"面板中，单击"视图样板"旁的"＜无＞"按钮，选择应用新建的"立面样板"，如图 3-178 所示。

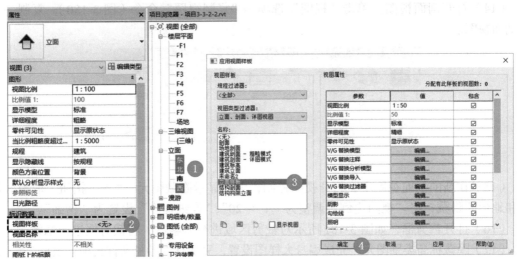

图 3-178

（11）切换至其他视图中，将这些视图的不需要显示的裁剪框、中间轴网、−F1 标高、散水等内容隐藏；再为视图加上"立面底线"详图构件，完成立面视图设置（后续还需为视图添加尺寸和文字标注，见下文）。

（12）切换至"F1"楼层平面视图，单击"视图"选项卡→"剖面"命令，自下而上在 5 号和 6 号轴线之间绘制一根剖切线，选择剖切线并在"属性"面板中修改"视图名称"为"1"，如图 3-179 所示。修改完成后双击蓝色一端标头标记进入剖面视图。

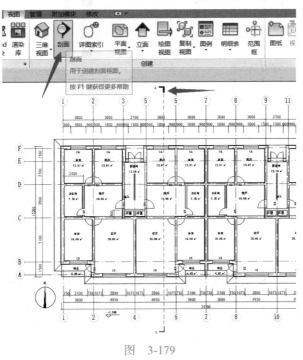

图 3-179

（13）按照之前方式，隐藏视图中"地形""场地""植物"裁剪框和散水；隐藏 B、C、E 号轴线；设置视图的"详细程度"为"粗略"，完成剖面视图设置。

（14）打开剖面视图，单击"视图"选项→"复制视图"命令（图 3-180），复制一个新剖面视图。

图　3-180

（15）在新的剖面视图中，打开视图控制栏中"显示隐藏图元""⑨"按钮，取消对散水和地形的隐藏；将"视图比例"调整为"1∶20"；"详细程度"设置为"精细"。

（16）打开裁剪框，如图 3-181 所示对裁剪区域进行调整后，将裁剪框进行隐藏。

（17）隐藏标高类别图元，完成墙身大样图设置，完成样例参见文件夹中"项目 3-3-1-2"文件。

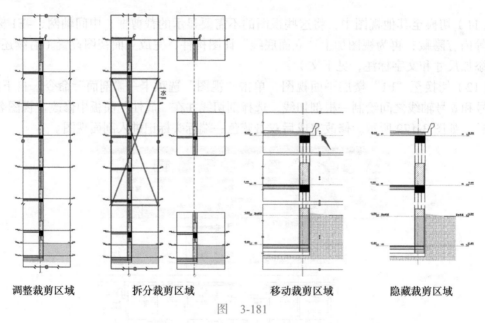

調整裁剪区域　　　　拆分裁剪区域　　　　移动裁剪区域　　　　隐藏裁剪区域

图　3-181

3.3.2　标注注释

任务描述

对图元进行标注和注释是进行图纸深化的重要步骤，要以严谨和规范的态度进行标注和注释操作，要处处体现职业素养和精益求精的工匠精神。本节的主要任务是掌握标注图元以及从二维上深化模型的方式。要注意的是，本节所涉及的各类注释、详图都是视图专有图元，只属于该视图，而在其他视图中不可见。

案例：绘制如图 3-182 所示节点详图。

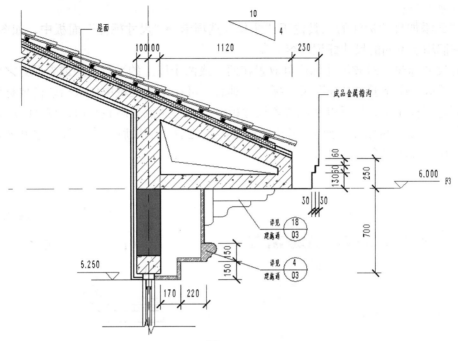

图　3-182

任务分解

任务	标注尺寸	标注文字	绘制详图大样
知识点	1.添加尺寸标注 2.修改尺寸标注	3.文字 4.标记 5.符号	6.详图绘制 7.图例
视频学习	添加尺寸标注 文字 详图绘制	修改尺寸标注 标记 公制详图项目族 & 详图线样式	标注的实例属性和类型属性 符号 图例

知识学习

1. 添加尺寸标注

为图元添加尺寸标注的工具位于"注释"选项卡→"尺寸标注"面板中，如图 3-183 所示，它们用于不同的尺寸标记内容。

对齐尺寸标注：对齐尺寸标注可放置在两个或两个以上的平行参照或参照点之间，如图 3-184 所示。选择了"对齐"尺寸标注工具后，可在绘图区域中依次拾取需要标注的点或参照面进行标注（如果可以在此放置尺寸标注，该参照点会高亮显示，按 <Tab> 键可以在不同的参照点之间循环切换），当选择完参照点之后，从最后一个构件上移开光标并单击，对齐尺寸标注将会显示出来。

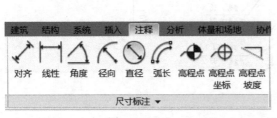

图 3-183

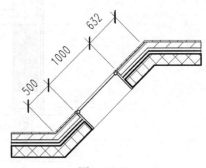

图 3-184

在选项栏里，有标注墙体的优先选择设置（图 3-185），可供选择的选项有"参照墙中心线""参照墙面""参照核心层中心"和"参照核心层表面"。如选择"参照墙中心线"，将光标放置于某面墙上时，光标将首先捕捉该墙的中心线。

除了依次拾取单个参照点进行标注外，对齐尺寸标注还可一次性拾取整个墙，自动标注墙身洞口、相交轴网和相交墙等。如需自动标注，可在选项栏中选择拾取"整个墙"后再打开"选项"，在"自动尺寸标注选项"对话框中对需自动拾取的参照点进行设定，如图 3-186 所示。

图 3-185

图 3-186

对齐尺寸标注可以标注多个参照点。如要添加或删除参照点，可选中尺寸标注，单击上下文选项卡中的"编辑尺寸界线"后，再次拾取参照点进行标注，此时标注拾取过的参考点或参照面会蓝色高亮显示，单击这些高亮参照点，将取消对它的标注。

线性尺寸标注：线性尺寸标注与对齐尺寸标注的区别在于，线性尺寸标注是与视图的水平轴或垂直轴对齐的，如图 3-187 所示。

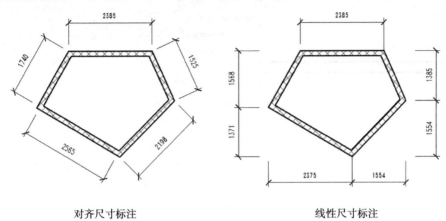

对齐尺寸标注   线性尺寸标注

图　3-187

角度、径向、直径、弧长尺寸标注工具：如图 3-188 所示，"弧长"是用来标注曲线长度的工具，"径向"（半径）和"直径"尺寸标注可以用来标注圆的大小，"角度"工具用来标注参照面之间的夹角。

高程点、高程点坐标、高程点坡度：如图 3-189 所示，"高程点"工具可用来标注拾取点所在的项目高度；"高程点坐标"工具可用来识别点相对于项目基点的位置；"高程点坡度"工具能读取并标注屋顶等斜面坡度。

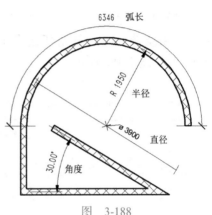

图　3-188

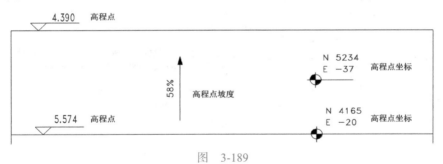

图　3-189

2. 修改尺寸标注

在视图上选中标注后，标注上将出现淡蓝色控制柄，可对标注进行调整，如图 3-190 所示。

在视图中双击尺寸标注的文字，可打开"尺寸标注文字"对话框，对标注的内容进行替换（但不能直接修改数值），如图 3-191 所示。

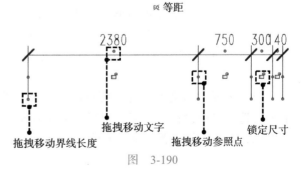

图　3-190

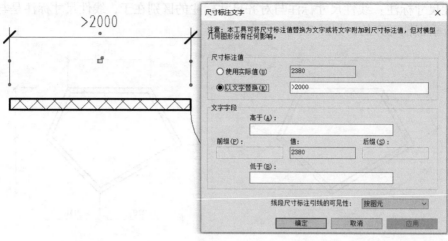

图　3-191

　　要修改标注的颜色、字体、线样式等，可选中标注后在"类型属性"面板中修改。标注是系统族，可以复制新建多个类型以供不同条件下使用，其中主要参数的作用如图 3-192、图 3-193 所示。

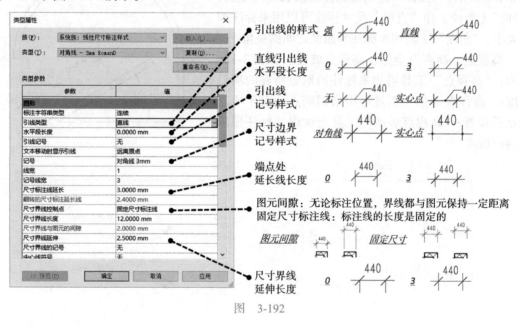

图　3-192

　　在修改尺寸标记样式的类型属性时，各种记号的样式是通过选择完成的，如选项里没有合适的内容或者需要对它们进行修改，可打开"管理"选项卡→"设置"面板→"其他设置"命令→"箭头"选项，新建箭头类型或修改箭头的参数属性，如图 3-194 所示。

　　3. 文字

　　要对图元进行文字注释，可单击"注释"选项卡→"文字"面板→"文字"命令，在上下文选项卡中设置好文字的引线、引线方向以及对齐的方式等内容后（图 3-195），可单击鼠标在绘图区域放置文字，并输入内容。

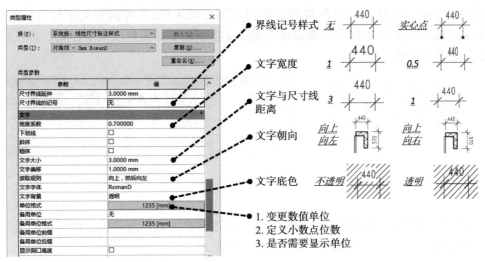

图　3-193

图　3-194

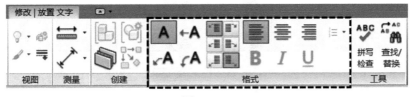

图　3-195

选中文字后，拖拽文字旁出现的蓝色控制柄（图 3-196）可调整文字与引线的位置，在上下文选项卡中（图 3-197），能添加或删除文字引线。如需修改文字样式，可在其"属性"面板中进行修改。

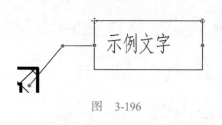

图 3-196   图 3-197

4. 标记

与文字命令不同，标记对模型的标注不是通过键盘输入标注内容，而是主动提取模型中已有的信息进行标注，并随着模型的改变而改变文字内容。

标记的命令位于"注释"选项卡→"标记"面板中（图 3-198），其放置方式可归纳为"拾取对象→放置标记"。标记提取的图元属性，取决于标记族中标签的定义（详见"3.5.3 二维族"）。

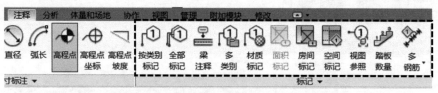

图 3-198

按类别标记：激活"按类别标记"命令，单击选项栏中"标记…"按钮，在"载入的标记和符号"对话框中可查看和修改项目文件中为不同类别选用的标记族，如图 3-199 所示，标记工具将根据拾取图元的类别为其选用对话框内相应的标记族。同时，在选项栏里还能对引线和文字方向进行设置。

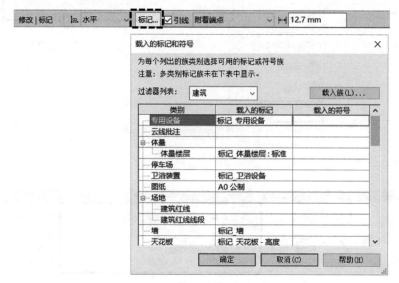

图 3-199

全部标记："按类别标记"工具必须逐一拾取图元进行标记放置，当图元过多时，"全部标记"命令能统一标记视图中某类图元，如图 3-200 所示。

多类别标记："多类别"标记是一种特定的标记族，它不以图元类别作为依据，能提取各类别图元中共有的某项参数值，但可供标记的参数较少。

材质标记：上述标记是以实例为单位拾取的，当一个实例由不同材质组成时，"材质标记"工具能对这些组成材质分别标注，如图 3-201 所示。

5. 符号

符号命令位于"注释"选项卡→"符号"面板中（图 3-202）。

符号与普通标记、注释的不同之处在于它不需要依赖于其他图元，例如尺寸标注中的"高程点"工具，必须放置在图元上；而在没有图元的时候，可以选择放置标高符号，并直接输入高程，以此来进行示意，如图 3-203 所示。

与直接在项目中绘制详图线和插入文字相比，符号的优势在于能提高绘图效率，并能被明细表列入统计，如图 3-204 所示。

图　3-200

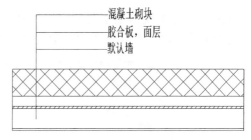

图　3-201

图　3-202

图　3-203

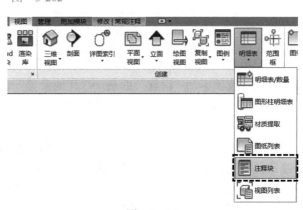

图　3-204

6. 详图绘制

在模型精度不高、只有外形的时候（为了建模的效率，并不是所有的细节都要进行三维建模），可以对模型进行二维的构造说明，如图 3-205 所示。

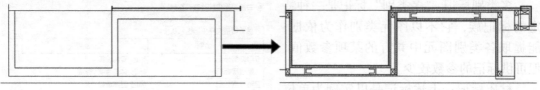

图　3-205

绘制详图的工具位于"注释"选项卡→"详图"面板中，如图 3-206 所示。

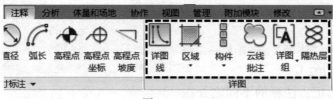

图　3-206

详图线：详图线与模型线的绘制工具和绘制方式大致相同，但详图线只属于本视图，无需设置工作平面。在"线样式"中，可以选择不同的线，如图 3-207 所示。

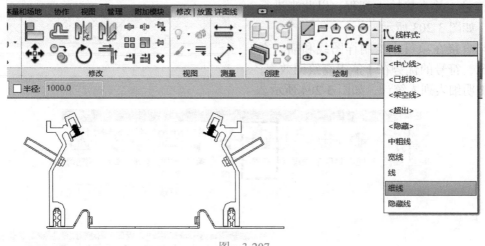

图　3-207

用户可自定义线的样式，作为"线样式"下拉列表中的选项。要定义不同的线，应单击"管理"选项卡→"设置"面板→"其他设置"命令→"线样式"选项，在"线样式"对话框中，新建线的子类别，并定义其线型、宽度和色彩。其中，"线宽"和"线型图案"也可以在"其他设置"命令中自行设定，如图 3-208 所示。

区域："区域"命令下有"填充区域"和"遮罩区域"两个选项，填充区域是可见的，而遮罩区域能将填充区域和模型遮挡起来，如图 3-209 所示。

激活"填充区域"命令后，软件进入编辑模式，此时先用线绘制一个闭合轮廓，再在"属性"面板中选择填充图案，单击"✔"即可完成填充区域绘制，如图 3-210 所示。

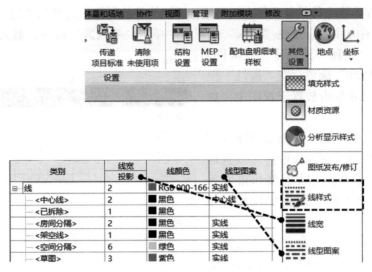

类别	线宽 投影	线颜色	线型图案
⊟　线	2	RGB 000-166-	实线
——〈中心线〉	2	黑色	中心线
——〈已拆除〉	1	黑色	
——〈房间分隔〉	2	黑色	实线
——〈架空线〉	1	黑色	实线
——〈空间分隔〉	6	绿色	实线
——〈草图〉	3	紫色	实线

图　3-208

用户可自定义填充图案的样式，要定义不同的线，应单击"管理"选项卡→"设置"面板→"其他设置"命令→"填充样式"选项，在弹出的对话框内，填充图案的设置方法与"3.1.1 材质"中填充图案定义方式一致，如图 3-211 所示。

"遮罩区域"的绘制方式与"填充区域"相类似，但无需选择填充图案。如需隐藏面域的轮廓线，可将线的"线样式"选择为"＜不可见线＞"。

图　3-209

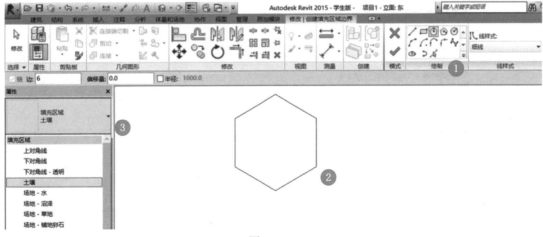

图　3-210

详图组：绘制好的详图线和区域可以通过"详图组"命令成组并放置在本项目的其他视图中使用。

构件：详图面板中的"构件"命令和建筑选项卡里的"构件"命令类似，但详图面板中的"构件"命令专用来放置载入项目的详图二维族。这些二维族是预先绘制好的详图线与填充区域，可保存为族文件供各项目直接调用，详图构件的制作方式参见"3.5.3 二维族"。

要放置详图构件，应先在"插入"选项卡中单击"载入族"命令，载入所需的项目文件，然后单击"注释"选项卡→"构件"命令下"详图构件"选项，在"属性"面板中选择该族，并单击放置于视图中，如图 3-212 所示。

"构件"命令中的"重复详图构件"选项，能根据用户绘制的线段连续放置详图构件。详图构件重复的距离和角度等内容能在"类型属性"面板中设置，如图 3-213 所示。

隔热层："隔热层"命令可以理解为特殊的重复详图构件，重复详图构件需载入详图项目进行重复，隔热层的重复图案属于系统族，可以用参数设置其属性，如图 3-214 所示。

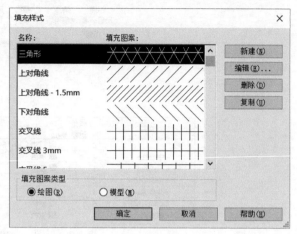

图 3-211

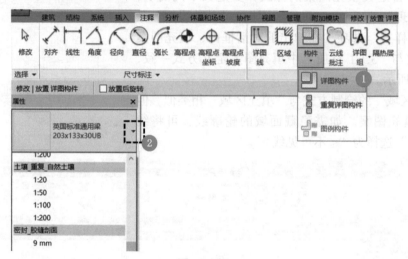

图 3-212

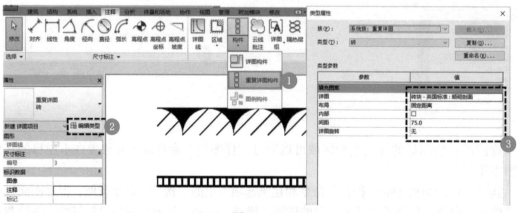

图 3-213

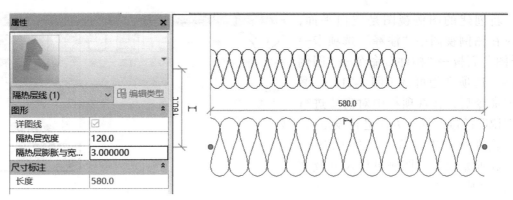

图　3-214

云线标注：在检查图形时，可以使用云线功能亮显标记以提高工作效率。云线可以被标记并统计，如图 3-215 所示。

7. 图例

图例（图 3-216）是用图时必不可少的识读指南，为保证图例的一致性，Revit 提供的图例工具能将族的平、立面样式放置在特定的视图中。

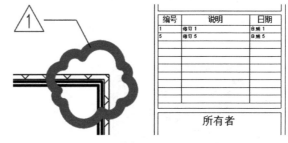

图　3-215

图　3-216

要制作图例，应先创建一个图例视图。单击"视图"选项卡→"创建"面板→"图例"命令→"图例"选项（图 3-217）可以创建图例视图，创建好视图后能在项目浏览器中找到该视图。

图　3-217

新创建的图例视图是空白平面，此时在图例视图中"注释"选项卡→"详图"面板→"构件"命令→"图例构件"选项变为可选（图3-218），激活该命令后，在选项栏中对需要进行图例说明的族及视图方向进行设定后，可单击在视图中放置，如图3-219所示。放置完成后的图例可用尺寸及文字进行相应标注。

图 3-218

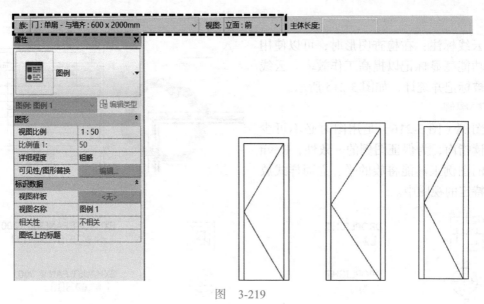

图 3-219

案例示范

（1）打开本节文件夹中"项目3-3-2-1"文件，在"项目浏览器"中打开"详图视图3-3-1"视图，如图3-220所示。这是模型剖切后的原始样式。

（2）将窗永久隐藏，单击"注释"选项卡→"详图"面板→"构件"下拉菜单→"详图构件"命令，在"属性"面板中选择"窗详图"二维族，将其放置在墙中心，如图3-221所示。

（3）单击"注释"选项卡→"详图"面板→"构件"下拉菜单→"重复详图构件"命令，单击"属性"面板中的"编辑类型"按钮，在"类型属性"面板中"复制"新建的"瓦片"类型，选择"详图"为"瓦片"，"间距"为"200"，"详图旋转"为"顺时针90°"，如图3-222所示。设置完毕后，沿屋面最外侧从右向左绘制一根直线，完成瓦片绘制。

（4）单击"视图"选项卡→"剖切面轮廓"命令，选择屋顶保温层，在檐沟处将结构层分开，保持箭头向内，如图3-223所示。

（5）保温层轮廓修改后如图3-224所示。按照同样的方式，用"剖切面轮廓"工具，修改墙体面层与窗的关系，如图3-225所示，保持箭头向内。

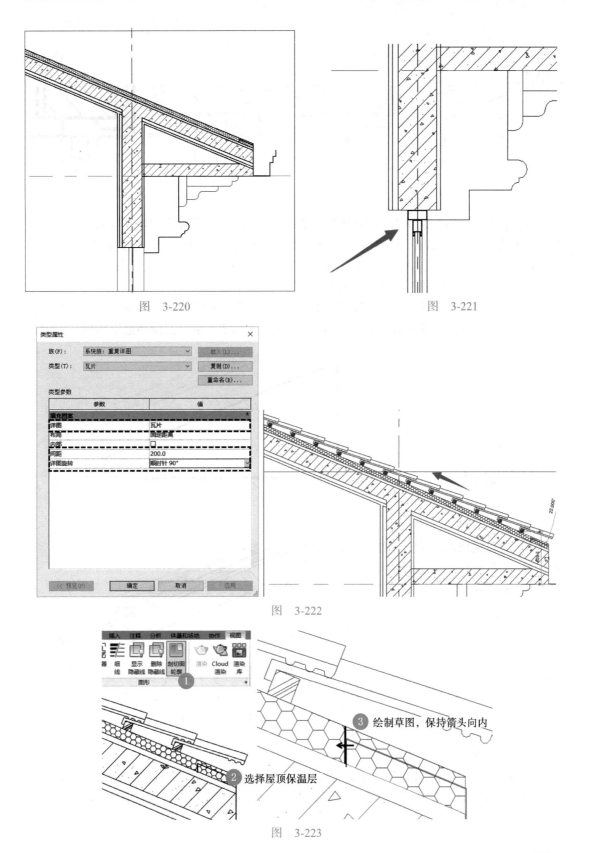

图　3-220

图　3-221

图　3-222

图　3-223

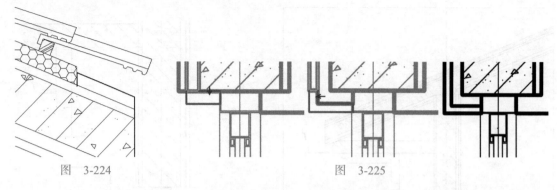

图 3-224   图 3-225

（6）单击"注释"选项卡→"详图"面板→"区域"下拉菜单→"填充区域"命令，在"属性"面板中选择"混凝土 - 钢筋混凝土"类型，在绘图区域中绘制宽度为 120mm 的矩形，如图 3-226 所示，选中右、下边，在上下文选项卡中修改"线样式"为"宽线"，选择上、左边，修改"线样式"为"<不可见线 >"。

（7）单击"注释"选项卡→"详图"面板→"区域"下拉菜单→"遮罩区域"命令，在上下文选项卡中修改"线样式"为"宽线"，在如图 3-227 所示位置绘制遮罩区域。

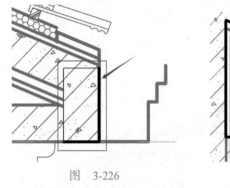

图   3-226

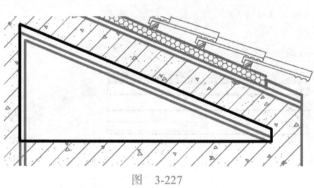

图   3-227

（8）编辑完成后，单击"注释"选项卡→"详图"面板→"详图线"命令，在如图 3-228 所示位置绘制两根"细线"表示空心。

（9）单击"修改"选项卡→"视图"面板→"线处理"命令"≡"，在"线样式"中选择"<不可见线 >"，对墙体面层线进行清理，完成后如图 3-229 所示。

（10）单击"注释"选项卡→"详图"面板→"填充区域"命令，在上下文选项卡中选择"线样式"为"线"，在"属性"

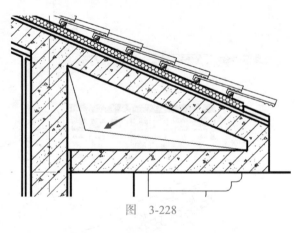

图   3-228

面板中选择"石材 - 剖面纹理"类型，完成放样形体的深化，如图 3-230 所示（厚度 30mm）。

（11）单击"注释"选项卡→"详图"面板→"详图线"命令，在石材填充区域上划分细节，如图 3-231 所示。

（12）单击"注释"选项卡→"详图"面板→"填充区域"命令，在上下文选项卡中选择"线样式"为"宽线"，在"属性"面板中选择"砌体 - 加气混凝土"类型，在绘图区域如图 3-232 所示位置绘制矩形。

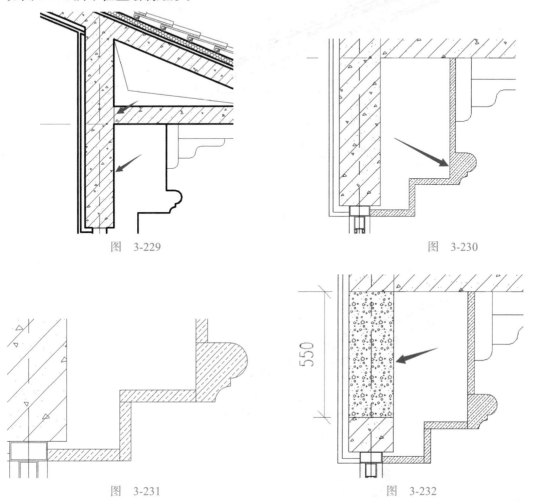

图　3-229

图　3-230

图　3-231

图　3-232

（13）单击视图控制栏中的"隐藏裁剪区域命令"，将裁剪框隐藏。

（14）单击"注释"选项卡→"尺寸标注"面板→"对齐"尺寸标注命令，为详图进行尺寸标注，如图 3-233 所示。

（15）单击"注释"选项卡中"文字"命令，为详图进行文字标注，如图 3-234 所示。

（16）单击"注释"选项卡中"符号"命令，在"属性"面板中选择"斜度符号"，放置在视图右上角，修改数值为"10""4"，如图 3-235 所示。

（17）继续单击"注释"选项卡中"符号"命令，在"属性"面板中选择"建施通"符号，在选项栏中设置 1 根引线，如图 3-236 所示，为模型添加标注并修改其中数值。

（18）继续单击"符号"命令，在"属性"面板中选择"符号 - 剖断线"符号，将其放置在模型的下侧、左侧，如图 3-237 所示，完成详图绘制，样例文件参见文件夹中"项目 3-3-2-2"文件。

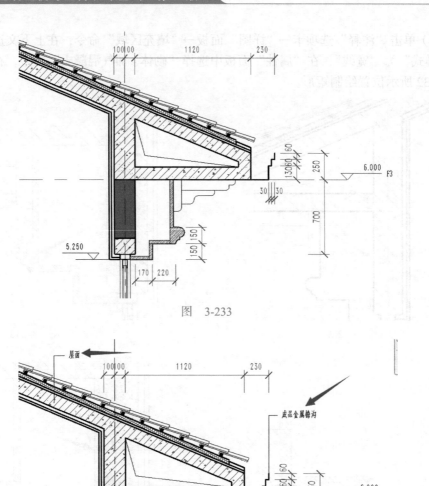

图 3-233

图 3-234

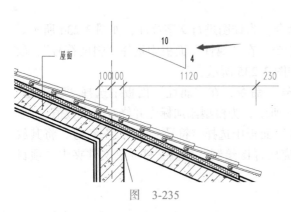

图 3-235

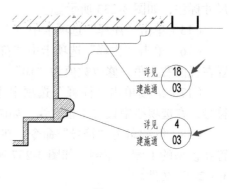

图 3-236

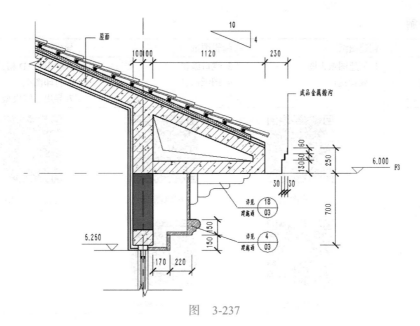

图 3-237

3.3.3 图纸生成与导出

任务描述

视图设置完成后，我们可以将其放置在图纸中形成正式的工程文档，本节的主要任务是学习制作和编辑图纸视图，并将其导出成其他常见格式文件。

案例：制作如图 3-238 所示图纸，并将其导出成 DWG 格式。

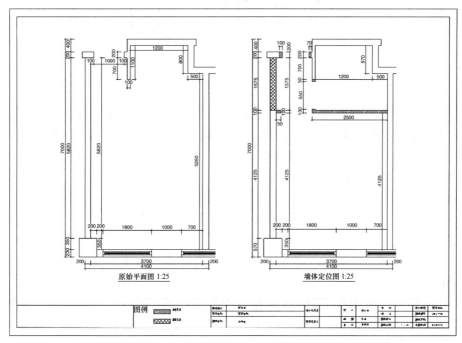

图 3-238

任务分解

任务	创建图纸	编辑图纸	导出图纸
知识点	1. 创建图纸视图 2. 放置视口	3. 视口编辑 4. 图纸信息	5. 导出 CAD 格式 6. 打印图纸 7. 导出三维模型
视频学习	创建图纸 打印图纸	编辑图纸 导出三维模型	导出 CAD 格式

知识学习

1. 创建图纸视图

要创建图纸，应打开"视图"选项卡→"图纸组合"面板→"图纸"命令（图 3-239），在弹出的对话框中，选择所需图纸图框（图纸图框属于二维族，自定义方式详见"3.5 族的制作"），单击"确定"即可创建图纸视图。

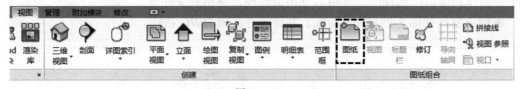

图　3-239

2. 放置视口

单击"视图"选项卡→"图纸组合"面板→"视图"命令，从"视图"对话框中选择相应视图放置在图纸中。这些视图和明细表亦可从"项目浏览器"直接拖拽至图纸中。应注意的是，一个视图不能同时放置于两张图纸上，如果两张图纸视图一致，应带细节复制该视图，再分别将其放置于不同图纸中。

3. 视口编辑

位置：视图在图纸上能通过直接拖拽或移动命令改变它在图纸中的位置。

方向：选中视图，可以在"属性"面板中设置其旋转角度，如图 3-240 所示。

大小：要修改图纸中视图的大小，应选中视图，在"属性"面板中修改它的"视图比例"，如图 3-241 所示。如果是图片格式的视图（如渲染图等），可双击图片激活该视图，并在其"属性"

图　3-240

面板中修改它的宽度和高度。

　　视图标题：将视图放置在图纸上时，其下方会默认出现相应的视图标题。选中标题，可以在"属性"面板中选择更改标题的样式类型（标题样式自定义方式详见"3.5.3 二维族"），如图 3-242 所示。

图　3-241

图　3-242

　　直接选择视图标题，当鼠标呈十字符号时，可将标题放置在图纸中适合的位置。选中视图，该视图标题的横线会出现拖拽点（图 3-243），可用来修改横线长度。

　　修改视图的名称会同时修改它在图纸上的标题名称，如果不希望图纸上名称和视图名称一致，可在视图"属性"面板中设置视图"图纸上的标题"，如图 3-244 所示。

图　3-243

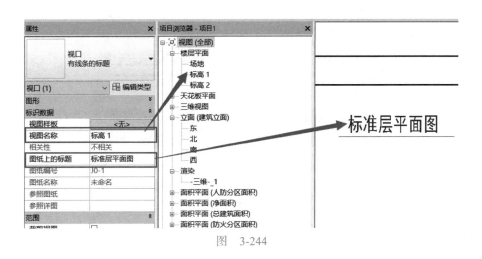

图　3-244

4. 图纸信息

　　单击图纸上信息可对其进行直接修改，也能在图纸的实例"属性"面板中修改这些信息，如图 3-245 所示。

　　整个项目的信息，可以通过单击"管理"选项卡→"设置"面板→"项目信息"命令，在"项目属性"对话框中进行设定，如图 3-246 所示。

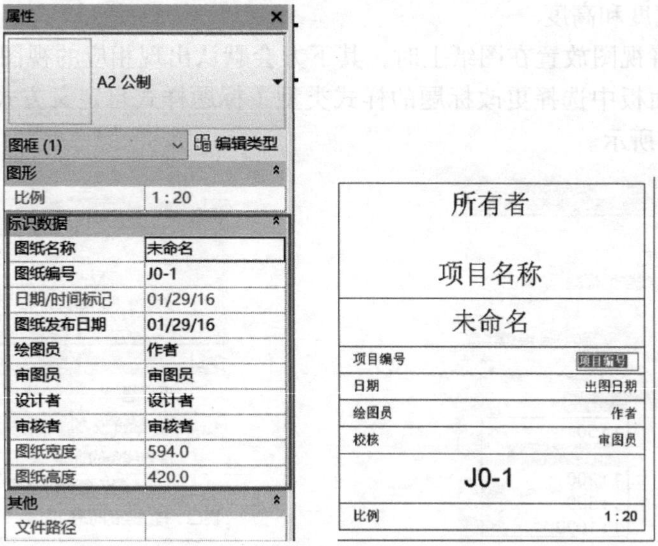

图 3-245

图 3-246

5. 导出 CAD 格式

Revit 软件能将项目中的视图与图纸导出成当前工程中较为通用的 CAD 格式。单击应用程序菜单下的"导出"→"CAD 格式"→"DWG"（图 3-247）可打开"DWG 导出"设置对话框。在该对话框内，可以选择只导出当前视图，或选择导出多个视图和图纸，也可以创建"图纸集"以供下次直接选用这些集合，如图 3-248 所示。

图 3-247

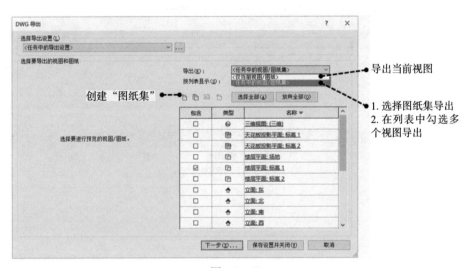

图 3-248

打开"DWG 导出"对话框中导出设置"…"按钮，可以精确地设定项目中的类别和子类别导入 CAD 格式中的图层、颜色和线型等内容，如图 3-249 所示。

设置完成后，指定保存路径即可将项目导出到指定文件夹中。如勾选"将图纸上的视图和链接作为外部参照导出"（图 3-250），插入图纸中的视图也会分别以单个文件的方式保存为外部参照。

6. 打印图纸

单击应用程序菜单下的"打印"命令或按 <Ctrl+P> 键，可打开"打印"对话框（图 3-251），将视图打印成纸质文档或设置成电子文档。

7. 导出三维模型

要导出项目的三维模型，应将视图切换到三维视图中，再从应用程序菜单的"导出"命令中选择将当前视图导出成 DWG 或 FBX 等格式即可。

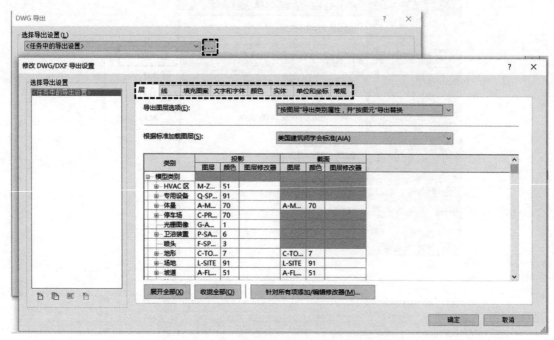

图 3-249

图 3-250

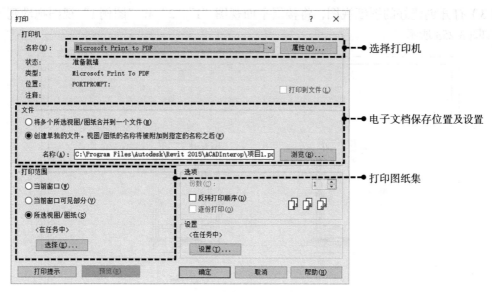

图　3-251

案例示范

（1）打开文件夹中"项目 3-3-3-1"文件。

（2）单击"视图"选项卡→"图纸组合"面板→"图纸"命令，新建一幅"A2"图纸，如图 3-252 所示。

图　3-252

（3）打开创建好的图纸视图，将楼层平面视图"1""2"和"图例1"视图拖动到图纸中，如图 3-253 所示。

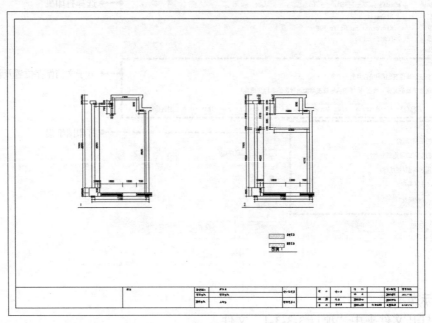

图　3-253

（4）多选中楼层平面视图"1""2"，在"属性"面板中将"视图比例"修改为"1∶25"，再放置在画面合适位置，将"图例1"视图拖放至图纸备注栏中，如图 3-254 所示。

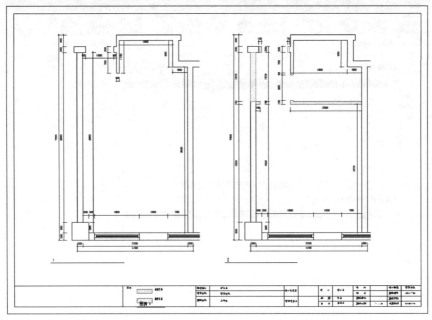

图　3-254

（5）多选中楼层平面视图"1""2"，在"属性"面板中将视口类型选择为"中国有线条标题"（图 3-255），按照同样的方法将"图例1"视图的视口类型修改为"无标题"。

（6）选择楼层平面视图"1"，在"属性"面板中修改"图纸上的标题"为"原始平面图"（图 3-256），按照同样的方法将楼层平面视图"2"的"图纸上的标题"修改为"墙体定位图"。

图　3-255

图　3-256

（7）分别选中视图，在标题横线出现控制点时将其长度调整至合适位置，如图 3-257 所示。

（8）不选择视图时，可直接拖拽视图标题使其对齐视图中心，如图 3-258 所示。

图　3-257

（9）在图纸的"属性"面板中完善图纸的标识属性，如图 3-259 所示，完成后图纸相应信息也将同时完成。

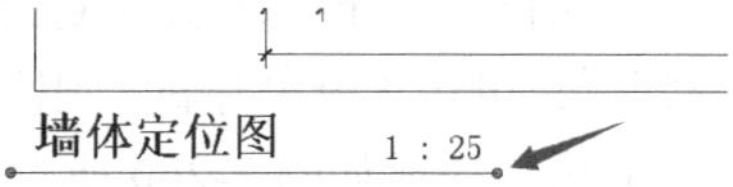

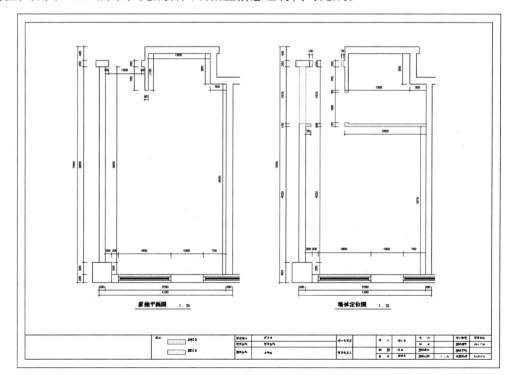

图　3-258

（10）单击应用程序菜单下的"导出"命令，依次选择"CAD 格式""DWG"选项，在弹出的对话框中，选择导出"仅当前视图 / 图纸"后单击"下一步"命令，再选择合适的 DWG 版本，并取消勾选对话框中"将图纸上的视图和链接作为外部参照导出"，将图纸保存在相应目录下。

（11）随 CAD 导出同时产生的 PCP 文件可以删除，完成样例参见文件夹中"项目 3-3-3-2"和"图纸 3-3-3-1"文件。

审核者	学生姓名
设计者	学生姓名
审图员	学生姓名
绘图员	学生姓名
图纸编号	3P2.1-01
图纸名称	原始平面图、墙体定位图
图纸发布日期	02/01/16
显示在图纸列...	☑

图　3-259

3.4　图元的分解与组合

3.4.1　组

任务描述

在项目中如果要多次重复布局多个图元时，为提高放置效率，并做到"一处修改，处处修改"，可运用软件中的"组"功能，本节的主要任务是学习"组"的创建和修改。

案例：完成如图 3-260 所示房间布置。

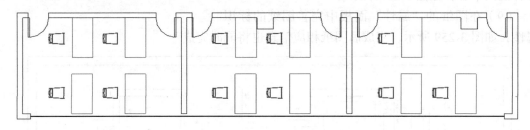

图　3-260

任务分解

任务	创建和放置组	微调组
知识点	1. 创建组 2. 放置组	3. 编辑组 4. 详图组与模型组
视频学习	创建组	修改组

知识学习

1. 创建组

要将若干图元组合成"组"，可多选中这些图元，单击"修改 | 选择多个"选项卡→

"创建"面板→"创建组"命令，在弹出的"创建模型组"对话框中对其进行命名后，单击"确定"将生成组，如图 3-261 所示。

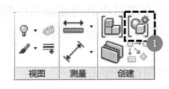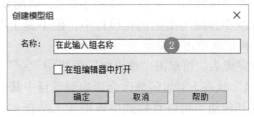

图　3-261

组生成后，可以在"项目浏览器"中找到该组，如图 3-262 所示。

2. 放置组

方法 1：选中项目中的组后，能对它进行复制、阵列和镜像等操作，将它布局到项目中其他位置。

方法 2：在"项目浏览器"中，可以找到需要重复放置的组，直接拖放至所需位置。

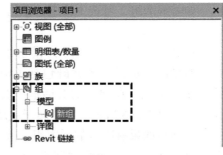

图　3-262

方法 3：单击"建筑"选项卡→"模型"面板→"模型组"命令→"放置模型组"选项，可在"属性"面板中选择要放置的组，在绘图区域中单击放置，如图 3-263 所示。

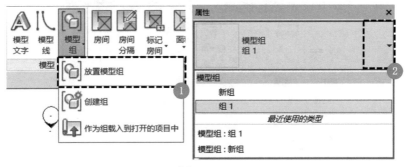

图　3-263

单击"建筑"选项卡→"模型"面板→"模型组"命令→"作为组载入到打开的项目中"选项，能把本项目的多个图元复制到其他项目中去。

3. 编辑组

要编辑组，应先选择该组，单击"修改 | 模型组"上下文选项卡→"成组"面板→"编辑组"按钮，激活命令后本组以外的其他图元将变为半色调显示，绘图区域中出现"编辑组"面板，如图 3-264 所示。

添加：在编辑组状态下新建的图元，将自

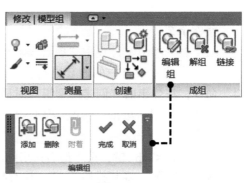

图　3-264

动归类到该组中，并影响到其他相同组；如要将项目中已有图元纳入组中，应单击"编辑组"面板中的"添加"命令，再单击要添加进组的图元即可。

删除：在"编辑组"状态下删除的图元，该图元会在项目中其他相同组中删除；如果要将图元从组中排除（图元仍在项目中，但不属于本组），应单击"编辑组"面板中"删除"命令，再依次单击要排除的图元即可。

组编辑完成后，可单击"编辑组"面板中"✔"按钮结束编辑。

"编辑组"状态下对组的修改会影响到项目中其他相同组，如仅需将某一组的图元减少而不影响到其他组，可以直接选中该图元（结合 <Tab> 键进行选择），单击图元上出现的组成员符号"⮽"，待符号变为"⮽"后，图元在本组不可见，也不会出现在明细表统计中。

如需解散组，可选中该组，单击"修改|模型组"上下文选项卡中"解组"按钮。

4. 详图组与模型组

在 Revit 软件中，组分为模型组和详图组两类。如果需要成组的图元既包括了模型图元又包括了注释图元，在弹出的对话框中会将两者进行区分，如图 3-265 所示，它们属于主从关系。

模型组如果有附着的详图组，选中模型组后，上下文选项卡中将出现"附着的详图组"按钮，单击此按钮可在对话框中勾选需要随组显示的详图组，如图 3-266 所示。

图　3-265

图　3-266

案例示范

（1）打开本节文件夹中"项目 3-4-1-1"文件。

（2）多选中项目中的四套桌椅，单击"修改|家具"选项卡→"创建"面板→"创建组"命令，在弹出的"创建模型组"对话框中将其命名为"房间布置"，单击"确定"。

（3）选中组，单击"修改|模型组"选项卡中"复制"命令，将其复制到其他房间相同位置中。

（4）结合<Tab>键，选中最右边房间与柱子碰撞的桌子，单击其旁边组成员符号"⮽"，如图 3-267 所示，将其排除出组，并对椅子做同样操作。完成样例参见文件夹中"项目 3-4-1-2"文件。

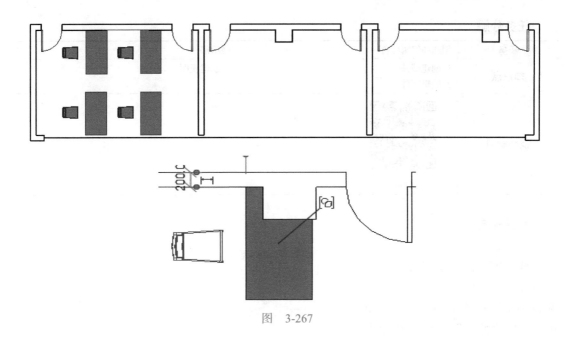

图   3-267

3.4.2   部件

任务描述

项目中，经常需要对模型某一部分进行单独的展示、标记和统计，本节的主要任务是学习将部分图元创建成"部件"，并建立部件图纸和统计表等内容。

案例：创建部件并完成如图 3-268 所示的部件展示。

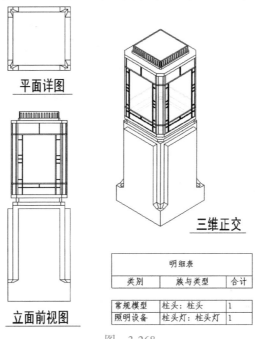

平面详图

三维正交

立面前视图

明细表		
类别	族与类型	合计
常规模型	柱头:柱头	1
照明设备	柱头灯:柱头灯	1

图   3-268

任务分解

任务	创建和编辑部件	展示部件
知识点	1. 创建部件 2. 编辑部件	3. 创建视图
视频学习	 部件	

知识学习

1. 创建部件

要将若干图元组成部件，可多选中这些图元，单击"修改 | 选择多个"选项卡→"创建"面板→"创建部件"命令，在弹出的"新建部件"对话框中对其进行命名后，单击"确定"后将生成部件，如图 3-269 所示。

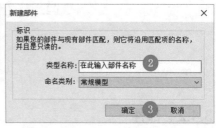

图　3-269

部件生成后，可以在"项目浏览器"中找到该部件，如图 3-270 所示。

2. 编辑部件

部件生成后，在"修改 | 部件"上下文选项卡中，单击"部件"面板中"编辑部件"按钮，部件内容变成浅绿色显示，绘图区域中出现"编辑部件"面板，如图 3-271 所示。

图　3-270

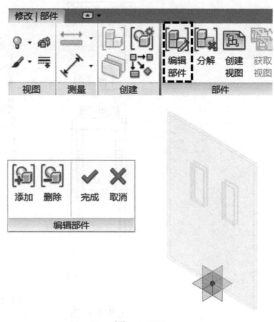

图　3-271

要添加已有图元到部件中，单击"编辑部件"面板中"添加"命令，再单击要添加进部件的图元即可，以图元变成浅绿色显示为操作成功。

要将部件中图元从部件中排除，应单击"编辑部件"面板中"删除"命令，再依次单击要删除的图元即可，从部件中排除的图元将变为半色调显示。这里的"删除"仅指从部件集中排除，而图元仍存在于项目中。

编辑"部件"和编辑"组"的操作类似，在编辑"部件"过程中新建的图元会默认添加到部件集中；在部件中直接用 <Delete> 键删除的图元也不会在项目中保留。

部件编辑完成后，可单击"编辑部件"面板中"✔"按钮结束编辑。

如要解散部件，可选中部件，单击"修改 | 部件"上下文选项卡中"分解"按钮。

3. 创建视图

要隔离展示部件，应选中部件，在"修改 | 部件"上下文选项卡中，单击"创建视图"按钮，在弹出的"创建部件视图"对话框中，勾选需要创建的视图并单击"确定"完成视图生成，部件的视图位于"项目浏览器"中"部件"类别下，如图 3-272 所示。

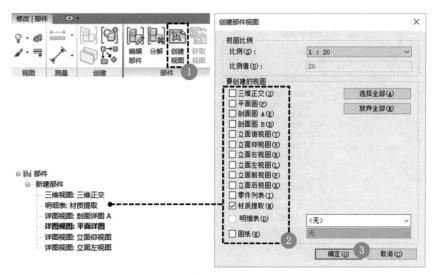

图　3-272

案例示范

（1）打开本节文件夹中"项目 3-4-2-1"文件。

（2）如图 3-273 所示，多选中柱头和灯，单击"修改 | 选择多个"选项卡→"创建"面板→"创建部件"命令，在弹出的对话框中将其命名为"部件 1"。

（3）选中"部件 1"，单击"修改 | 部件"上下文选项卡中"创建视图"按钮，在弹出的对话框中勾选"三维正交""平面图""立面前视图"和"零件列表"（图 3-274），单击"确定"完成创建。

（4）从"项目浏览器"的"部件"→"部件 1"类目下，打开"详图视图：立面前视图"，然后进行如图 3-275 所示操作，隐藏剖切线的类别。如视图较多，可定义好一个视图以后，将其制作成视图样板，再应用到其他视图中去。

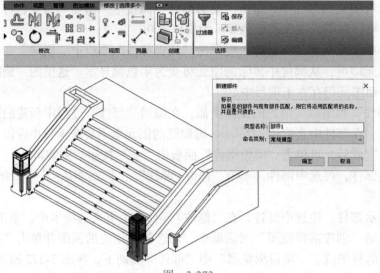

图 3-273

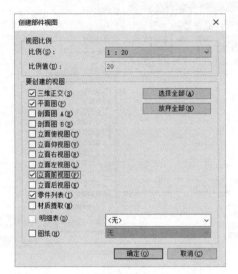

图 3-274

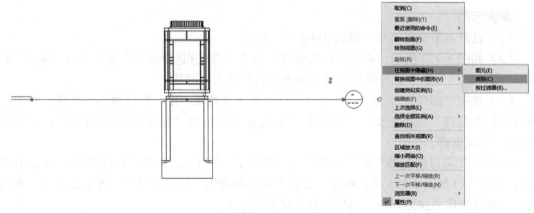

图 3-275

（5）标注部件尺寸，新建图纸，将部件视图拖放至图纸中，如图 3-276 所示。完成样例参见文件夹中"项目 3-4-2-2"文件。

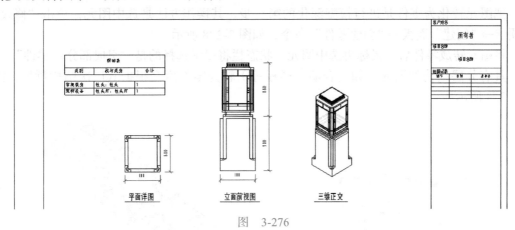

图　3-276

3.4.3　零件

任务描述

"零件"工具可以把模型深化成更复杂的 Revit 图元。本节的主要任务是学会生成零件并编辑。

案例：将墙体深化成如图 3-277 所示零件状态。

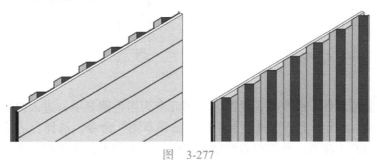

图　3-277

任务分解

任务	生成零件	编辑零件	显示零件
知识点	1. 生成零件	2. 分割零件 3. 合并零件 4. 修改零件 5. 排除零件	6. 零件可见性
视频学习	创建零件	分割零件	

知识学习

1. 生成零件

把图元转化为零件是进行模型深化的第一步，其操作方法是选中图元，单击"修改"选项卡→"创建"面板→"创建零件"命令，如图 3-278 所示。

将图元转成零件后，鼠标再选中图元，状态栏将提示选择的是"组成部分：零件"。

具有分层结构的图元（如复合墙、楼板等）转为零件后会根据其层次结构拆解，如图 3-279 所示。

图　3-278

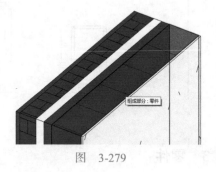

图　3-279

2. 分割零件

图元转化为零件之后，还能继续切割为更小的零件组合。其操作方式是选择该零件，单击"修改 | 组成部分"选项卡→"零件"面板→"分割零件"命令，如图 3-280 所示。

图　3-280

单击了"分割零件"命令后，绘图区域图元变为半色调显示，进入编辑分区模式。此时可单击"修改 | 分区"上下文选项卡中的"编辑草图"命令，选择合适的草图绘制工具在零件上进行切割（注意：草图线将绘制在当前工作平面上，如需切割面与工作平面不平行，应重新拾取切割面为工作平面），如图 3-281 所示，切割完成后，单击"✔"确认切割，零件将被草图线拆分成更小的零件。

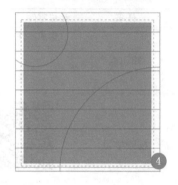

图　3-281

注意: 切割零件的草图线与编辑楼板的草图线不同, 它可以相交、重复、超出零件范围、绘制在零件面域内, 但它必须与零件的外轮廓交汇成闭合的面域, 否则会弹出错误提示框, 如图 3-282 所示。

图　3-282

分割了零件后, 如需重新编辑零件轮廓, 可选中被分割的任一零件, 单击"修改 | 组成部分"上下文选项卡中的"编辑分区"按钮, 再单击随后出现的"编辑草图"命令, 进入编辑模式下修改草图即可, 如图 3-283 所示。

图　3-283

在编辑分割草图的模式下, 实例"属性"面板中的"间隙"值能在切割的零件之间产生相应宽度的缝隙 (图 3-284)。

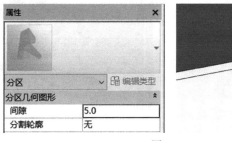

图　3-284

3. 合并零件

多选中零件, 单击"修改 | 组成部分"选项卡中"合并零件"命令 (图 3-285), 可将多个零件合并。零件合并的前提是, 零件的材质和阶段等属性必须相同, 并且彼此有公共边。

图　3-285

选择合并后的零件，可单击上下文选项卡中"编辑合并的零件"命令，向合并集里添加零件，或删除已经合并的零件，如图3-286所示。

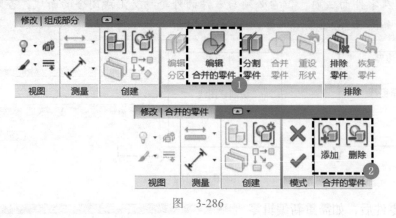

图 3-286

4. 修改零件

图元在转化为零件后，将继承其原有的形态和材质，可以在其实例"属性"面板中对零件进行修改。

修改零件材质：取消勾选实例"属性"面板中的"通过原始分类的材质"后，即可在下方的"材质"处修改零件的材质，如图3-287所示。

修改零件尺寸：勾选实例"属性"面板中的"显示造型操纵柄"后，在绘图区域中，零件四周将出现可拖拽的操纵柄，如图3-288所示，用鼠标拖拽操作柄能改变零件的现有形态。

图 3-287

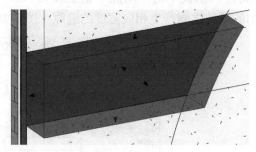

图 3-288

5. 排除零件

选中零件，单击上下文选项卡中"排除零件"按钮（图3-289），可将零件排除出模型。被排除的零件在视图中不可见，也不会被统计到明细表中，但是仍能被选中。选中被排除的零件后，零件上将出现"恢复零件""⬚"符号，单击该符号，或单击上下文选项卡中"恢复零件"按钮，零件将重新出现。

图 3-289

6. 零件可见性

零件的编辑并不影响图元变成零件前的状态，有时在三维视图中编辑了零件，却发现它在其他视图中没有任何改变。此时可以在视图的"属性"面板中选择"显示零件"或"显示原状态"或"显示两者"，如图 3-290 所示。

图 3-290

案例示范

（1）打开本节文件夹中"项目 3-4-3-1"文件。选中项目中墙体，单击"修改|墙"上下文选项卡中的"创建零件"命令，将墙体转化为零件。

（2）选中墙体上方较厚的结构层零件，单击"修改|组成部分"上下文选项卡中的"分割零件"命令，并编辑零件的草图，在结构层上绘制如图 3-291 所示钢板轮廓。

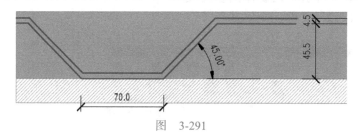

图 3-291

（3）框选中草图轮廓，单击"修改"选项卡中的"复制"命令，并勾选选项栏中的"约束"和"多个"，将轮廓向右复制（忽略线段重复警告），以超过墙体长度为宜，如图 3-292 所示。

图 3-292

（4）将轮廓的端点连接为闭合，如图 3-293 所示，完成草图绘制后单击"✔"确认切割。

（5）多选中除钢板以外的零件，单击上下文选项卡中"排除零件"按钮，完成后墙体如图 3-294 所示。

（6）将视图切换至"南"立面视图，在视图的"属性"面板中修改"零件可见性"为"显示零件"。

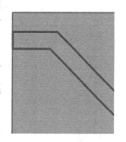

图 3-293

图 3-294

（7）选中南面的结构层，单击"修改|组成部分"上下文选项卡中的"分割零件"命

令，并拾取该平面为工作平面，将零件按图 3-295 所示进行切割，并在实例"属性"面板中修改"间隙"值为 5，完成草图绘制后单击"✔"确认切割。

（8）切换至三维视图，在视图的"属性"面板中修改"零件可见性"为"显示零件"，观察零件，结果如图 3-277 所示。

（9）单击"视图"选项卡→"创建"面板→"明细表"命令下"明细表/数量"选项，在弹出的"新建明细表"对话框中，选择"组成部分"类别创建零件明细表。在"明细表属性"对话框中选择"原始族""材质"和"合计"作为明细表的字段，如图 3-296 所示，单击"确定"后，生成的零件明细表如图 3-297 所示。完成样例参见文件夹中"项目 3-4-3-2"文件。

图 3-295

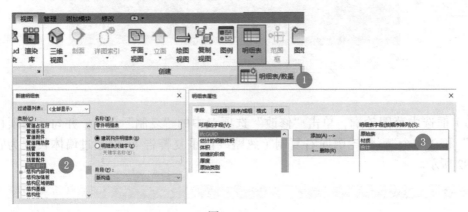

图 3-296

〈零件明细表〉		
A	B	C
原始族	材质	合计
基本墙	钢	1
基本墙	木材 - 刨花板	1
基本墙	木材 - 刨花板	1
基本墙	木材 - 刨花板	1
基本墙	木材 - 刨花板	1
基本墙	木材 - 刨花板	1
基本墙	木材 - 刨花板	1
基本墙	木材 - 刨花板	1
基本墙	木材 - 刨花板	1
基本墙	木材 - 刨花板	1
基本墙	木材 - 刨花板	1
基本墙	木材 - 刨花板	1
基本墙	木材 - 刨花板	1
基本墙	木材 - 刨花板	1
基本墙	木材 - 刨花板	1
基本墙	木材 - 刨花板	1
基本墙	木材 - 刨花板	1
基本墙	木材 - 刨花板	1
基本墙	木材 - 刨花板	1

图 3-297

3.4.4 图元置换

任务描述

为了展示模型构造，需要将图元拆解开来显示。在 Revit 软件中，各视图是联动显示的，如果在视图中直接移动某一模型图元，将会影响到项目本身并响应到其他视图中。本节的主要任务是学会在某视图内移动图元、展示模型。

案例：如图 3-298 所示展示轻钢龙骨吊顶天花板的构造。

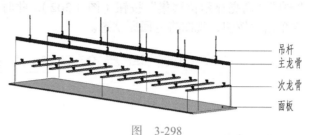

图 3-298

任务分解

任务	仅在本视图中移动图元
知识点	1. 置换并移动图元 2. 路径标识 3. 重设图元
视频学习	 图元置换

知识学习

1. 置换并移动图元

置换图元应在三维视图中进行。

要置换图元，应选择要移动的图元，单击"修改"上下文选项卡中"视图"面板→"图元置换"命令"⬦"。此时，图元中央会出现一个坐标（图 3-299），把鼠标放在坐标上，鼠标下的箭头会高亮显示，拖拽它可将图元按此方向移动。

2. 路径标识

置换的图元可以用路径标示其原始位置：选中已置换的图元，单击"修改 | 位移集"选项卡→"位移集"面板→"路径"按钮，如图 3-300 所示。此时，将鼠标放置在图元上端点处时，会有路径提示，单击即可放置，如图 3-301 所示。

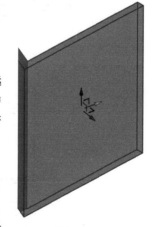

图 3-299

图 3-300

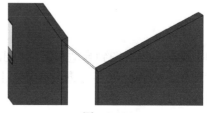

图 3-301

3. 重设图元

要将置换图元返回其原位，可选择该图元，单击"修改 | 位移集"选项卡→"位移集"面板→"重设"按钮，图元将回到原来的位置。

如果位移图元较多，分辨不出哪些是经过了位移的图元，可单击视图设置栏中""高亮显示位移集"按钮（图 3-302），此时位移的图元将临时高亮显示为橙色。再次单击此按钮，视图将返回原状态。

图　3-302

案例示范

（1）打开本节文件夹中"项目 3-4-4-1"文件。

（2）多选中主龙骨和吊件，单击"修改 | 常规模型"选项卡→"视图"面板→"置换图元"命令""，用鼠标向上拖拽蓝色的 Y 向坐标，如图 3-303 所示，将它们移动到合适位置。

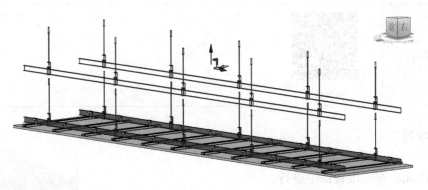

图　3-303

（3）按照同样的方式，将次龙骨移至主龙骨下，如图 3-304 所示。

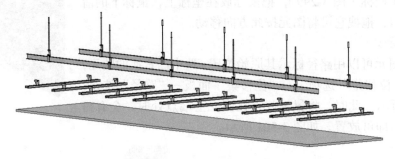

图　3-304

（4）旋转三维视图到合适位置，单击视图选项栏中"解锁的三维视图"按钮，选择"保存方向并锁定视图"选项，如图 3-305 所示，将视图方向锁定。

图　3-305

（5）用"注释"选项卡中"文字"命令对龙骨各部分进行标注，如图 3-298 所示，完成样例参见文件夹中"项目 3-4-4-2"文件。

3.5 族的制作

3.5.1 族概述

任务描述

Revit 中的所有图元都是基于族的。"族"在 Revit 中使用功能很强大，用户不需通过编程就能创建用参数化控制的构件，自由定制符合自身设计需求的注释符号和三维构件。本节的主要任务是了解族的基本概念。

任务分解

任务	族的前后关系	族的制作与使用
知识点	1. 类别 2. 类型与实例 3. 族的分类	4. 族样板 5. 载入和应用族
视频学习	族概述	

知识学习

1. 类别

如图 3-306 所示，"族"能归类于"类别"，前文中涉及的"可见性 / 图形替换"设置、"对象样式"管理、明细表创建以及项目浏览器等族的分类等都是基于族的类别来区分的（图 3-307）。因此在创建族时，对其类别的归属定义会影响到后期的各种设置、管理、统计等操作。

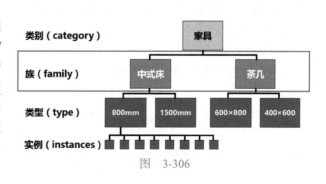

图 3-306

2. 类型与实例

族并不是一个固定不变的模型块，能被参数驱动是它的特点之一，这使它具备了可变性和适应性，如图 3-308 所示。

放置在项目中的每个族都是一个"实例"。为了修改参数的方便，软件设定了"类型"的层级概念（图 3-309），属于该类型的"类型参数"一旦修改，会修改所有此类型的实例；修改被个体拥有的"实例参数"，不会影响到其他实例。

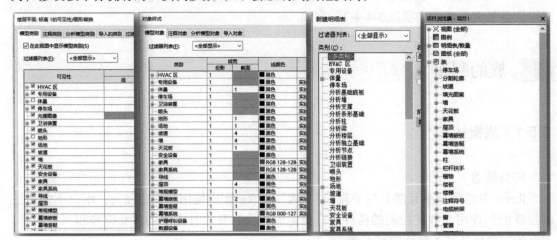

图 3-307

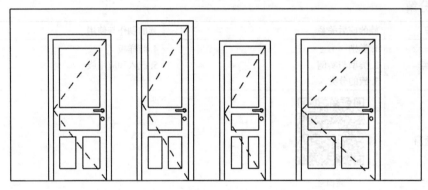

图 3-308

　　了解实例与类型的差异对族的制作非常重要，将参数指定为实例参数还是类型参数将影响到族在项目中的应用。

　　3. 族的分类

　　Revit 的族分为 3 类：系统族、可载入族和内建族。

　　系统族是在 Revit 中预定义的（例如墙、屋顶、楼板、尺寸标注等），可以通过修改它的参数在项目中进行装配，但不能将其从外部文件中载入项目中，也不能将其保存到项目之外的位置。

　　可载入族是 Revit 中经常创建和修改的族。与系统族不同，可载入的族是在外部 RFA 文件中创建的，并可导入或载入项目中。

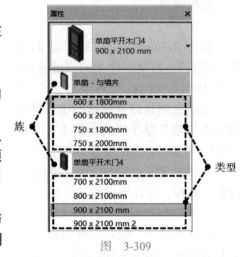

图 3-309

　　内建族的创建方式和可载入族类似，但它是在项目内部创建的，可参照其他项目的几何图形，使其在所参照的几何图形发生变化时能进行相应调整。

4. 族样板

要制作可载入族，可单击应用程序菜单中"新建"按钮，或直接在欢迎界面中"新建"族，如图 3-310 所示。

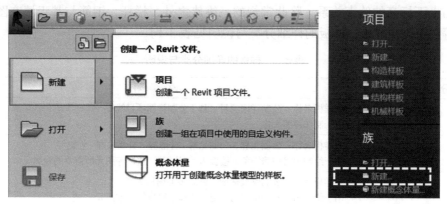

图 3-310

单击"新建"族命令后，会打开族样板选择的对话框，如图 3-311 所示。样板文件均以 rft 为扩展名，但各样板文件的用途与编辑界面差异很大，应选择正确的样板创建。

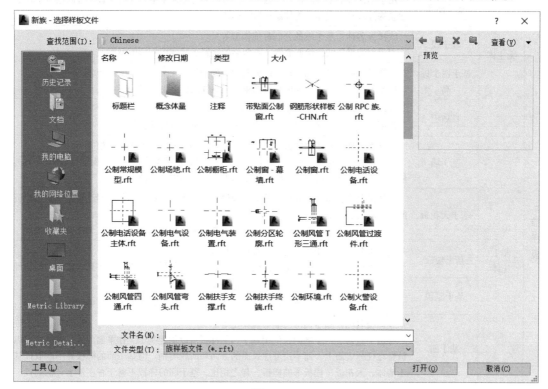

图 3-311

归纳起来，样板主要分为二维样板和三维样板两类，二维样板中没有三维编辑空间，只有一个平面，用于绘制详图、轮廓、注释等非模型图元。三维样板种类较多，应根据最终需求进行选择：如果构件与建筑主体有很明确的关系（例如门窗是墙内的、橱柜悬挂于墙体表面、筒灯安装在天花板上），应选择基于该类主体的族样板。独立的三维族不需要依赖于主体而存在，载入项目后，独立的三维族通过鼠标单击一点放置，基于线的族需要在项目中单击两点创建，自适应的族可自定义放置条件，基于两个标高的族可像墙体一样修改它与上下标高的约束关系。除此常规的三维族之外，栏杆、钢筋与基于填充图案的常规模型等属于专用样板。样板的详细分类与说明见表3-1。

表3-1 样板的详细分类与说明

分 类			说 明
二维样板	详图项目		族样板名称：公制详图项目、基于公制详图项目线等 用于制作详图大样
	轮廓		族样板名称：公制轮廓、公制轮廓 - 分隔缝、公制轮廓 - 竖梃等 用于绘制项目中墙饰条、楼板边、"扶栏"、放样等图元所需要的轮廓
	注释		族样板名称：公制常规标记、公制多类别标记等 用于绘制出图时所用到的标记、注释或符号等二维图元
	标题栏		族样板名称：A0公制、A1公制等 用于制作图纸图框
三维样板	无主体	独立（基于标高）	族样板名称：公制常规模型、公制家具、公制风管过渡件等 用于不依赖于主体的构件。独立构件可以放置在模型中的任何位置，可以相对于其他独立构件或基于主体的构件添加尺寸标注
		基于线	族样板名称：基于线的公制常规模型等 用于创建采用两次拾取放置（类似梁的放置）的详图族和模型族
		基于两个标高	族样板名称：基于两个标高的公制常规模型等 用于创建与顶部、底部标高有约束（类似柱的放置）的模型族
		自适应	族样板名称：自适应公制常规模型等 使用该样板可创建需要灵活适应许多独特上下文条件的构件
	基于主体	基于墙	族样板名称：基于墙的公制常规模型、公制门、基于墙的公制橱柜等 每个样板中都包括一面墙；为了展示构件与墙之间的配合情况，这面墙是必不可少的。使用基于墙的样板可以创建将放置于墙上或插入墙中的构件
		基于天花板	族样板名称：基于天花板的公制常规模型、基于天花板的公制照明设备、基于天花板的公制电气装置等 样板中包含了一个天花板；使用基于天花板的样板可以创建将插入天花板中的构件
		基于楼板	族样板名称：基于楼板的公制常规模型等 样板中包含了一个平面指代楼板；使用基于楼板的样板可以创建将插入楼板中的构件
		基于屋顶	族样板名称：基于屋顶的公制常规模型等 样板中包含了一个屋顶；使用基于屋顶的样板可以创建将插入屋顶中的构件
		基于面	族样板名称：基于面的公制常规模型等 样板中包含了一个平面；使用基于面的样板可以创建基于工作平面的族，这些族可以放置在任何表面上，而不用考虑表面的方向和所属类别。但基于面的样板并不能取代基于墙体、天花板、楼板等的样板，与之相比，基于面的样板不善于在主体上开挖洞口
	特定功能	栏杆	当族需要与模型进行特殊交互时使用专用样板。这些族样板仅特定于一种类型的族。例如，"结构框架"样板仅可用于创建结构框架构件
		基于图案	
		结构框架	
		结构桁架	
		钢筋	

5. 载入和应用族

制作完族文件后，可将其保存在计算机中，也可以载入已打开的项目直接应用，如图 3-312 所示。

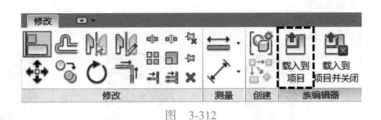

图 3-312

3.5.2 三维族

任务描述

三维族制作的模型构件，在制作过程中，不但要考虑形体、材质、平立面显示，还要考虑用添加的参数来驱动模型。本节的主要任务是初步了解三维族的创建流程。

案例：绘制如图 3-313 所示能用参数控制的推拉窗族。

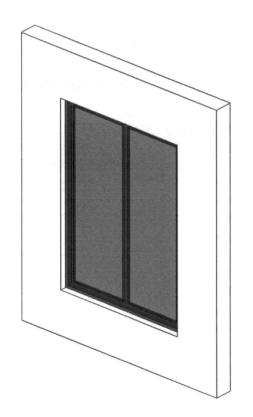

图 3-313

任务分解

任务	制作带参数的族	预设族类型	修改平立面显示
知识点	1. 编辑界面与形体创建 2. 尺寸参数 3. 材质参数 4. 可见性参数 5. 数量参数	6. 族类型	7. 模型的显示
视频学习	族参数驱动的原理	族参数类型	族嵌套
	族类型	模型的显示	三维族示例 - 窗族

知识学习

1. 编辑界面与形体创建

打开三维族样板的编辑界面（体量编辑界面详见"3.6 体量"）如图 3-314 所示。三维族的编辑界面与内建模型（详见"2.2.11 构件"）的编辑界面基本相同，"创建"选项卡的"形状"面板是制作三维形体的主要工具，如拉伸、放样等，这些工具的用法与内建模型一致。

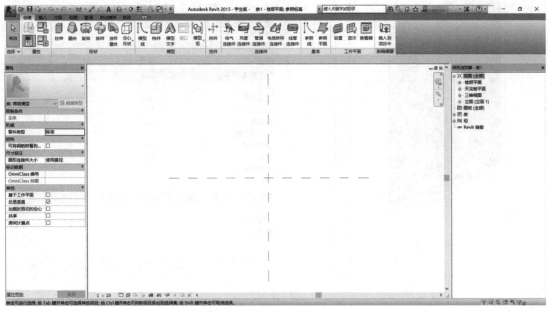

图 3-314

如果不需要参数驱动模型，可直接用形状工具在参照平面中央（鼠标单击放置点）创建形体并载入项目中。

2. 尺寸参数

要驱动模型的形状主要靠添加尺寸参数。添加尺寸的方式是用"标注"工具对形体进行量取，然后选择该标注，在选项栏"标签"的下拉列表中选择"添加参数"，在弹出的"参数属性"对话框中，指定参数的"名称"，并确定将它设置为"实例"还是"类型"属性，如图 3-315 所示。

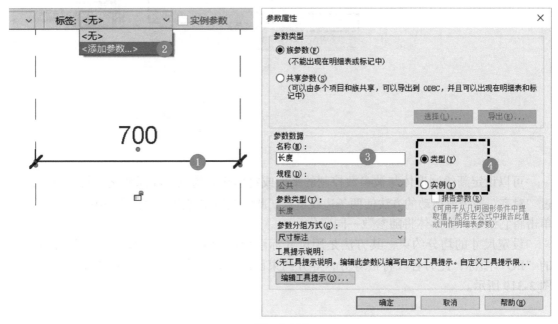

图　3-315

单击"创建"选项卡→"属性"面板→"族类型"按钮，在"族类型"对话框中能看见新添加的参数，如图 3-316 所示。修改"值"中数据并应用后，在绘图区域中可以看到形体尺寸被参数所驱动。

图　3-316

单击"族类型"对话框右方"修改"命令，对参数的名称和类型等进行修改。也可以在面板中先"添加"尺寸标注参数，再将其指定给相应尺寸标注，如图 3-317 所示。

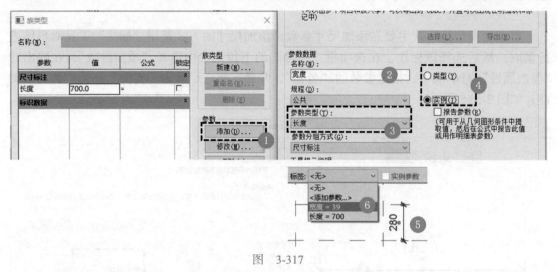

图 3-317

可以设定新绘制形体与被参数控制的平面或物体相互约束，随同变化，其方法是：通过"对齐"命令或拖动的方法使两条边线重合，此时线段中将出现"🔒"图标（图 3-318），单击将它锁定，新形体将随参数一同变化。

设定尺寸的均分约束，其方法是用尺寸标注依次拾取各面，选择标注并单击其上方的"EQ"图标，此时各段将被等分，等分约束能配合尺寸参数随时计算各段的间距，如图 3-319 所示。

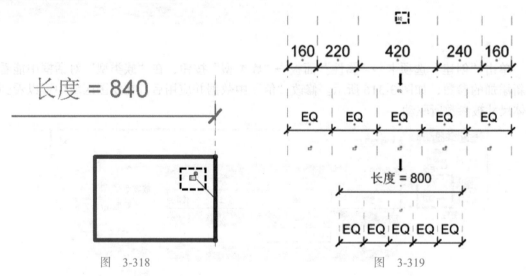

图 3-318　　　　　图 3-319

如果若干尺寸约束需随时保持一致，在添加参数时，可以为它们选择同一参数，如图 3-320 所示。

如果尺寸约束间有更复杂的关系时，可打开"族类型"面板，并在"公式"中表述它们的联系，公式所用变量应来自参数的名称，如图 3-321 所示。

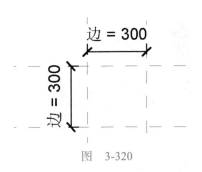

图　3-320

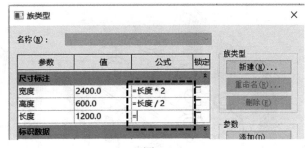

图　3-321

3. 材质参数

材质参数也是三维模型中使用频率很高的参数，可以为同一族中不同的形体添加不同的材质参数。其方法是选中物体，单击其"属性"面板中"材质"后的"关联族参数"按钮，在"关联族参数"对话框中，可以选择已有参数或添加新的材质参数，单击"添加参数"按钮后，在"参数属性"对话框中的"名称"中输入参数的名称，并确定将它设置为"实例"还是"类型"属性，如图 3-322 所示。从对话框中可以看出，"参数类型"已经自动选择为"材质"。

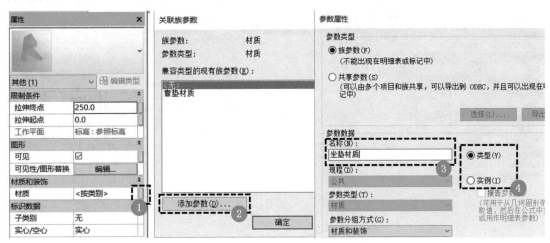

图　3-322

4. 可见性参数

可见性参数能控制族中个别构件的显示或隐藏，如图 3-323 所示。其添加方法和材质参数的添加方法类似。选中形体后，在"属性"面板"可见"属性处关联族参数即可，如图 3-324 所示。

5. 数量参数

在实际应用中，当某些形体尺寸发生改变时，会影响其他形体的数量。如图 3-325 所示，百叶窗页片的间距是相等的，当总高度发生改变时，百叶窗的数量也要发生相应变化。

上述情况，可以将百叶窗的叶片做成阵列，再为阵列数添加数量参数。其方法是，执行完形体的阵列后（选项栏中保持"成组"的勾选状态），将上方的阵列控制柄选中，在选项栏中为其"添加参数"，再指定"名称"并确定将它设置为"实例"还是"类型"属性即可，如图 3-326 所示。

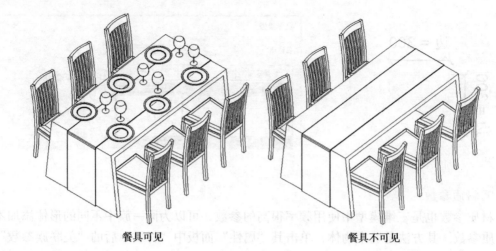

餐具可见   餐具不可见

图   3-323

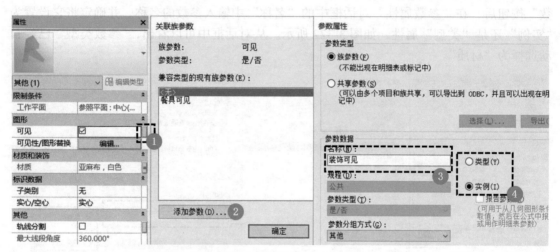

图   3-324

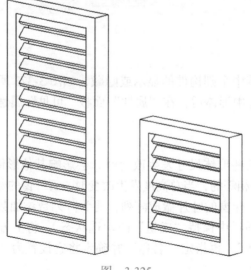

图   3-325

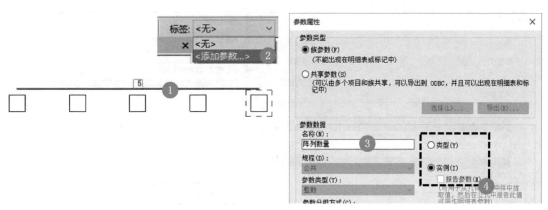

图　3-326

要将阵列数量与其他尺寸发生联动，应先为其他尺寸指定好参数，然后将阵列的两端与其对齐并锁定，选择阵列并在选项栏中取消阵列的"附加到端点"（可使阵列间距在两端内均分）。打开"族类型"面板，可在"公式"处描述数量与长度的关系（例如，数量＝长度 / 间距），如图 3-327 所示。设置完毕后，当尺寸发生改变时，会驱动阵列的数量发生改变；因为阵列形体两端已经锁定在尺寸上，阵列的总长度也会随尺寸变化而发生改变。

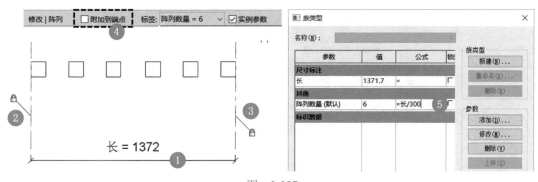

图　3-327

当阵列数量过大时，所耗费的计算机资源也变多，此时软件会提示是否使用"嵌套"，如图 3-328 所示。嵌套的使用方法是，将需要阵列的形体单独做成族文件，再将其载入另一个族中进行阵列，这样可以提高性能。

当一个族嵌套另一个族后，其

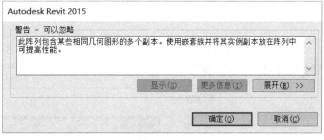

图　3-328

参数不会出现在所在族的"族类型"面板中，载入项目后也不会出现在族的"属性"面板中。但可以用关联族参数的方法将嵌套形体的参数变成族的参数：选中形体后，在"类型属性"面板中单击相关参数的关联按钮，再将其关联到新添加的参数即可，如图 3-329 所示。

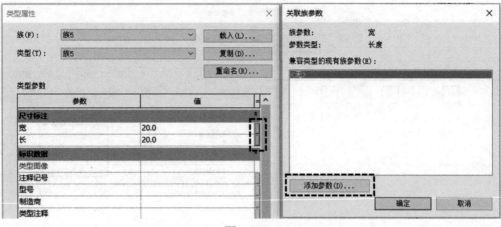

图　3-329

6. 族类型

在族的编辑模式下可为其预设多种类型并定义不同的属性，供载入项目后直接放置。要定义族类型，应打开"族类型"对话框，单击右侧"新建"族类型按钮，并为新类型指定名称，如图 3-330 所示。

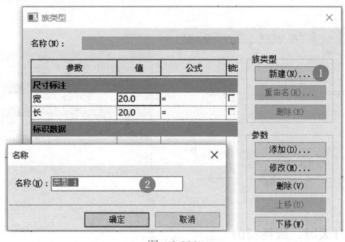

图　3-330

指定完类型后，可在对话框的"名称"处（图 3-331）查看并切换类型，并为不同类型指定各自的类型参数值。

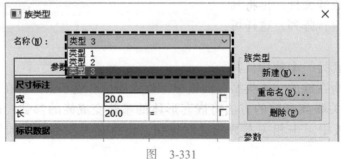

图　3-331

7. 模型的显示

在实际应用中，模型的平面显示状态并不能满足出图的需要，如图 3-332 所示。此时我们应该把模型本身的线框隐藏，并添加只在本视图能显示的符号线。

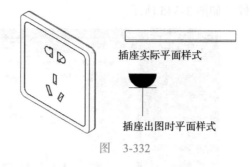

插座实际平面样式

插座出图时平面样式

图　3-332

要设置形体在某些视图中不可见，应选择形体，单击上下文选项卡的"可见性设置"按钮或"属性"面板中的"编辑…"按钮，打开"族图元可见性设置"对话框，在对话框的选项里，取消某项的勾选，即代表所选图元在该视图中不可见，如图 3-333 所示。可以设置形体在平立面视图中的可见性，也可以设置形体在视图详细程度不同时的可见性。

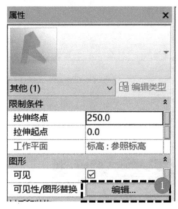

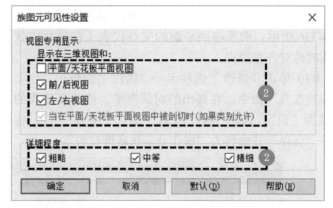

图　3-333

在不同视图中绘制视图专有图元（符号线或区域填充等详图），可使族载入项目中后能够按照出图的标准显示。详图的绘制工具命令位于"注释"选项卡下（图 3-334），绘制方式与项目中详图绘制方法类似。在绘制时应注意二维图元是否需要随族参数的变化而变化，可以对其进行约束，也可为其设置参数来控制属性。

图　3-334

案例示范

（1）在开始界面中，选择"新建"族命令，在弹出的对话框中，选择"基于墙的公制常规模型"样板（通常情况下，制作窗族选用"公制窗"类型，"公制窗"作为特殊的"基于墙的常规模型"，新建文件后，会有一些预设的制作窗的图元和设置。本案例作为练习用，因此选用"基于墙的公制常规模型"的方式从头开始），单击"打开"，新建族文件，如图 3-335 所示。

图　3-335

（2）打开"基于墙的公制常规模型"样板文件
后，在平面视图中将出现一个墙体和两条参照平面，如
图 3-336 所示。两条参照平面的交点代表了在项目中放
置族时的对齐参照点。

（3）单击"修改"选项卡→"属性"面板→"族类
别和族参数"命令，在弹出的对话框中，修改新建族的
类型为"窗"，如图 3-337 所示，单击"确定"后，将
文件"保存"并命名为"窗作业 - 双扇推拉窗"。

图　3-336

图　3-337

（4）在楼层平面视图中，单击"创建"选项卡→"基准"面板→"参照平面"命令，在已有的垂直参照平面两侧新绘制两条参照平面，如图 3-338 所示。

（5）单击"注释"选项卡→"尺寸标注"面板→"对齐"命令，依次量取三条垂直参照平面，如图 3-339 所示。单击尺寸上方出现的"EQ"，使得三条直线之间距离相等，如图 3-340 所示。

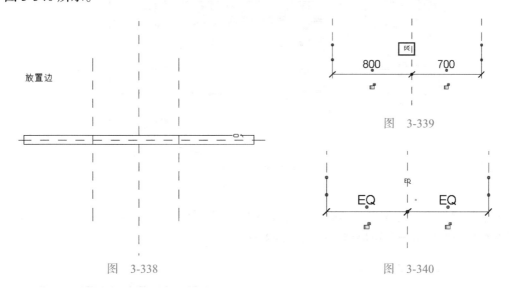

图　3-339

图　3-338

图　3-340

（6）再次使用"对齐"尺寸标注命令，量取新绘制的两条参照平面。绘制完成后，单击该尺寸标注，在选项栏"标签"旁的下拉菜单中，选择"宽度"，如图 3-341 所示，尺寸将由纯数字显示变为"宽度 =1400"。

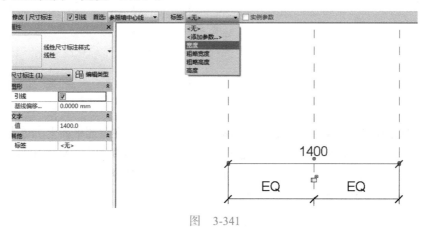

图　3-341

（7）单击"修改"选项卡→"属性"面板→"族类型"命令，在弹出的对话框中，将"宽度"值改为"2100"，如图 3-342 所示，单击"确定"后，在绘图区域可发现，该尺寸标注变成"宽度 =2100"（也可在绘图区域中单击该值直接修改宽度）。

（8）切换至"放置边"立面视图，在墙面上绘制两根水平参照平面作为窗上下尺寸的参照，单击"对齐"尺寸标注工具量取两根水平参照平面，用上述方法将其与参数"高度"相对应，如图 3-343 所示，并修改为"高度 =400"（图 3-344）。

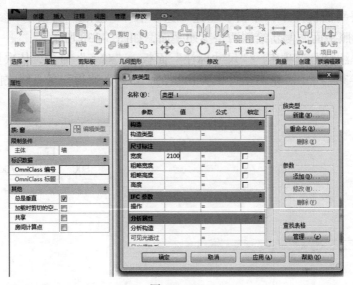

图　3-342

（9）单击"创建"选项卡→"模型"面板→"洞口"命令，用"矩形"工具沿着新绘制的四条参照平面拉出一个矩形框，如图 3-344 所示。

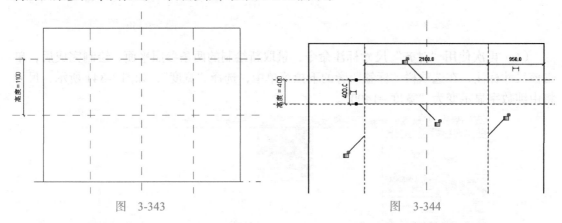

图　3-343　　　　　　　　　　　　　　　　图　3-344

（10）依次点击图 3-344 中出现的四把小锁，将模型线锁定在参照平面上。单击"修改 | 创建洞口边界"选项卡中的"确定"按钮，完成洞口编辑。在三维视图中，模型如图 3-345 所示。

（11）单击"创建"选项卡→"形状"面板→"拉伸"命令，用"矩形"工具沿洞口绘制矩形框，并将其锁定，如图 3-346 所示。

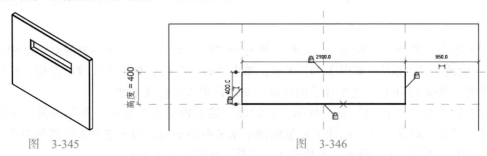

图　3-345　　　　　　　　　　　　　　　　图　3-346

（12）再次用"矩形"工具在已有矩形框中继续绘制一个矩形框，如图 3-347 所示，用"对齐"尺寸标注工具量取内部矩形和外部矩形的距离。

（13）单击任意一个尺寸标注，在选项栏"标签"下拉菜单中选择"添加参数"，在弹出的对话框中输入"窗框宽度"，如图 3-348 所示，其他设置保存不变，单击"确定"。

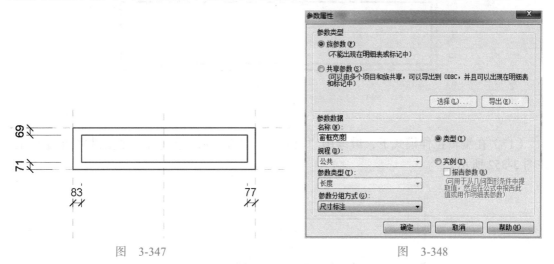

图　3-347　　　　　　　　　　　　　　　　　图　3-348

（14）修改"窗框宽度"为"30"，多选中其他尺寸标注，在选项栏"标签"下拉菜单中选择"窗框宽度 =30"，结果如图 3-349 所示。在上下文选项卡中单击"确定"按钮，完成拉伸模型的编辑。

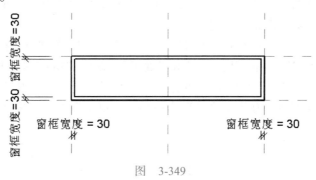

图　3-349

（15）切换至"天花板平面"视图，选择窗框，在"属性"面板中将"拉伸终点"修改为"25"，"拉伸起点"设置为"–25"。用"对齐"标注工具量取拉伸的起点和终点，并添加参数为"窗框厚度"，同时，将起点、终点与墙中心的距离设置为"EQ"等距，如图 3-350 所示。

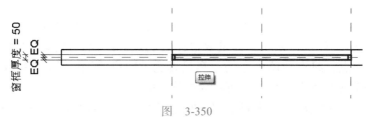

图　3-350

（16）返回至"放置边"立面视图，继续创建"拉伸"作为窗扇框，如图 3-351 所示，注意绘制后将其锁定至窗框内轮廓。

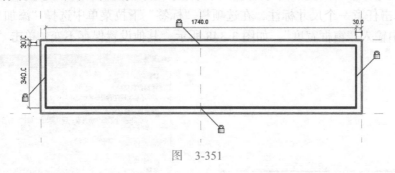

图　3-351

（17）在编辑拉伸模式下，继续用"矩形"工具在中心参照平面两侧绘制两个矩形框，如图 3-352 所示。

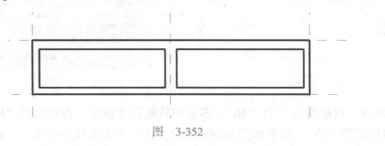

图　3-352

（18）如图 3-353 所示，用"对齐"尺寸标注工具量取内部矩形和外部矩形的距离，并设置两矩形距离中心参照平面为"EQ"等距。

（19）单击任意一个尺寸标注，在选项栏"标签"下拉菜单中选择"添加参数"，在弹出的对话框中输入"窗扇框宽度"，单击"确定"。修改"窗扇框宽度"为"50"，多选中其他尺寸标注（EQ 等距标注除外），在选项栏"标签"下拉菜单中选择"窗扇框宽度 = 50"，结果如图 3-354 所示。在上下文选项卡中单击"确定"按钮，完成拉伸模型的编辑。

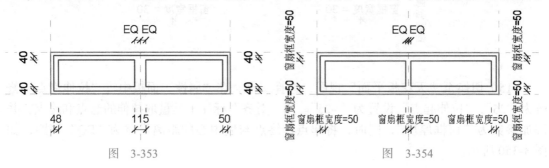

图　3-353　　　　　　　　　图　3-354

（20）在"天花板平面"视图中，将窗扇框"拉伸终点"修改为"25"，"拉伸起点"设置为"–25"。用"对齐"标注工具量取拉伸的起点和终点，并添加参数为"窗扇框厚度"，同时，将起点、终点与墙中心的距离设置为"EQ"等距，如图 3-355 所示（提示：为避免尺寸量取到窗框而非窗扇框，可将窗框临时隐藏）。

（21）返回至"放置边"立面视图，创建"拉伸"作为窗户玻璃，如图 3-356 所示，注意绘制后将其锁定至窗扇框内轮廓。

（22）设置玻璃"拉伸终点""拉伸起点"值分别为"3""-3"。选择玻璃，在"属性"面板中，将其"材质"设置为"玻璃"。

（23）选择窗框与窗扇框，在"属性"面板中，单击"材质"后方框"关联族参数"按钮，在弹出对话框中选择"添加参数"，命名为"窗框材质"，如图 3-357 所示。将窗框的材质设置为可以在项目中进行修改的自定义参数。

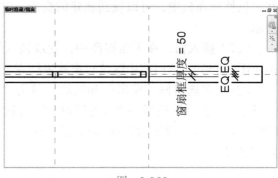

图 3-355

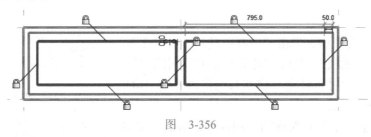

图 3-356

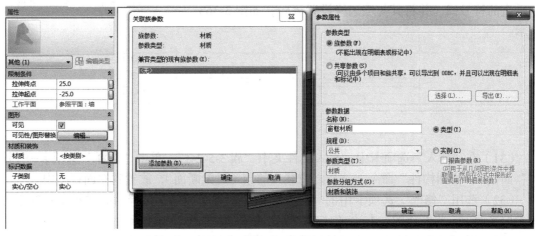

图 3-357

（24）单击"修改"选项卡→"属性"面板→"族类型"按钮，在对话框中，重命名族类型为"C1"，如图 3-358 所示。

（25）单击图 3-358 中的"新建"按钮，创建名称为"C3"的族类型，修改"高度"为"2000"，"宽度"为"1500"，单击"确定"，观察三维视图中模型的变化（提示：如果系统不能生成模型，可能是在尺寸标注中出现了某些失误）。

（26）新建一个项目，并绘制一面墙，将新建的窗族载入项目中进行测试。单击"窗"命令时，

图 3-358

在"属性"面板中,可以找到新建的窗族,并且有"C1"与"C3"两个类型,如图 3-359 所示。

(27)插入窗,在平面视图中,发现插入的窗不符合出图的规范(图 3-360),返回族中继续对窗族进行完善。

图　3-359

(28)多选窗框、窗扇框和玻璃,单击"修改 | 拉伸"上下文选项卡→"模式"面板→"可见性设置"按钮,在弹出的对话框中(图 3-361)将其设置为仅在前后视图中可见。模型在平面视图中将灰色显示。

图　3-360

(29)在平面视图中,单击"注释"选项卡→"详图"面板→"符号线"命令,在窗的位置绘制两条水平符号线,并用"对齐"尺寸标注命令将其与墙体内外侧"EQ"等距,如图 3-362 所示。

(30)切换至"左"立面视图,用同样的方式绘制两条垂直的符号线,并将其与墙边缘设置等距,如图 3-363 所示。

图　3-361

图　3-362

(31)在"插入"选项卡中,载入文件夹中"族 3-5-2-1"。单击"注释"选项卡→"详图"面板→"详图构件"命令,选择之前载入的族(过梁断面),放置到立面视图中。

(32)选用"修改"选项卡中的"对齐"命令,将断面的下边缘对齐并锁定在窗上方的参照平面上,将断面的左右边缘对齐并锁定墙边缘,如图 3-364 所示。

(33)用"对齐"尺寸标注工具量取断面上边缘与下边缘所在的参照平面,并添加尺寸参数为"过梁高度",修改"过梁高度"为"200",如图 3-365 所示。

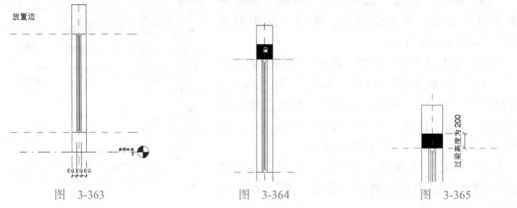

图　3-363　　　　　　　　图　3-364　　　　　　　　图　3-365

（34）选择"族 3-5-2-1"过梁断面，单击"属性"面板中"可见"后关联族参数按钮，在弹出的对话框中选择"添加参数"，命名为"过梁可见"，并修改其"参数分组方式"为"可见性"，如图 3-366 所示，单击两次"确定"完成窗族编辑。

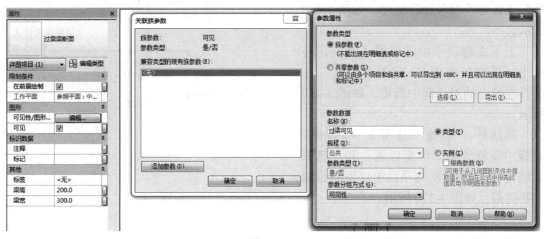

图　3-366

（35）将族载入项目中进行测试。样例文件参见文件夹中"族 3-5-2-2"，完成视频参考二维码"三维族示例 - 窗族"。

3.5.3　二维族

任务描述

二维族主要用来完成项目中的基准图元（标高、轴网）和视图专有图元（注释、标注）等，其中轮廓族也可用来生成放样类的形体。本节的主要任务是熟悉二维族的编辑和应用方法。

案例：完成如图 3-367 所示图名编号。

图　3-367

任务分解

任务	绘制图形	插入标签	二维族的应用
知识点	1. 编辑界面与图形创建	2. 标记标签 3. 注释标签	4. 二维族常见应用范围
视频学习		二维族示例 - 轴网标头	二维族示例 - 图纸框

知识学习

1. 编辑界面与图形创建

二维族的编辑界面中，没有生成三维形体的工具，"创建"选项卡下"直线"工具可绘制各种轮廓线，如图 3-368 所示。

上下文选项卡中的线段子类别，可单击"管理"选项卡→"对象样式"命令，在弹出的对话框中新建，如图 3-369 所示。

除线外，"创建"选项卡→"详图"面板中还能绘制"填充区域"和"遮罩区域"，其绘制方法与项目中详图的绘制方法类似，如图 3-370 所示。

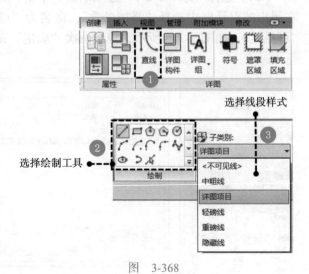

图　3-368

二维族中的线和区域同样可以添加类型或实例参数进行驱动，绘制时应考虑到其在各项目中的适应性。

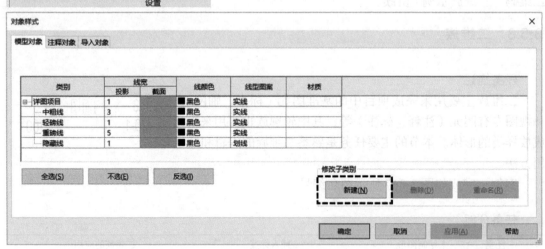

图　3-369

2. 标记标签

在系统自带的族样板文件夹中，"注释"和"标题栏"子文件夹下的样板，编辑界面中都有"标签"命令，如图 3-371 所示，标签可以提取相应族类别的可用字段用于标记图元。

要设置标签，首先要设置其使用范围（选择相应族类别），如图 3-372 所示。

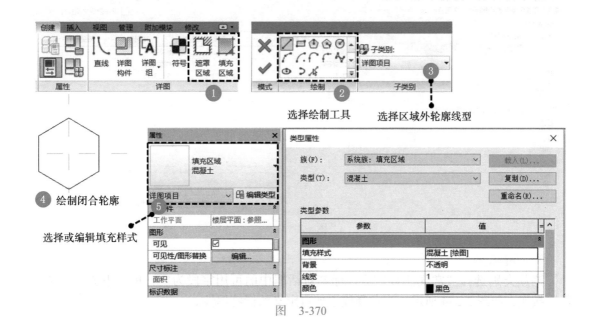

图 3-370

图 3-371

图 3-372

设置好类别后，把标签放置于绘图区域中，会弹出"编辑标签"对话框，在对话框中可选择该类别下的相应字段添加到标签中，如图 3-373 所示。

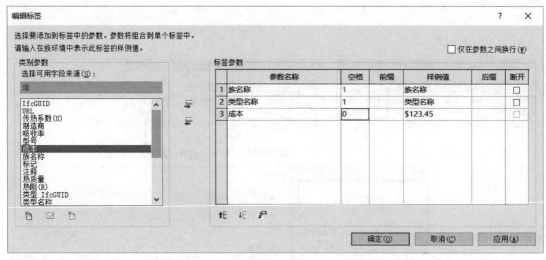

图 3-373

3. 注释标签

当族类别选择"常规注释"后，标签对话框中的可用字段为空，单击下方"添加参数"按钮，如图 3-374 所示，为注释族添加自定义的标签属性。

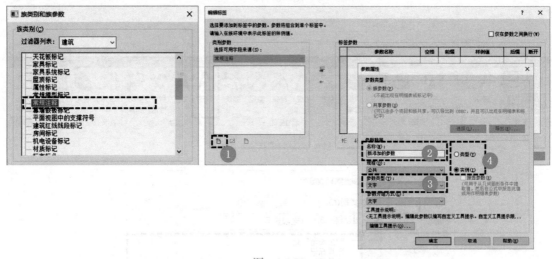

图 3-374

注释族载入项目后，单击"注释"选项卡→"符号"面板→"符号"命令（图 3-375）后，在"属性"面板中可以找到新载入的注释族。

图 3-375

将注释放置到绘图区域后，选中注释，在"属性"面板中输入在注释中自定义标签的值，如图 3-376 所示。

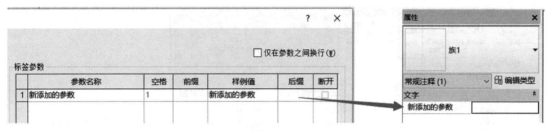

图　3-376

4.二维族常见应用范围

轮廓：在项目中经常用到轮廓族，如图 3-377 所示。"轮廓"下拉列表中的选项都是载入项目的二维轮廓族，通过"公制常规轮廓"等族样板可以创建这些轮廓。轮廓族可用"直线"工具在参照平面上绘制，也可通过载入 DWG 等文件创建。

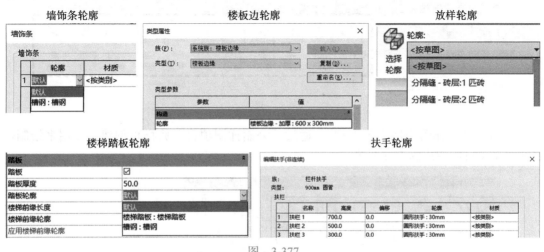

图　3-377

轮廓（除分区轮廓和压型板轮廓外）应当保持闭合，否则无法生成形体。

在"属性"面板中，可为轮廓选择其用途，如图 3-378 所示，选择了用途的轮廓仅会出现在该用途下的轮廓选项中，如果轮廓要出现在多个用途中，可将用途选择为"<常规>"。

符号：符号是类别为"常规注释"的特殊标记族（图 3-379），它不能创建可提取图元的参数的标签，但它的标签可作为族的属性供自行编辑，可弥补标记族的一些不足。

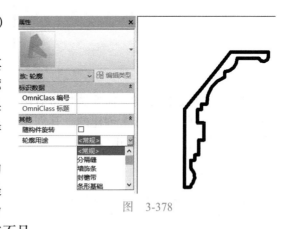

图　3-378

标记：标记二维族（图 3-380）通过"公制常规标记"等族样板创建，标记的标签能提取特定类别的参数属性。当项目中图元被修改后，该标记标签的内容会随之发生改变，无需二次修改。

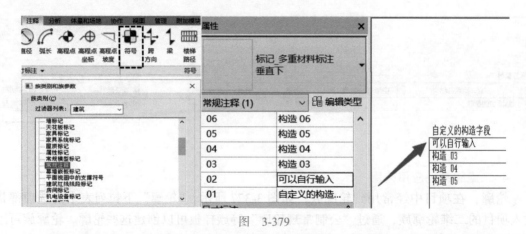

图 3-379

图 3-380

详图项目：详图构件（图 3-381）通过"公制详图项目"族样板创建，多用来绘制需要在多个项目中使用的大样图等。

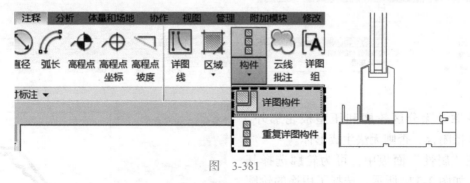

图 3-381

图纸：在创建图纸时，需要选择带有图框的二维图纸族，它们是通过"标题栏"族样板（类别为图框的标记族）创建的。其创建的方法同普通标记族，其中的标签能自动读取图纸和视图的信息，提高制图效率。

案例示范

（1）用"公制常规标记"族样板新建二维族，将其另存为"族 3-5-3"。

（2）打开"族类别和族参数"对话框，将标记类别选择为"视图标题"，如图 3-382 所示（也可直接选择"公制视图标题"族样板创建族，其中已定义好了类别）。

（3）在绘图区域中删除红色的注意事项。

（4）选择"创建"选项栏→"详图"面板→"直线"工具，在中心点处绘制 10mm 圆形，并在中间绘制一根直线，如图 3-383 所示。

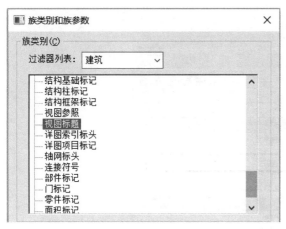

图 3-382

图 3-383

（5）单击"标签"工具，在上下文选项卡中保持文字居中，在圆形下半部分插入标签，并定义其标签参数为"图纸编号"，如图 3-384 所示。

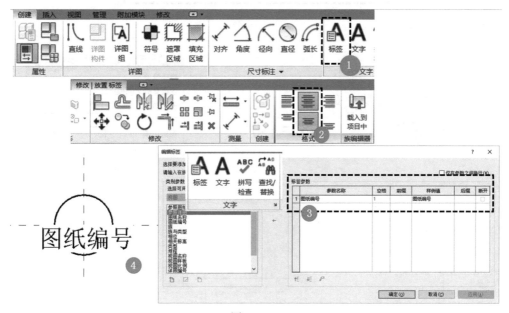

图 3-384

（6）在绘图区域中选中标签，在"属性"面板中编辑文字类型，将其设置为"透明"的"背景"和"0.7"的"宽度系数"，如图 3-385 所示。

（7）在圆形上半部分继续插入标签，设置标签参数为"图纸编号"；在圆形右侧上方插入标签，设置标签参数为"视图名称"；在圆形右侧下插入标签，设置标签参数为"视图比例"。选中视图名称和比例标签，在"属性"面板中修改其"水平对齐"为"左"，完成后如图 3-386 所示。

（8）将制作好的族载入新建项目中，生成一张图纸，并将任意视图拖放至项目中，如图 3-387 所示。

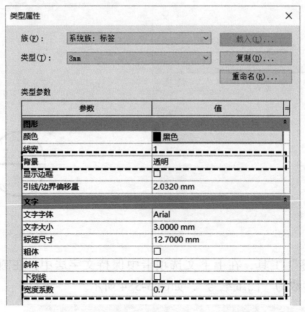

图　3-385

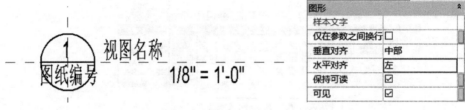

图　3-386

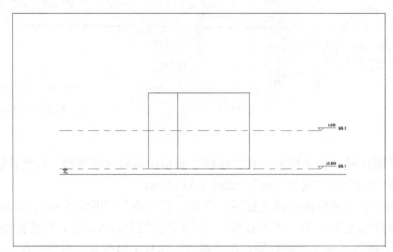

图　3-387

（9）在图纸中选中视图，在"属性"面板中"复制"新建视口类型，并修改该类型的"标题"为新载入的族，如图 3-388 所示。

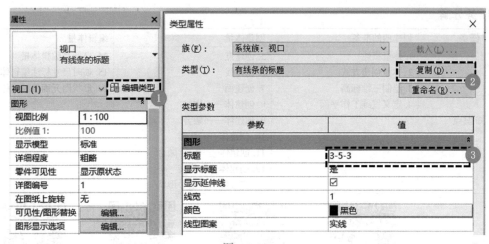

图 3-388

（10）在绘图区域中对视口位置和视图名称等内容做调整，如图 3-389 所示，完成样例参见文件夹中"族 3-5-3"文件。

图 3-389

3.6 体量

3.6.1 体量创建

任务描述

体量是在建筑模型的初始设计中使用的三维形状，是设计者对建筑外形做的最初的概念设计。本节的主要任务是学习体量创建和编辑。

案例：完成图 3-390 中所示体量。

图 3-390

任务分解

任务	创建前的准备	创建体量	编辑体量
知识点	1. 体量概述 2. 体量创建方式 3. 绘制三维标高 4. 定义三维工作平面	5. 创建点 6. 创建线 7. 创建面 8. 创建体——拉伸 9. 创建体——融合 10. 创建体——放样 11. 创建体——放样融合 12. 创建体——旋转 13. 实心形状、空心形状	14. 坐标系编辑体量 15. 临时尺寸标注编辑体量 16. 形状图元面板编辑体量
视频学习	体量概述	体量创建	体量常规形体创建　　　修改体量

知识学习

1. 体量概述

体量是一种特殊的族，是在建筑模型的初始设计中使用的三维形状。通过体量研究，可以使用造型形成建筑模型概念，从而探究设计的理念。概念设计完成后，可以直接将建筑图元添加到这些形状中。

2. 体量创建方式

Revit 提供了两种创建体量的方式。

一是内建体量，二是创建体量族后载入项目中使用，二者创建形体的方式一致。如需在一个项目中放置多个相同体量，或者在多个项目中使用同一体量族时，通常使用可载入体量族。

内建体量可直接单击"体量和场地"选项卡中的"内建模型"命令进入；要创建体量族，应选择"公制体量"样板文件创建，如图 3-391、图 3-392 所示。

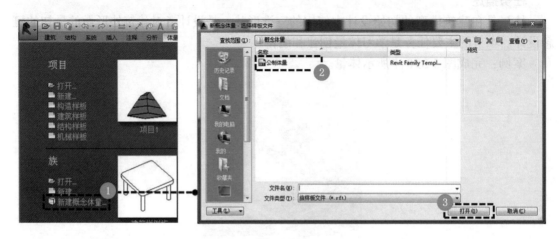

图　3-391

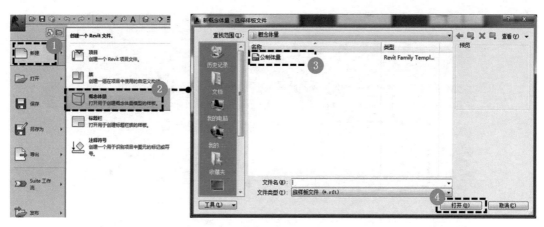

图　3-392

3. 绘制三维标高

体量族样板内可以定义标高，单击"创建"选项卡→"基准"面板→"标高"按钮，将光标移动到绘图区域现有标高面上方，单击或输入间距即可完成标高的创建，如图 3-393 所示。

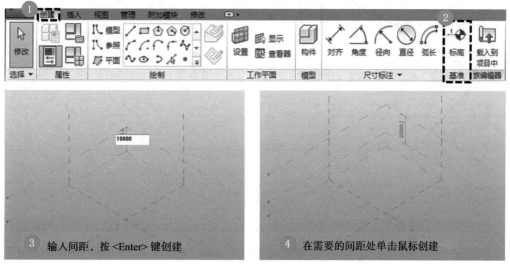

③ 输入间距，按 <Enter> 键创建　　　　④ 在需要的间距处单击鼠标创建

图　3-393

标高绘制完成后可通过临时尺寸标注修改标高高度，如图 3-394 所示。

4. 定义三维工作平面

标高划分了垂直空间位置，其他划分由参照平面完成，其绘制方式与在项目中方法一致。

标高和参照平面都可以设定为工作平面，如图 3-395 所示，要将图元绘制在准确的空间位置，应先指定工作平面。

5. 创建点

要创建点，应先设置点的放置工作平面，再单击"创建"选项卡→"绘制"面板→"模型"按钮，选择"点"工具，在绘图区域内相应位置点击即可，如图 3-396 所示。

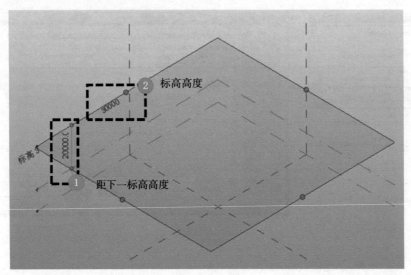

图　3-394

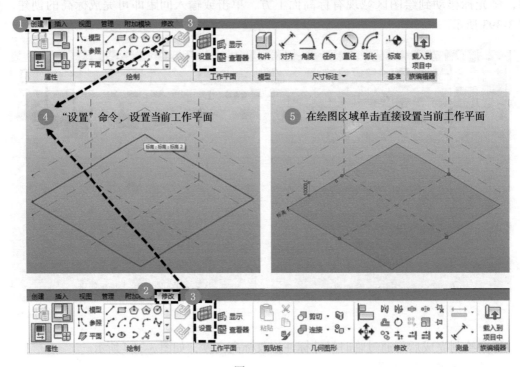

图　3-395

6. 创建线

线可以直接绘制，绘制前应先设置线所在的工作平面，单击"创建"选项卡→"绘制"面板→"模型"按钮，选择相应"线"工具，取消勾选选项栏"根据闭合的环生成表面"，在绘图区域内相应位置绘制即可创建线，如图 3-397 所示。

线也可以通过点生成，单击"创建"选项卡→"绘制"面板→"模型"按钮，选择"样条曲线"工具在绘图区域内捕捉已创建的点，可完成创建线，如图 3-397 所示。

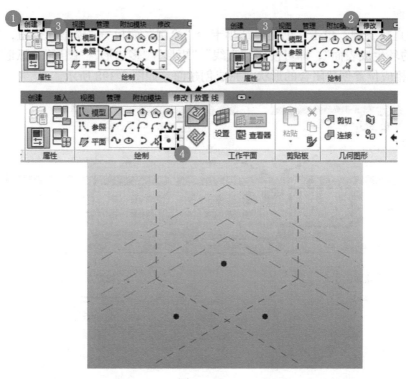

图　3-396

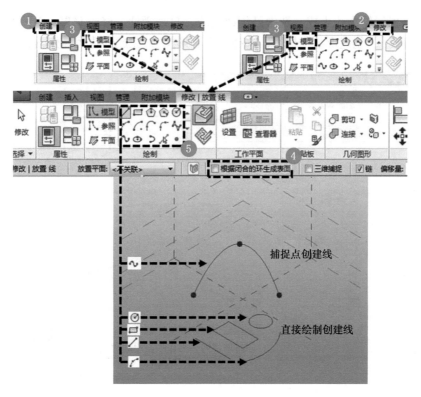

图　3-397

7. 创建面

面可以直接绘制，单击"创建"选项卡→"绘制"面板→"模型"按钮，勾选选项栏"根据闭合的环生成表面"，即可使用"直线""矩形""多边形""圆形""弧形"等工具在绘图区域内相应位置创建闭合的形状，完成创建面，如图3-398所示。

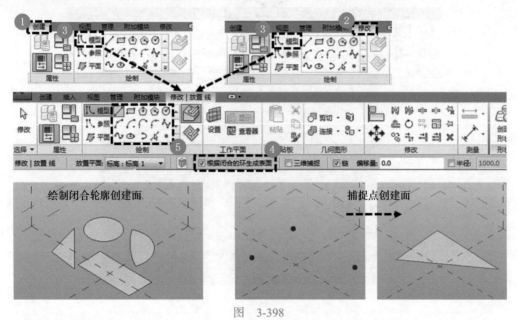

图 3-398

面也可以根据轮廓线生成，选中已创建的线，自动激活"修改|线"上下文选项卡，单击"形状"面板→"创建形状"按钮，选择"实心形状"，完成创建面，如图3-399所示。

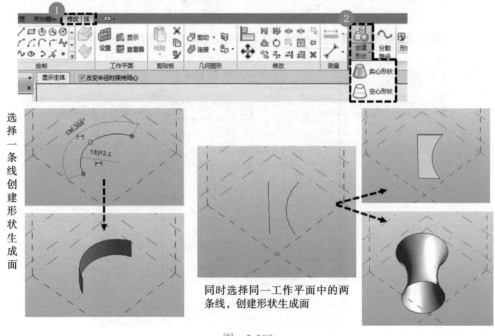

图 3-399

8. 创建体——拉伸

选中已创建的一个闭合轮廓,自动激活"修改 | 线"上下文选项卡,单击"形状"面板→"创建形状"按钮,选择"实心形状",创建拉伸实体,如图 3-400 所示。

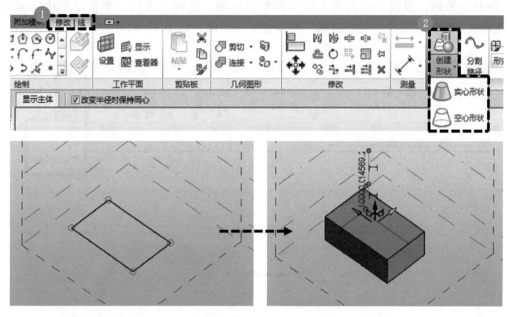

图　3-400

9. 创建体——融合

选中已创建的两个及以上不同高度的闭合轮廓,单击"形状"面板→"创建形状"按钮,选择"实心形状",可创建融合实体,如图 3-401 所示。

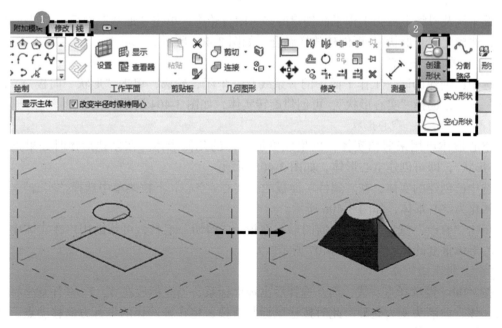

图　3-401

注意：同一高度的两个及以上闭合轮廓无法生成体量。

10. 创建体——放样

选中一条线，以线上一点为工作平面绘制轮廓，选择二者后，单击"形状"面板→"创建形状"按钮，选择"实心形状"可创建放样实体，如图 3-402 所示。

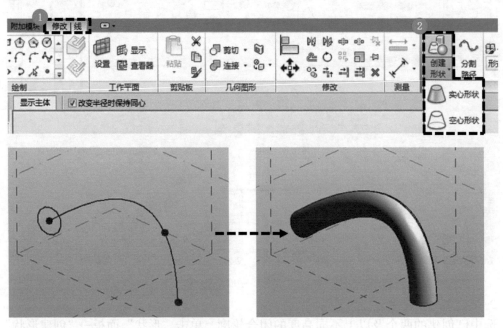

图 3-402

11. 创建体——放样融合

选中线及以线上点为工作平面创建的多个闭合轮廓，单击"形状"面板→"创建形状"按钮，选择"实心形状"，可创建放样融合，如图 3-403 所示。

12. 创建体——旋转

选中已创建的同一工作平面中的一条线及一个闭合轮廓，单击"形状"面板→"创建形状"按钮，选择"实心形状"，可创建旋转实体，如图 3-404 所示。

13. 实心形状、空心形状

空心形体可用来剪切实体，以生成更加多样的几何形体。在创建形体时如果选择为"空心形状"，即可创建空心形体，如图 3-405 所示。

选中已创建的实体，在"属性"面板的"实心 / 空心"下拉菜单中选择"实心"，可将实体转化为空心形体，如图 3-406 所示。

单击"修改"选项卡→"几何图形"面板→"剪切"工具，可帮助用户在实体中减去与空心形体重复的体积，如图 3-407 所示。

14. 坐标系编辑体量

按 <Tab> 键选择点、线、面，选择后出现坐标系，当光标放在 X、Y、Z 任意坐标方向上时，该方向箭头变为亮显，此时按住鼠标并拖拽，将在被选择的坐标方向移动点、线或面，如图 3-408 所示。

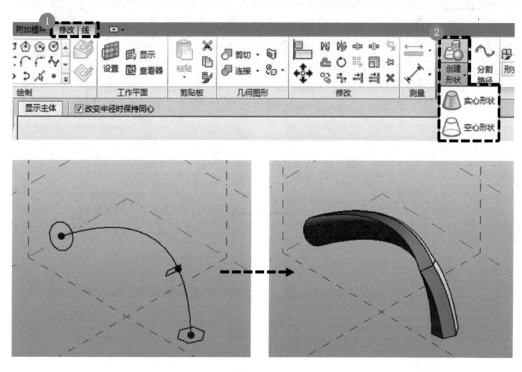

图 3-403

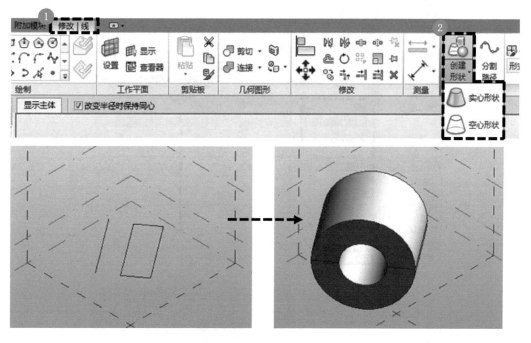

图 3-404

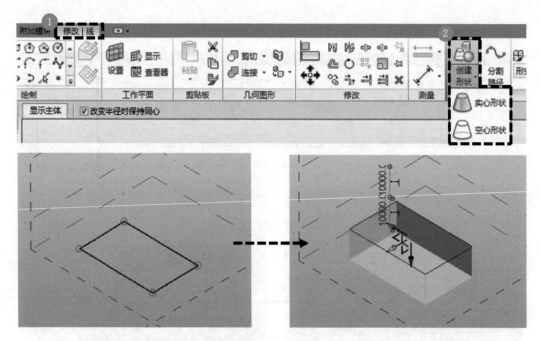

图　3-405

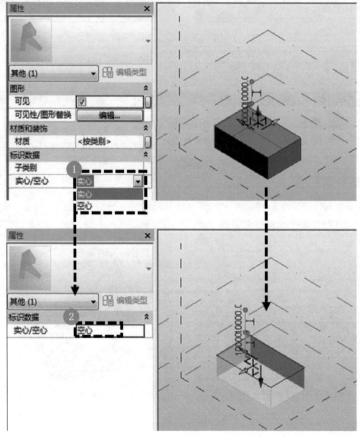

图　3-406

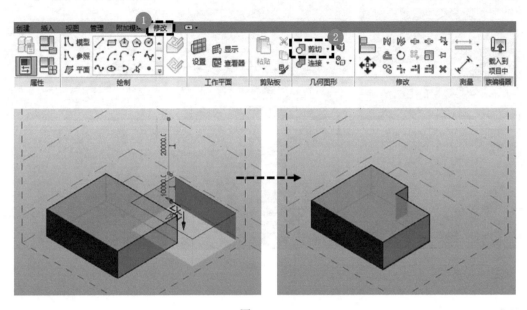

图 3-407

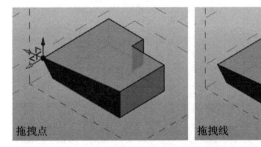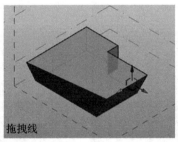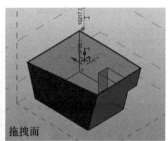

拖拽点　　　　　　　　拖拽线　　　　　　　　拖拽面

图 3-408

15. 临时尺寸标注编辑体量

　　按 <Tab> 键选择点、线、面，选择后出现可以修改的蓝色临时尺寸标注，单击需要修改的临时尺寸标注，输入数值，按 <Enter> 键，完成编辑，如图 3-409 所示。

16. 形状图元面板编辑体量

　　选择体量，激活"修改|形式"上下文选项卡，点击"形状图元"面板→"透视"按钮，可以以透视方式观察体量，再次单击"透视"按钮将关闭透视模式，如图 3-410 所示。

　　添加边与轮廓：在透视模型下，选择体量，在"修改|形式"上下文选项卡，单击"形状图元"面板→"添加边"按钮，将光标移动到体量面上，会出现新边的预览，在适当位置单击即完成新边的添加，同时也添加了与其他边相交的点，可选择该边或点编辑体量。新边添加完成后单击"修改"命令或按 <Esc> 键退出编辑模式，如图 3-411 所示。形体轮廓添加方式同添加边类似，如图 3-412 所示。

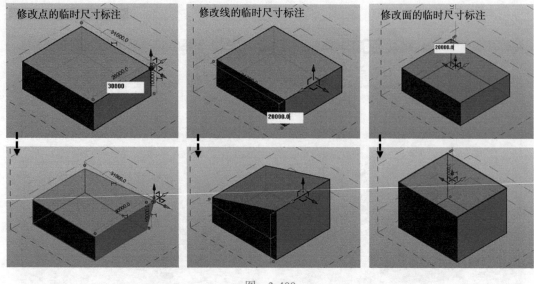

图　3-409

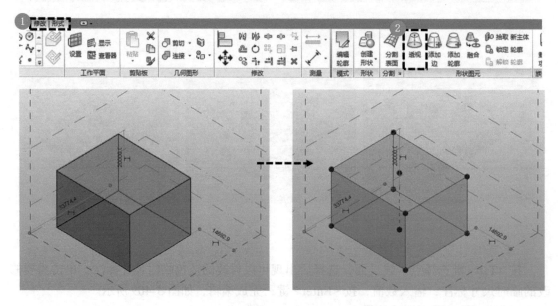

图　3-410

　　融合：选择体量，单击"修改|形式"上下文选项卡，单击"形状图元"面板→"融合"按钮，体量将以轮廓显示，拖拽点编辑轮廓或者删除已有轮廓重新绘制新轮廓，完成轮廓编辑后，全选所有轮廓，单击"形状"面板→"创建形状"按钮，重新创建形状，如图 3-413 所示。

　　拾取新主体：选择体量，激活"修改|形式"上下文选项卡，单击"形状图元"面板→"拾取新主体"按钮，将光标移动到其他体量或构件的面上，可拾取的面将高亮显示，移动到合适位置，单击鼠标，将体量移动到其他体量或构件的面上，如图 3-414 所示。

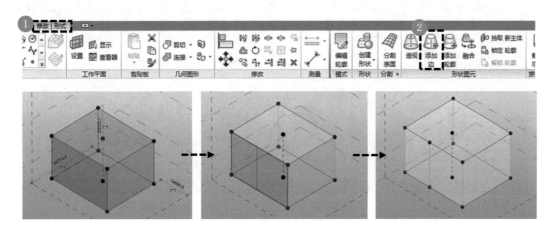

图　3-411

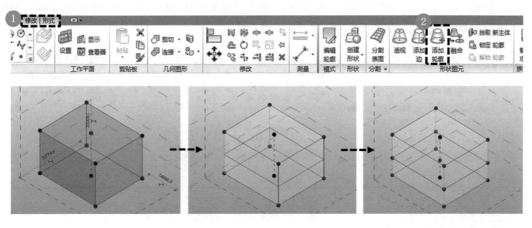

图　3-412

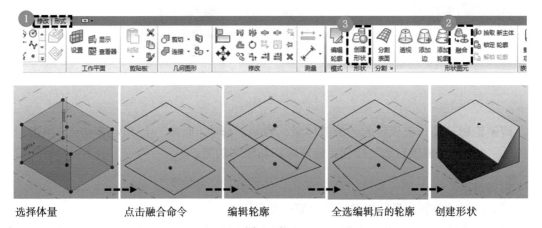

选择体量　　点击融合命令　　编辑轮廓　　全选编辑后的轮廓　　创建形状

图　3-413

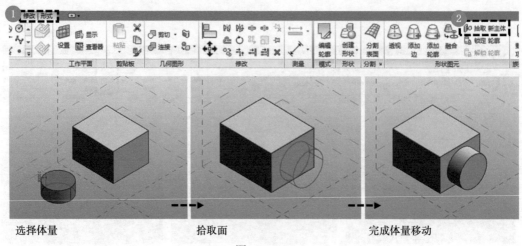

图 3-414

锁定轮廓：选择体量中的某一轮廓，激活"修改 | 形式"上下文选项卡，单击"形状图元"面板→"锁定轮廓"按钮，体量简化为所选轮廓的拉伸，手动添加的轮廓将自动删除，锁定轮廓后无法再添加新轮廓，如图 3-415 所示。

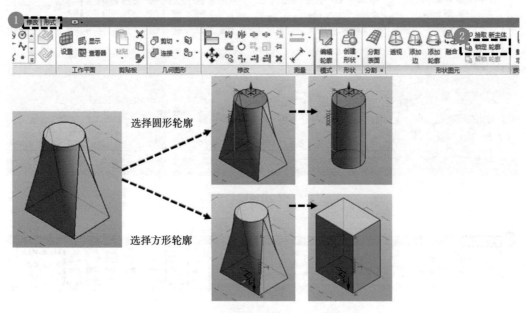

图 3-415

解锁轮廓：选择被锁定的轮廓或体量，激活"修改 | 形式"上下文选项卡，单击"形状图元"面板→"解锁轮廓"按钮，恢复添加新轮廓功能。

案例示范

（1）选用"公制体量"族样板新建概念体量。

（2）分别在高度"10000""15000""20000""25000""35000"处绘制三维标高，如图 3-416 所示。

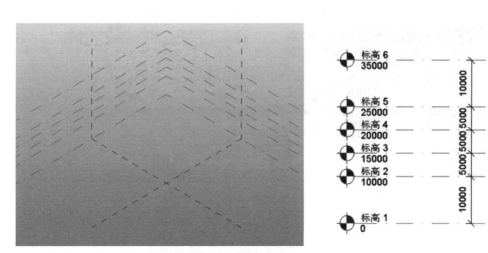

图 3-416

（3）设置"标高1"为当前工作平面，在距离插入点"10000"处四个方向分别创建工作平面，如图3-417所示。

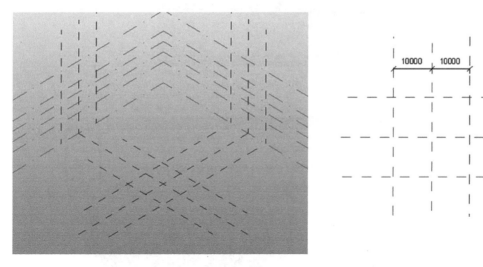

图 3-417

（4）设置"标高1"为当前工作平面，选择"矩形"按钮，拾取参照平面的两个对角交叉点，创建矩形闭合轮廓，如图3-418所示。

（5）选择矩形轮廓，单击"修改 | 放置线"上下文选项卡→"形状"面板→"创建形状"按钮，选择"实心形状"。单击临时尺寸标注，输入数值，修改拉伸高度为"10000"，如图3-419所示。

（6）设置"标高3"为当前工作平面，单击"创建"选项卡或者"修改"选项卡→激活"修改 | 放置线"上下文选项卡→单击"绘制"面板→"模型"→"矩形"按钮，选择"在工作平面上绘制"，设置选项栏"偏移量"为"5000"，拾取参照平面的两个对角交叉点，按空格键调整矩形方向，创建矩形闭合轮廓。同样方法创建标高4上的矩形闭合轮廓，"偏移量"为"3000"，如图3-420所示。

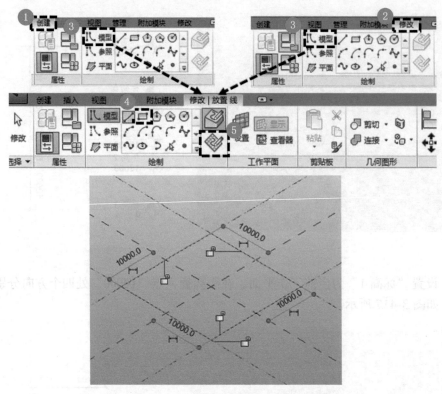

图 3-418

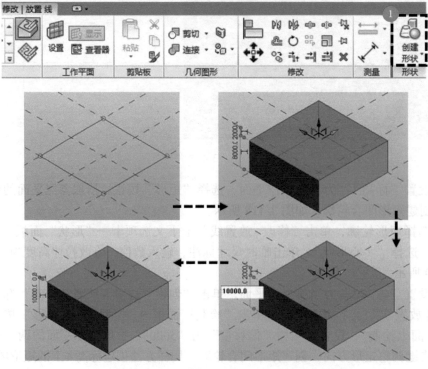

图 3-419

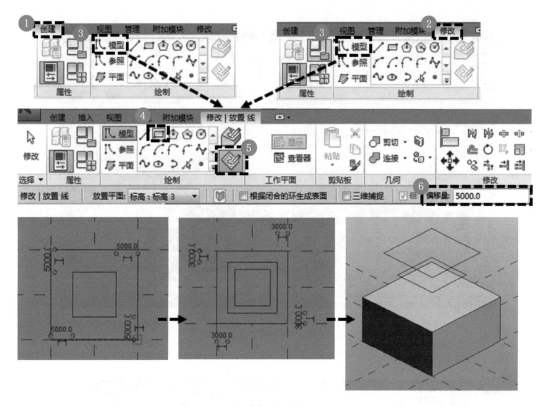

图   3-420

> **注意**：单击或拖动三维视图右上角的视立方，可以切换视图角度，方便绘制，单击视立方左上角小房子" ⌂ "图标，则自动回到三维主视图，如图 3-421 所示。

（7）按 <Tab> 键选择矩形拉伸的顶面，按住 <Ctrl> 键单击"标高 3""标高 4"工作平面上的矩形闭合轮廓，同时将三个图元一起选中，单击"修改|选择多个"上下文选项卡→"形状"面板→"创建形状"按钮，选择"实心形状"，创建实心融合，如图 3-422 所示。

（8）设置"标高 5"为当前工作平面，单击"创建"选项卡或者"修改"选项卡→激活"修改|放置线"上下文选项卡→单击"绘制"面板→"模型"→"矩形"按钮，选择"在

图   3-421

工作平面上绘制"，设置选项栏偏移量为"5000"，拾取参照平面的两个对角交叉点，创建矩形闭合轮廓，如图 3-423 所示。

（9）按 <Tab> 键选择矩形融合的顶面，按住 <Ctrl> 键单击"标高 5"工作平面上的矩形闭合轮廓，同时将两个图元一起选中，单击"修改|选择多个"上下文选项卡→"形状"面板→"创建形状"按钮，选择"实心形状"，创建实心融合，如图 3-424 所示。

（10）设置立面中心参照平面为当前工作平面，单击右上角视立方的"前"，使三维视图南立面显示，绘制如图 3-425 所示位置两条参照平面。

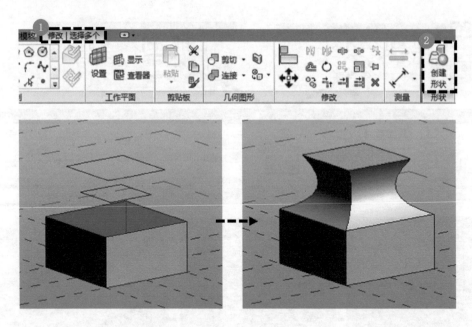

图　3-422

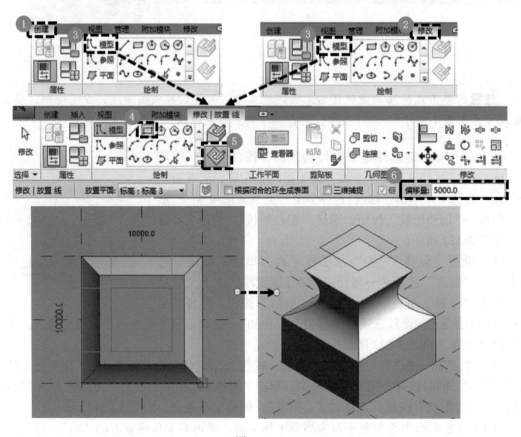

图　3-423

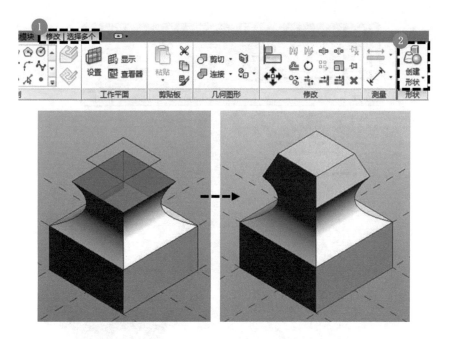

图　3-424

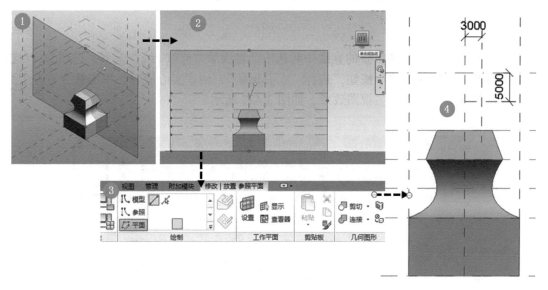

图　3-425

（11）设置立面中心参照平面为当前工作平面，单击右上角视立方的"前"，使三维视图南立面显示，单击"创建"选项卡或者"修改"选项卡→"绘制"面板→"模型"按钮，激活"修改|放置线"上下文选项卡，使用"直线"和"起点 - 终点 - 半径弧"工具，设置为"在工作平面上绘制"，勾选选项栏"链"工具，在绘图区域内捕捉参照平面的交点，完成轮廓绘制。继续在当前工作平面绘制一条和轮廓边缘垂直重叠的直线，如图 3-426所示。

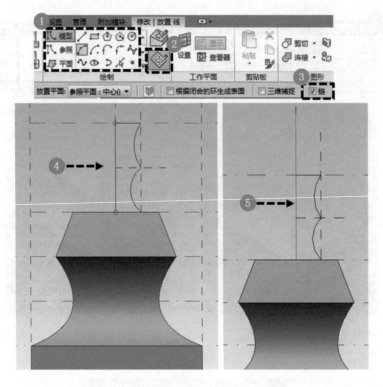

图 3-426

（12）将绘制的轮廓和重叠的直线一起选中，将激活"修改 | 线"上下文选项卡，单击"形状"面板→"创建形状"按钮，选择"实心形状"，创建实心旋转。单击视立方左上角"小房子"按钮，观察三维主视图效果，如图 3-427 所示。

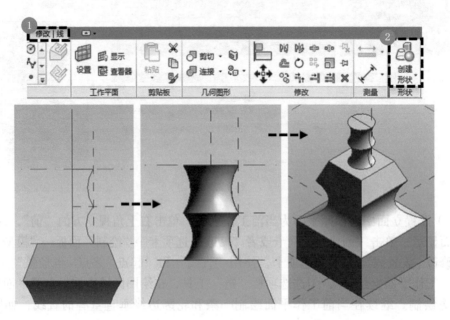

图 3-427

（13）设置立面参照平面为当前工作平面，单击右上角视立方的"前"，使三维视图南立面显示，单击"创建"选项卡或者"修改"选项卡→"绘制"面板→"模型"按钮，激活"修改 | 放置线"上下文选项卡，使用"直线"和"起点 - 终点 - 半径弧"工具，设置为"在工作平面上绘制"，勾选选项栏"链"工具，在绘图区域内绘制如图轮廓，如图 3-428 所示。

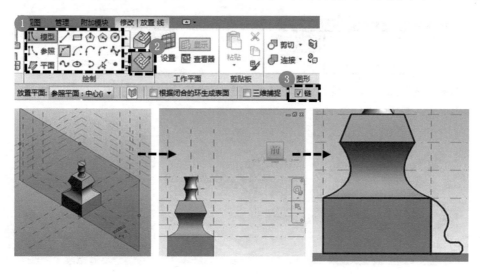

图　3-428

（14）单击视立方左上角"小房子"按钮，显示三维主视图，移动鼠标至所绘制的轮廓处，按 <Tab> 键切换至需要选择的轮廓，单击选中；再移动鼠标至矩形轮廓外边缘处，按 <Tab> 键切换至需要选择的轮廓，按住 <Ctrl> 键并单击鼠标，同时将绘制的轮廓和矩形拉伸底面轮廓一起选中，将激活"修改 | 选择多个"上下文选项卡，单击"形状"面板→"创建形状"按钮，选择"实心形状"，创建实心放样，如图 3-429 所示。

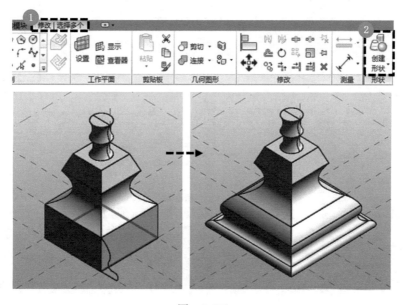

图　3-429

（15）按 <Tab> 键选择体量面为当前工作平面，单击"创建"选项卡或者"修改"选项卡→"绘制"面板→"模型"按钮，激活"修改 | 放置线"上下文选项卡，使用"直线"工具，设置为"在面上绘制"，勾选选项栏"链"工具，设置选项栏偏移量为"500"，拾取当前面的四个交点，绘制闭合轮廓，如图 3-430 所示。

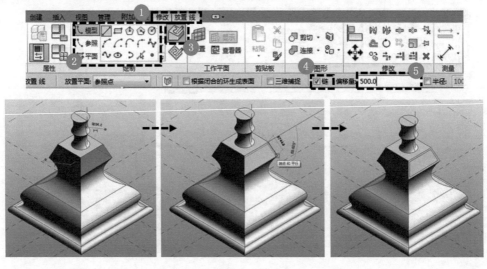

图　3-430

（16）选择体量面上绘制的闭合轮廓，将激活"修改 | 放置线"上下文选项卡，单击"形状"面板→"创建形状"按钮→"空心形状"，创建空心拉伸。空心拉伸直接剪切实心融合，如图 3-431 所示。

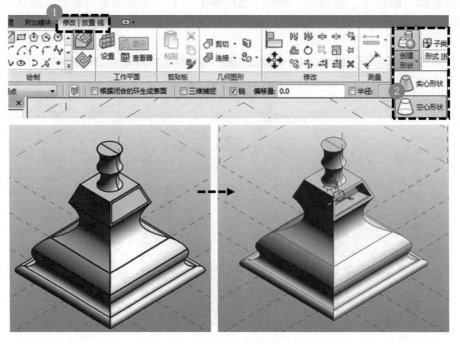

图　3-431

（17）单击空心拉伸临时尺寸标注，修改为"500"，如图 3-432 所示。

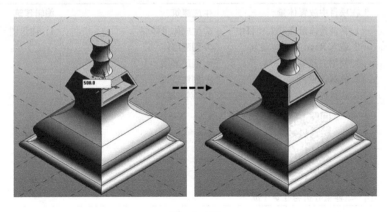

图　3-432

（18）调整三维视图显示角度，重复（15）~
（17）步骤，完成空心融合的另外三个体量面的
剪切，如图 3-433 所示。

（19）保存文件，完成样例参见文件夹中
"族 3-6-1"文件。

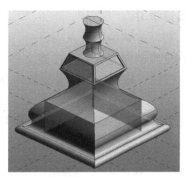

图　3-433

3.6.2　体量分析与建筑生成

任务描述

当体量方案确定以后，可以将体量转换为建筑构件，如墙、楼板、屋顶等，从而形成
建筑。本节的主要任务是掌握体量生成建筑的方法。

案例：完成图 3-434 中所示体量建筑。

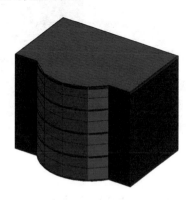

图　3-434

任务分解

任务	在项目中放置体量	生成建筑	编辑建筑
知识点	1. 将新建体量族载入项目中 2. 载入 Revit 自带体量族 3. 使用内建体量 4. 放置体量 5. 连接体量	6. 生成体量楼层 7. 创建墙体 8. 创建幕墙 9. 创建楼板 10. 创建屋顶	11. 建筑图元的更新
视频学习	体量分析与建筑生成		

知识学习

1. 将新建体量族载入项目中

体量族制作完成后，在族文件"创建"选项卡→"族编辑器"面板→单击"载入到项目中"按钮，将制作的体量族载入打开的项目中，如图 3-435 所示。

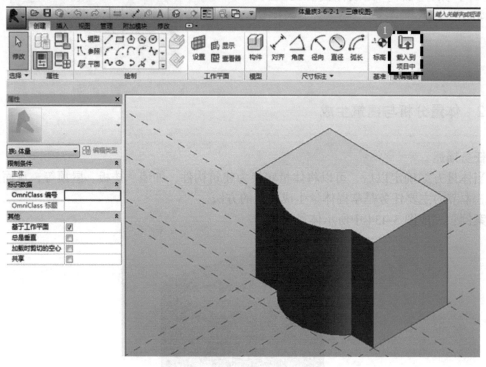

图 3-435

2. 载入 Revit 自带体量族

在项目中，单击"插入"选项卡→"从库中载入"面板→"载入族"按钮，弹出"载入族"对话框，选择"建筑"→"体量"文件夹，选择需要载入的体量族文件，双击鼠标左键，即可将 Revit 自带体量族载入项目中，如图 3-436 所示。

图 3-436

3. 使用内建体量

如果在项目中绘制了内建体量，完成体量后，即可直接使用"面模型"工具细化体量方案，无需载入。

4. 放置体量

在项目中选择"建筑"选项卡→"构建"面板→"构件"下拉菜单，单击"放置构件"命令，选择体量族放置在项目中。

Revit 软件建筑样板中设置了体量为不可见，为了创建和使用体量，可单击"体量和场地"选项卡→"概念体量"面板→"显示体量形状和楼层"命令，所有体量实例和体量楼层会在所有视图中显示，即使体量类别的可见性在视图中被关闭也会显示，如图 3-437所示。

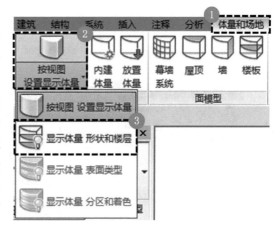

图 3-437

5. 连接体量

当多个体量形体间有交叉时，可以使用"修改"选项卡→"几何图形"面板→"连接"下拉菜单→"连接几何图形"命令，将形体连接，如图 3-438 所示。

6. 生成体量楼层

在项目中，选中放置的体量，激活"修改 | 体量"上下文选项卡→"模型"面板→"体量楼层"命令，弹出"体量楼层"对话框，勾选全部标高，单击"确定"，生成体量楼层，如图 3-439 所示。

选中体量，可在"属性"面板→"尺寸标注"→"总楼层面积""总表面积""总体积"处，查阅体量相关信息。只有生成了体量楼层，才会显示体量总楼层面积，如图 3-440 所示。

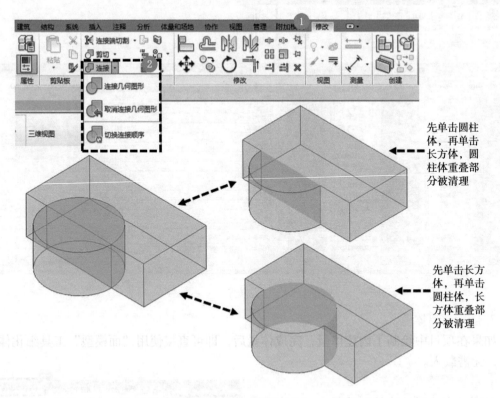

图　3-438

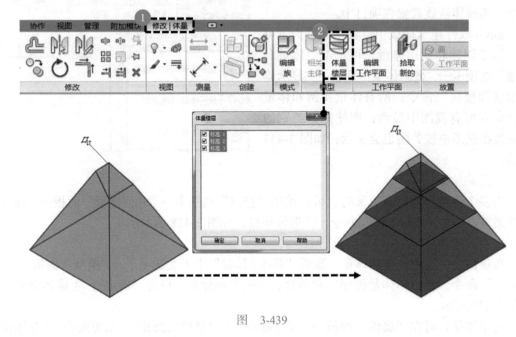

图　3-439

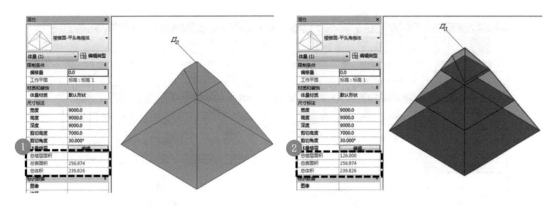

图　3-440

7. 创建墙体

单击"体量和场地"选项卡→"面模型"面板→"墙"命令，在"属性"面板选择合适的墙类型，依次单击体量面即可创建墙体，如图 3-441 所示。

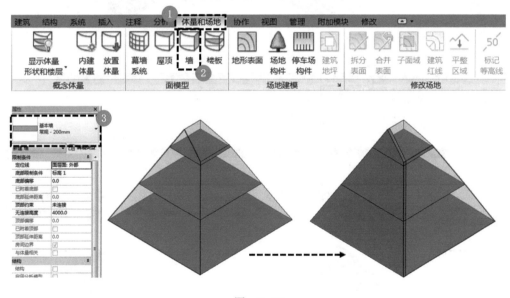

图　3-441

8. 创建幕墙

单击"体量和场地"选项卡→"面模型"面板→"幕墙系统"命令，在"属性"面板中选择合适的幕墙系统类型，多选中需要创建幕墙系统的体量面，单击上下文选项卡中"创建系统"命令，即可创建幕墙系统，如图 3-442 所示。

9. 创建楼板

单击"体量和场地"选项卡→"面模型"面板→"楼板"命令，在"属性"面板中选择合适的楼板类型，依次选中所有体量楼层，单击上下文选项卡中"创建楼板"命令，即可创建楼板，如图 3-443 所示。

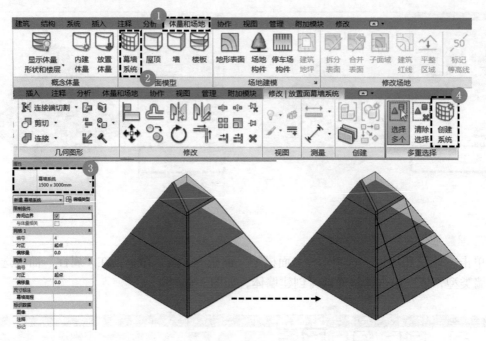

图　3-442

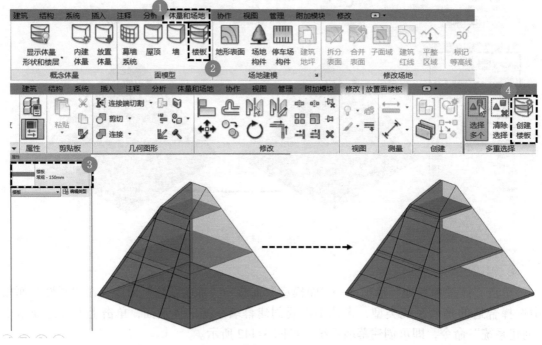

图　3-443

10. 创建屋顶

单击"体量和场地"选项卡→"面模型"面板→"屋顶"命令，在"属性"面板中选择合适的屋顶类型，选中需要创建屋顶的体量面，单击上下文选项卡中"创建屋顶"命令，即可创建屋顶，如图 3-444 所示。

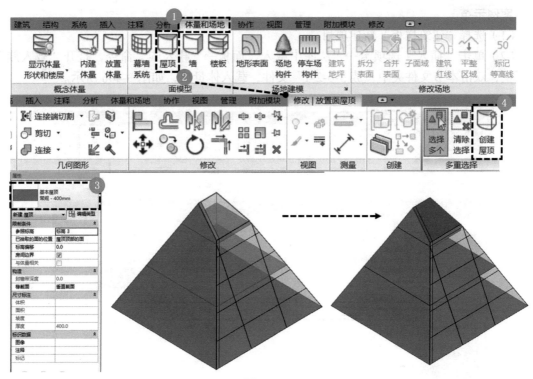

图 3-444

11. 建筑图元的更新

编辑体量后，选择建筑构件，单击"修改 | 屋顶"上下文选项卡中"面的更新"命令，可自动更新图元，以适应体量面的当前大小和形状，如图 3-445 所示。

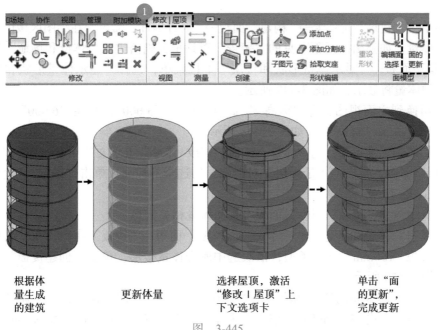

根据体量生成的建筑　　更新体量　　选择屋顶，激活"修改 | 屋顶"上下文选项卡　　单击"面的更新"，完成更新

图 3-445

案例示范

（1）选择"建筑样板"新建项目。

（2）单击"插入"选项卡→"从库中载入"面板→"载入族"命令，打开"载入族"对话框，双击本节文件夹中"族3-6-2-1"文件，载入体量族，如图3-446所示。

图　3-446

（3）单击"建筑"选项卡→"构建"面板→"放置构件"命令，在绘图区域内单击鼠标左键放置体量，如弹出图元不可见的"警告"对话框，则需进入"体量和场地"选项卡→"概念体量"面板→"显示体量形状和楼层"下拉菜单，选择"显示体量形状和楼层"命令，插入的体量将显示，如图3-447所示。

（4）切换到立面视图，将"标高2"高度修改为"3.000"，并在"6.000""9.000"处分别创建"标高3""标高4"，如图3-448所示。

（5）切换到三维视图，选中体量，激活"修改|体量"上下文选项卡→"模型"面板→"体量楼层"命令，弹出"体量楼层"对话框，勾选全部标高，单击"确定"，生成体量楼层，如图3-449所示。

（6）选中体量，可在"属性"面板中查阅体量相关信息。

（7）单击"体量和场地"选项卡→"面模型"面板→"楼板"命令，在"属性"面板中选择"常规 –150mm"楼板类型，依次选中所有体量楼层，单击"创建楼板"命令创建楼板，如图3-450所示。

（8）单击"体量和场地"选项卡→"面模型"面板→"墙"命令，在"属性"面板中选择墙类型为"常规 –90mm 砖"，依次选中体量四周垂直面创建墙体，如图3-451所示。

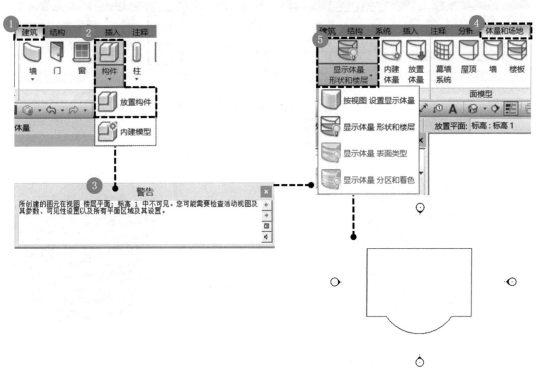

图   3-447

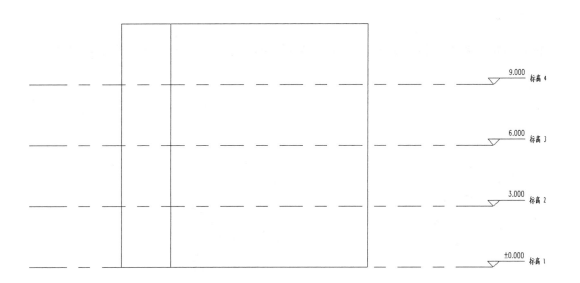

图   3-448

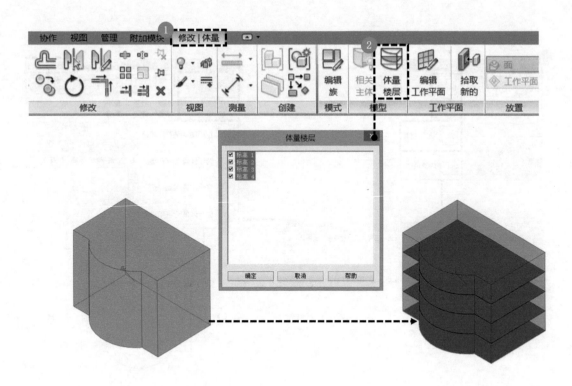

图　3-449

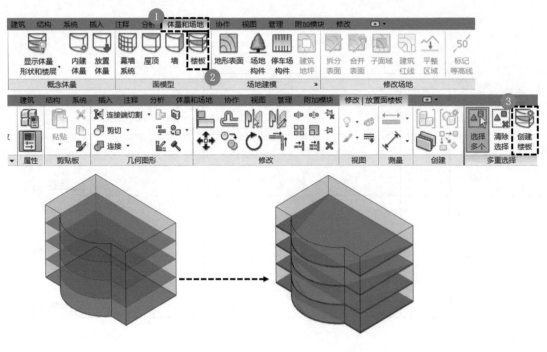

图　3-450

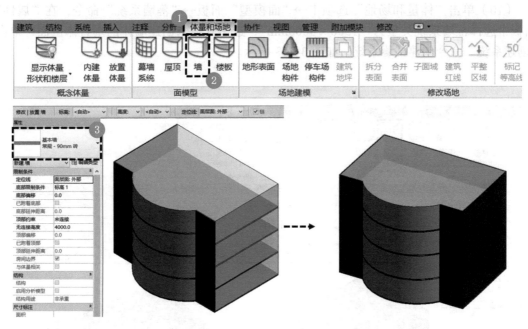

图　3-451

（9）单击"体量和场地"选项卡→"面模型"面板→"屋顶"命令，在"属性"面板中选择屋顶类型为"保温屋顶 - 混凝土"，选中体量顶部平面，单击"创建屋顶"命令创建屋顶，如图 3-452 所示。

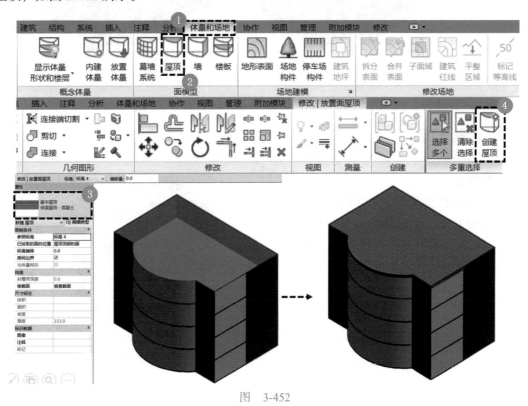

图　3-452

（10）单击"体量和场地"选项卡→"面模型"面板→"幕墙系统"命令，在"属性"面板中选择幕墙系统类型为"1500×3000mm"，选中其他未创建墙体的垂直体量面，单击"创建系统"命令创建幕墙系统，如图 3-453 所示。

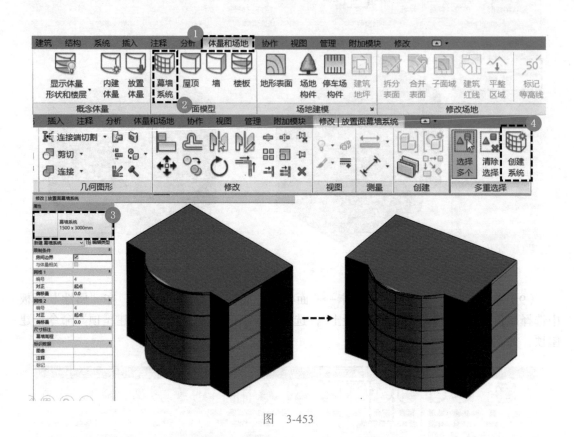

图　3-453

（11）保存文件，完成样例参见文件夹中"项目 3-6-2-1"文件。

3.6.3　体量表面

任务描述

　　体量并非真正意义上的实体构件，除在体量的基础上生成墙体、楼板外，还可以分割体量面并放置构件。本节的主要任务是掌握体量表面分割与填充的知识。

　　案例：完成图 3-454 中所示体量表面。

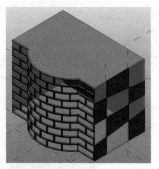

图　3-454

任务分解

任务	分割表面	填充表面
知识点	1. UV 网格分割表面 2. 交点自定义分割表面 3. 表面表示	4. 填充图案 5. 制作基于填充图案的填充构件 6. 制作自适应填充构件
视频学习		

UV 网格分割表面　　　　　　交点自定义分割表面　　　　　　　　填充图案

制作基于填充图案的填充构件　　制作自适应填充构件

知识学习

1. UV 网格分割表面

选择体量面，单击"修改 | 形式"上下文选项卡→"分割"面板→"分割表面"命令，表面将通过 UV 网格进行分割，如图 3-455 所示。

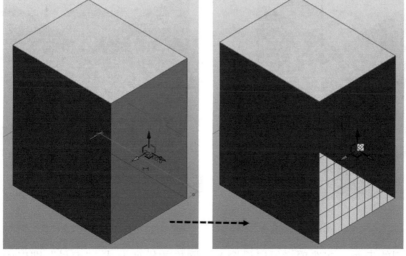

图　3-455

注意：UV 网格是用于非平面表面的坐标绘制网格，在概念设计环境中相当于 XY 网格，即两个方向默认垂直交叉的网格，表面的默认分割数为 10×10，如图 3-456 所示。

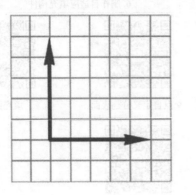

图　3-456

UV 网格彼此独立，并且可以根据需要开启和关闭。默认情况下，最初分割表面后，U 网格和 V 网格都处于开启状态，如图 3-457 所示。

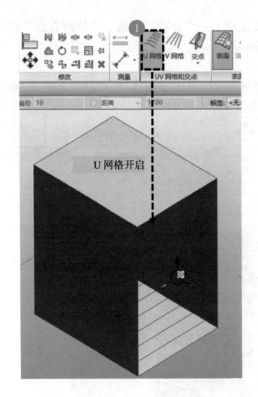
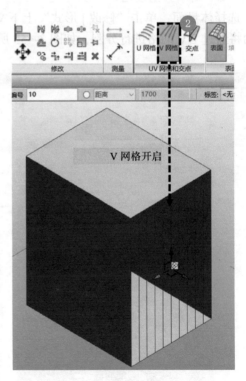

图　3-457

选择被分割的表面，在选项栏可以设置 UV 网格的排列方式："编号"即以固定数量排列网格；"距离"下拉列表可以选择"距离""最大距离""最小距离"，如图 3-458 所示。

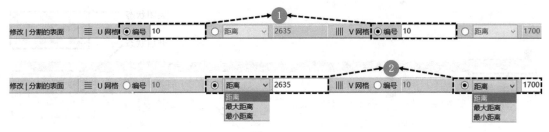

图　3-458

2. 交点自定义分割表面

交点自定义分割表面是指使用绘图区域中自定义创建的相交平面（如标高和参照平面或在参照平面上绘制的线）来分割表面。分割表面前，需要先创建与平面相交的参照平面，如图 3-459 所示。

选中体量面，在上下文选项卡中单击"分割表面"命令，在"修改|分割的表面"上下文选项卡中，单击"U 网格"和"V 网格"按钮，取消 U 网格和 V 网格的显示，再单击"交点"按钮，进入交点编辑模式，按住 <Ctrl> 键，多选划分表面的参照平面，可完成交点表面分割，如图 3-460 所示。

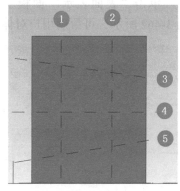

图　3-459

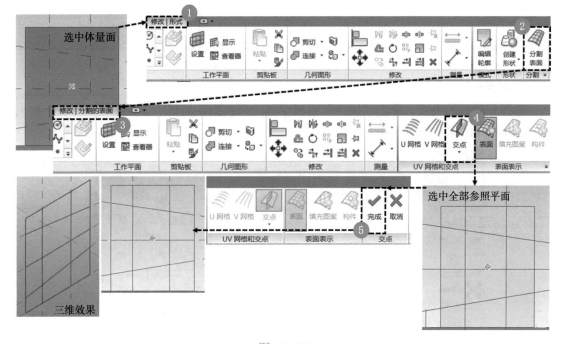

图　3-460

3. 表面表示

选择分割表面后的体量面，在"修改|分割的表面"上下文选项卡→"表面表示"面板下的"表面""填充图案""构件"三个命令可用于设置面的显示方式，如图 3-461 所示。

图 3-461

单击"表面表示"面板右下角"小箭头"按钮，将弹出"表面表示"对话框，如图 3-462 所示，可帮助用户对体量面中展示的元素做更精确的设定。

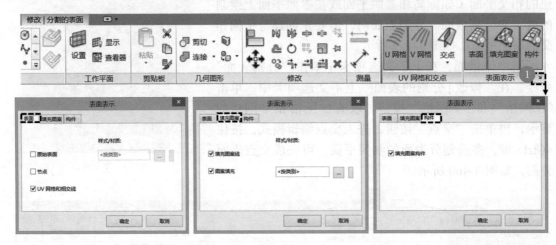

图 3-462

4. 填充图案

选择分割后的表面，单击"属性"面板中的"修改图元类型"下拉按钮，可在下拉列表中选择填充图案，如图 3-463 所示。

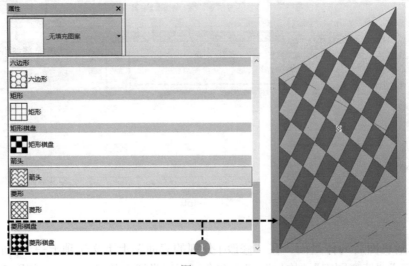

图 3-463

在"属性"面板中的"边界平铺"属性用于确定填充图案与表面边界相交的方式："空""部分"或"悬挑",如图 3-464 所示。

"所有网格旋转":旋转 UV 网格,为表面填充图案,如图 3-465 所示。

图 3-464

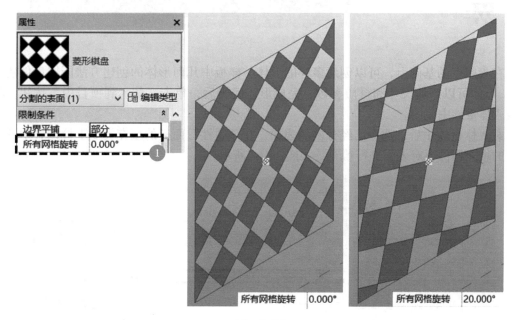

图 3-465

"属性"面板中 UV 网格的设置可驱动填充图案的大小变化。

5. 制作基于填充图案的填充构件

制作实体构件也是通过族的方式进行,其样板文件为"基于填充图案的公制常规模型"样板文件。

选中网格,单击"属性"面板中的"网格类型"下拉按钮,可在下拉列表中选择填充不同网格,如图 3-466 所示,注意观察参照点的变化。

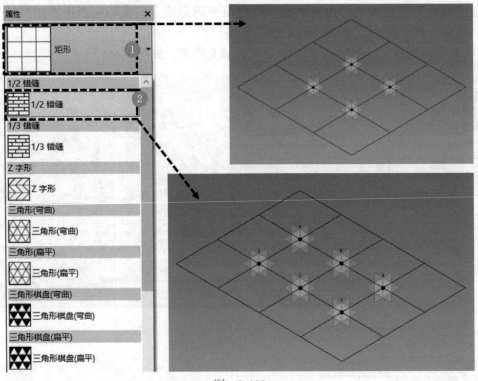

图 3-466

在参照点的基础上，可以创建多样的形体（样板中几何形体的创建方法同体量创建方法）。形体可以添加尺寸和材质参数，完成形体编辑后，单击"载入到项目中"按钮，将其载入体量族中使用。

载入体量族中后，选中已经分割的表面，在"属性"面板的填充类型下拉列表中选择制作的填充构件，对表面进行填充，如图 3-467 所示。

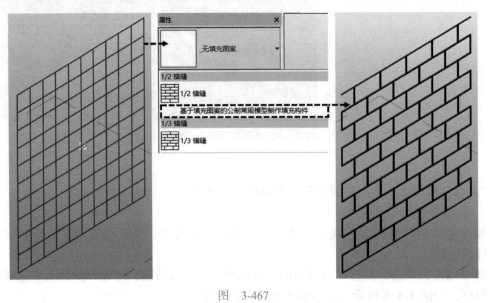

图 3-467

6. 制作自适应填充构件

"基于填充图案的公制常规模型"样板适用于填充规则的有理化表面；对于自定义划分的网格，可以选择"自适应公制常规模型"样板文件创建族。

在"自适应公制常规模型"样板中没有提供预先定义的参照点，要创建参照点，可先单击"创建"选项卡→"绘制"面板→"点图元"命令，创建普通点，点的个数由填充表面自定义划分的网格决定，位置随意，如图 3-468 所示。

全选点后在"修改 | 参照点"上下文选项卡中，单击"自适应构件"面板→"使自适应"按钮，即可将参照点转换为自适应点，如图 3-469 所示。

选择自适应点，在"属性"

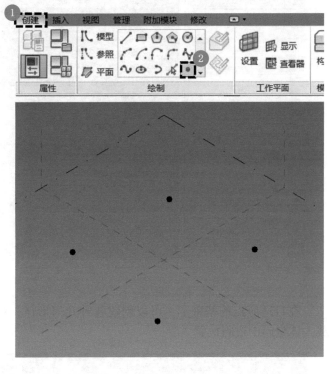

图　3-468

面板的"自适应构件"列表的"编号"栏中，显示自适应点的编号，可手动修改编号，编号顺序决定了使用自适应构件族时鼠标单击的顺序，如图 3-470 所示。

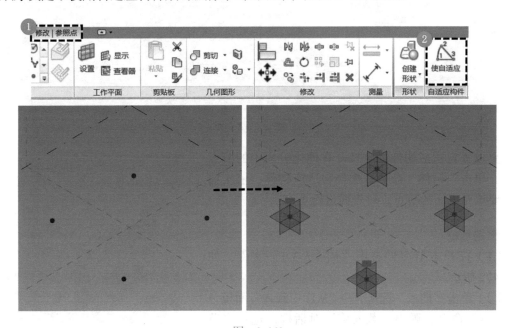

图　3-469

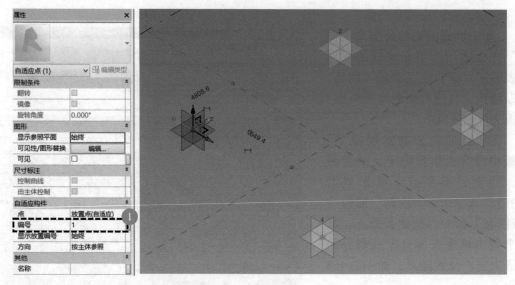

图　3-470

在自适应点的基础上，可以创建各种几何形体，如图 3-471 所示，创建完毕后可将其载入体量族中进行放置。

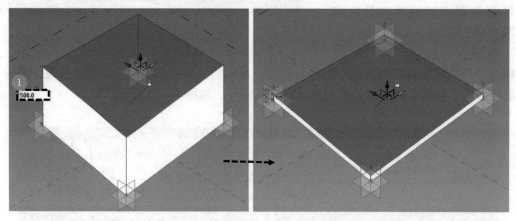

图　3-471

要放置自适应构件，应打开有理化表面中的节点显示，单击"构件"命令，选择自适应构件，依次捕捉需要填充表面的节点，对表面进行填充。

案例示范

（1）打开本节文件夹中"族 3-6-3-1"文件，如图 3-472 所示。

（2）单击"插入"选项卡→"从库中载入"面板→"载入族"命令，弹出"载入族"对话框，选择本节文件夹中"族 3-6-3-2"文件，双击载入项目中。

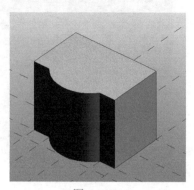

图　3-472

（3）按住 <Ctrl> 键，同时选择弧形体量面和相邻的垂直体量面，激活"修改 | 形式"上下文选项卡，单击"分割"面板→"分割表面"命令，如图 3-473 所示。

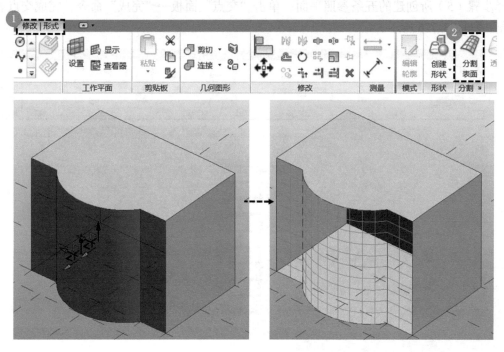

图　3-473

（4）按住 <Ctrl> 键，同时选择已经分割的弧形体量面和相邻的垂直体量面，在"属性"面板的"填充图案"下拉菜单中选择已经载入的"族 3-6-3-2"，如图 3-474 所示。

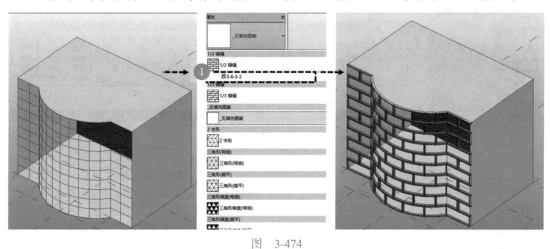

图　3-474

（5）设置立面参照平面为当前工作平面，单击视立方的"右"，使三维视图显示东立面，创建五条参照平面，如图 3-475 所示。

（6）设置立面参照平面为当前工作平面，单击视立方的"右"，选中体量面，激活"修改 | 形式"上下文选项卡，单击"分割"面板→"分割表面"命令，激活"修改 | 分割

的表面"上下文选项卡,取消"UV 网格和交点"面板→"U 网格"和"V 网格"的选择,单击"UV 网格和交点"面板→"交点"命令,进入交点编辑模式,按住 <Ctrl> 键,同时选择步骤(5)所创建的五条参照平面,单击"交点"面板→"完成"命令,完成交点表面分割,如图 3-476 所示。

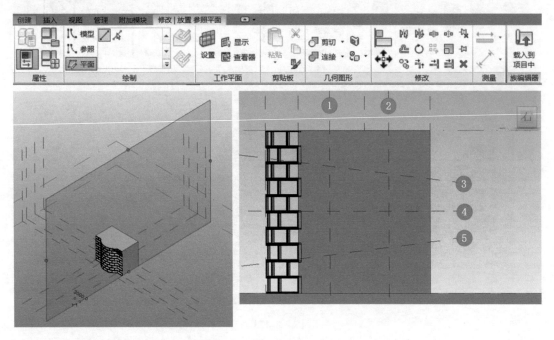

图 3-475

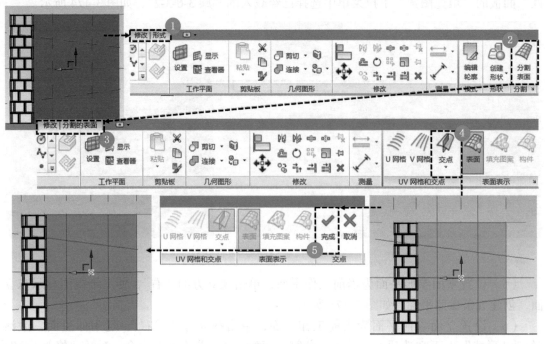

图 3-476

（7）选中完成交点分割后的体量面，激活"修改|分割的表面"上下文选项卡，单击"表面表示"面板右下角的"小箭头"，弹出"表面表示"对话框，在"表面"面板中勾选"节点"，单击"确定"，打开节点，方便后面填充时捕捉，如图 3-477 所示。

图　3-477

（8）单击"插入"选项卡→"从库中载入"面板→"载入族"命令，弹出"载入族"对话框，选择本节文件夹中"族 3-6-3-3"文件，双击载入项目中。

（9）单击"创建"选项卡→"模型"面板→"构件"命令，在"属性"面板中选择"族 3-6-3-3"中名称为"1"的类型，在交点分割的体量面中依次捕捉一块分割面的四个交点，顺时针依次单击，完成构件填充；继续选择"族 3-6-3-3"中名称为"2"的类型，在交点分割的体量面中依次捕捉另一块分割面的四个交点，顺时针依次单击，完成构件填充；重复上述操作，完成整个交点分割的体量面的自适应构建填充，如图 3-478 所示。

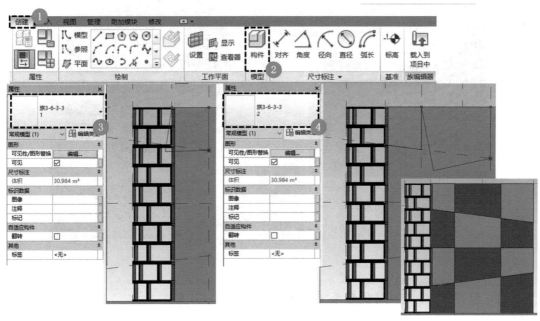

图　3-478

（10）也可以在填充完四个有规律的分割面后，按住 <Ctrl> 键，同时选中四个有规律的分割面，激活"修改 | 常规模型"上下文选项卡，单击"修改"面板→"重复"命令，完成整个交点分割的体量面的自适应构建填充，如图 3-479 所示。

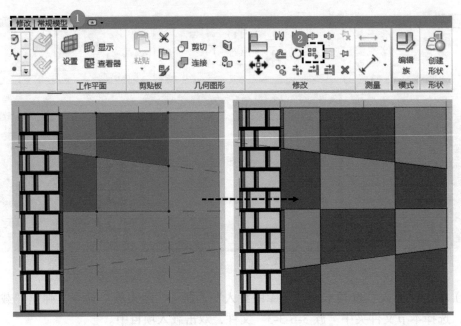

图 3-479

（11）单击视立方左上角"小房子"按钮，回到三维主视图，单击绘图区域下方"视图控制栏"中"视觉样式"命令，切换"着色模式"为"真实模式"，如图 3-480 所示。

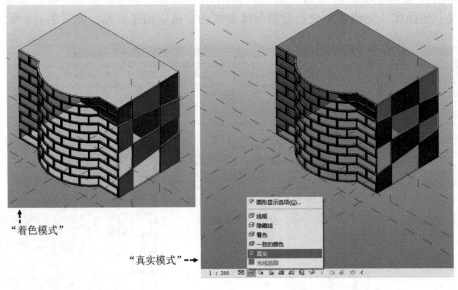

图 3-480

（12）保存文件，完成样例参考文件夹中"族 3-6-3-4"文件。

模块 4 室内设计的 BIM 应用

4.1 BIM 室内建模的基本流程

任务描述

在熟悉了建模的基本方法后，本模块将开始创建室内建模信息模型。本节的主要任务是对室内建模的基本流程进行了解。请同学们思考"科技是第一生产力、人才是第一资源、创新是第一动力"在建筑装饰行业中的意义。

任务分解

任务	了解室内建模流程	
知识点	1. 复原建筑原始结构 2. 墙体拆改与门窗移位 3. 方案比选	4. 装饰面建模 5. 家具与软装配饰 6. 模型展示与应用
视频学习	BIM 室内建模的基本流程	

知识学习

1. 复原建筑原始结构

建筑装饰是建筑流程的末端，需要依赖于建筑而存在；同时，原始的建筑也是室内设计进行空间分析的基础，所以进行室内建模的第一步应是复原建筑结构，如图 4-1 所示。

2. 墙体拆改与门窗移位

室内设计在空间规划和实际施工中，大多会对原有建筑进行拆、建、改的操作。室内建模过程中也将模拟这些工作，对原始模型进行空间改建，如图 4-2 所示。

3. 方案比选

初步设计时，室内布置方案有多种。此时，需要在同一空间内布置多套方案，并进行统计和分析。

4. 装饰面建模

确定好方案后，可对室内硬装部分开始建模，这包括墙面、顶棚、地面三大装饰面以及一些固定的设施、设备，如图 4-3 所示。

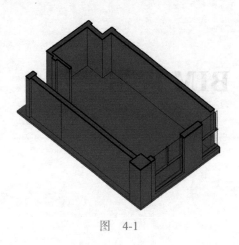

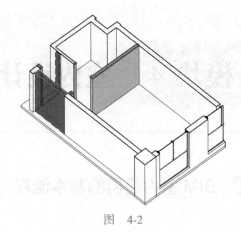

图　4-1　　　　　　　　　　　　　　　　　图　4-2

5. 家具与软装配饰

硬装完成后，可在此基础上放置家具及软装配饰，营造空间氛围，如图 4-4 所示。此时，掌握 Revit 软件的各类建模工具，具备将其他格式模型转化为族的能力在这一阶段非常重要。

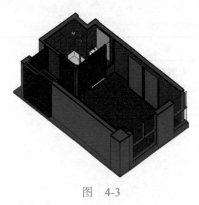

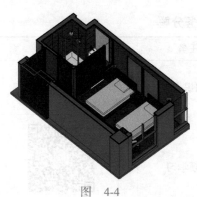

图　4-3　　　　　　　　　　　　　　　　　图　4-4

6. 模型展示与应用

制作完成的模型为设计人员生成施工图、渲染效果图以及进行工程统计提供了数据基础。挖掘 BIM 室内模型中的各类信息，能为项目运营期提供数据，拓展模型的应用价值。

4.2　BIM 室内建模的主要步骤

4.2.1　墙体拆改与门窗移位

任务描述

室内设计在空间规划和实际施工中，大多会对原有建筑进行拆、建、改的操作。在 Revit 软件中，用户可以为每个图元定义工程阶段这一时间属性，以展示和统计项目在不同时期的状态。本节的主要任务是学习运用软件中"阶段"的功能完成室内设计中墙体拆改和门窗移位的操作。

案例：完成如图 4-5 所示墙体定位图。

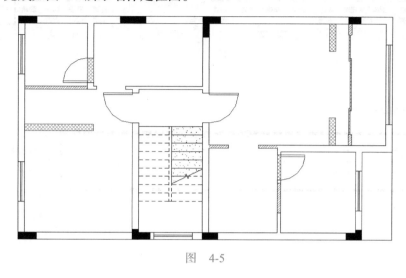

图 4-5

任务分解

任务	定义图元阶段	定义阶段的显示样式
知识点	1. 设置阶段 2. 视图的相位 3. 修改图元阶段	4. 图元的状态 5. 图形替换 6. 阶段过滤器
视频学习	设置阶段　　　　图元的阶段　　　　图形替换 阶段过滤器　　　　室内复杂拆墙	

知识学习

1. 设置阶段

"阶段"代表了项目周期中的不同时间段。单击功能区"管理"选项卡→"阶段"按钮（图 4-6），在弹出的"阶段化"对话框中可以看到项目文件中已经设置的阶段（图 4-7）。

在"阶段化"对话框中，单击"在前面插入"或"在后面插入"可以增加项目中的阶段；单击"与上一个合并"或"与下一个合并"可以减少项目中所设定的阶段；单击"阶段化"对话框中的"名称"可对阶段的名字进行修改，并在"说明"处为其备注。

图　4-6

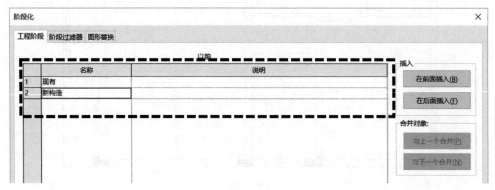

图　4-7

阶段的时间顺序遵循了名称前的序号，序号为 "1" 代表了最早的阶段，往下依此类推。室内设计建模可以根据实际项目情况定义，如图 4-8 所示（为方便管理，大型项目可以划分得更细，小项目可适当减少或不作阶段划分）。

	名称	说明
1	原始结构	现场原有情况
2	基础改造	墙体拆除及新建；其他基础改建；上下水改造；电路管线预埋
3	硬装阶段	设备系统；装饰面造型及装饰
4	放置家具	固定家具、厨卫设备安装；灯具、家用电器、开关面板安装；活动家具
5	软装配饰	软装家具、饰品、灯饰、布艺织物、花艺绿植、摆件等

图　4-8

2. 视图的相位

定义好项目的阶段后，打开视图的"属性"面板中的"相位"选项，可以在下拉列表中查看到项目设置的阶段，选择阶段名称可切换视图的相位，表明该阶段是视图当前所在的时间段，如图 4-9 所示。

3. 修改图元阶段

选中模型图元后，图元的"属性"面板下方有"阶段化"的属性，如图 4-10 所示。图元的阶段属性有两个：一个是"创建的阶段"，另一个是"拆除的阶段"。与施工实际类似，图元"创建的阶段"是指该图元修建、添加到项目时所处的工程阶段，"拆除的阶段"是指该图元拆除、搬离出项目时所处的工程阶段。

图　4-9

图元在创建时，系统会默认给定图元阶段化属性："创建的阶段"与放置图元时使用的视图"相位"一致，"拆除的阶段"通常为"无"。

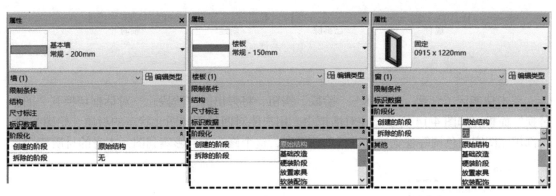

图　4-10

如果需要对图元的阶段化属性进行修改，应选中图元，在"属性"面板中通过选择的方式进行设置。要注意的是，图元一定有"创建的阶段"，但如果不拆除的话，其"拆除的阶段"可以为"无"。

阶段化	⚲
创建的阶段	原始结构
拆除的阶段	无
原始创建的阶段	☐
原始拆除的阶段	☑

图　4-11

零件的阶段化属性通常随其原状态的图元而变化，如果要特别定义某一零件的属性，可取消勾选"原始创建的阶段"或"原始拆除的阶段"，再对阶段进行选择即可，如图 4-11 所示。

4. 图元的状态

视图只能显示与其相位阶段相同或之前的图元，这意味着如果图元"创建的阶段"位于视图"相位"之后，则在该视图中将无法查看到该图元。

根据视图的"相位"和图元"阶段"属性的关系，图元在视图中有"现有""已拆除""新建"和"临时"四种状态，如图 4-12 所示，四种状态与图元阶段的对应关系见表 4-1。

图　4-12

表　4-1

图元的状态	图元创建阶段	图元拆除阶段
现有	视图"相位"之前创建	无
已拆除	视图"相位"之前创建	视图"相位"之中拆除
新建	视图"相位"之中创建	无
临时	视图"相位"之中创建	视图"相位"之中拆除

在软件自带默认样板中，如图 4-13 所示，只有图元为"新建"状态时显示的是图元本身的状态，而其他三种状态替换成了其他样式，下文将说明如何定义图元在不同状态下的样式。

图 4-13

5. 图形替换

单击功能区"管理"选项卡→"阶段"按钮，将弹出的"阶段化"对话框切换到"图形替换"面板，如图 4-14 所示。在对话框中，用户能对四种不同图元状态的材质、轮廓线型、内部填充图案和色调等视觉样式进行单独设定，这个修改不会影响到图元本身的材质特性。

图 4-14

6. 阶段过滤器

"图形替换"的设定必须依靠视图的"阶段过滤器"才能发挥其替换作用。"阶段过滤器"选项位于视图"属性"面板中，其下拉列表中的选项，对应了"阶段化"对话框中"阶段过滤器"面板的各过滤器，如图 4-15 所示，用户可以自行对过滤器进行删除、新建和修改。

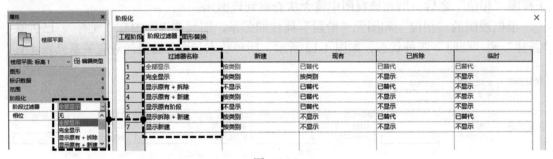

图 4-15

每个过滤器由名称以及四种图元状态应显示的样式所组成。鼠标单击状态样式的下拉列表按钮，内有"按类别""已替代""不显示"三种选项，如图 4-16 所示。如选择"按类别"，表明在此过滤器下，这一状态的图元仍按图元本身的材质和类别显示；如选择"已替代"，这一状态的图元将被"图形替换"面板中设定的线型、填充样式和材质等替代显示；如选择"不显示"，这一状态的图元将不可见。

新建	现有	已拆除	临时
已替代	已替代	已替代	已替代
按类别	按类别	不显示	不显示
		按类别	
		已替代	
		不显示	

图 4-16

修改过滤器名称：过滤器名称可直接输入进行修改。

新建、删除过滤器：在"阶段过滤器"选项卡的下方（图4-17），能新建或删除过滤器。

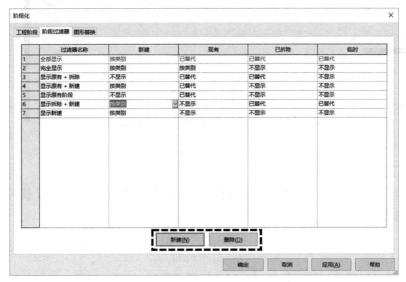

图　4-17

案例示范

（1）打开文件夹中"项目 4-2-1-1"文件，对项目的阶段和图元的阶段化属性进行查看。

（2）设定项目的阶段。单击功能区"管理"选项卡→"阶段化"面板→"阶段"按钮，先将项目已有的阶段合并（各阶段的图元将全部合并到同一阶段中），再在其后插入三个阶段，分别定义四个阶段的名称，如图 4-18 所示。

（3）切换至"标高 1"楼层平面视图中，将视图的相位切换至"墙体改造"阶段。受默认的阶段过滤器影响，已有建筑图元将灰显。

（4）墙体拆除。选择图 4-19 中用黑色实心标识的墙体，在"属性"面板中设置其"拆除的阶段"为"墙体改造"，修改完后，图元轮廓将由实线变为虚线显示。

图　4-18

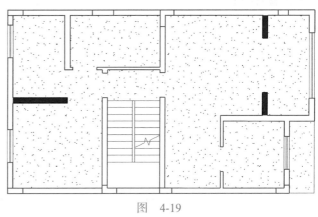

图　4-19

（5）新建墙体。选择"常规 –100mm"类型墙体，设置其"未连接"高度为"3000"，在绘图区域新建如图 4-20 所示墙体。

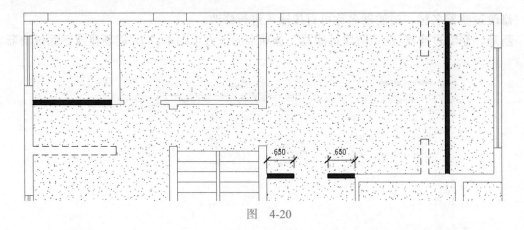

图　4-20

（6）放置门。在墙体上放置门，门的尺寸、位置、类型（需要自行载入和修改门构件）如图 4-21 所示。

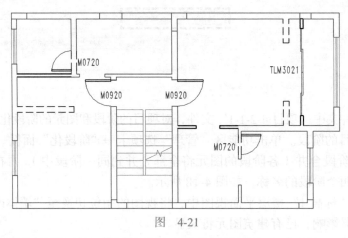

图　4-21

（7）封堵门洞。选择"常规 –100mm"类型墙体，在平面图右下角如图 4-22 黑色填充所示位置将门洞封堵。

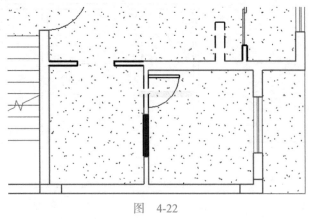

图　4-22

（8）切换至三维视图中，修改视图的"相位"为"墙体改造"，"视觉样式"为"隐藏线"，将新建的墙体高度拖拽至合适的位置，如图 4-23 所示，完成墙体拆改和门窗移位。

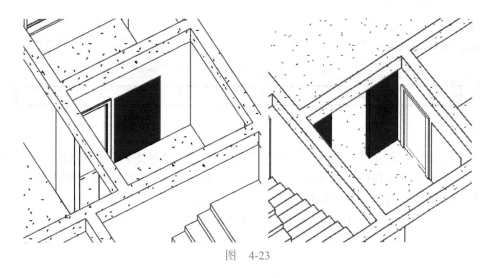

图 4-23

（9）设置显示样式。单击功能区"管理"选项卡→"阶段化"面板→"阶段"按钮，将"图形替换"面板中"已拆除"和"新建"两个图元状态的表面和截面样式修改为如图 4-24 所示的设置（案例中仅修改平面图出图状态，对其他设置暂不修改）。

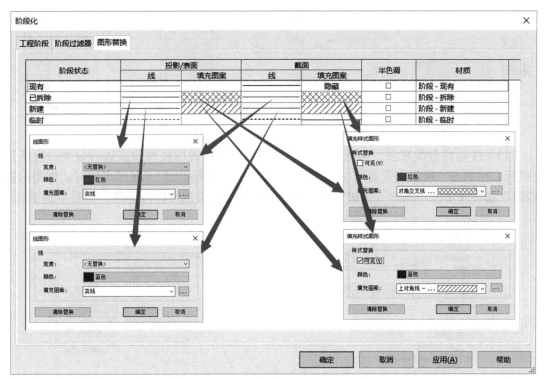

图 4-24

（10）设置过滤器。打开"阶段化"对话框中"阶段过滤器"面板，新建"改造图纸"过滤器，如图 4-25 所示，根据出图的需要，新建和拆除的墙体需要特别标示出来，所以选择"已替代"调用图形替换中的设定；而原有墙体显示应保持不变，因此"现有"宜设为"按类别"；因本案例中没有临时状态的图元，所以对"临时"的设置意义不大。

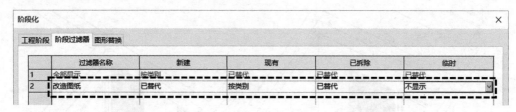

图 4-25

（11）生成墙体定位图。修改完"图形替换"和"阶段过滤器"面板后，将视图切换为"标高 1"楼层平面视图，在视图"属性"面板中将视图的"阶段过滤器"修改为"改造图纸"，如图 4-26 所示，平面图将显示为如图 4-5 所示。

（12）生成原始结构图。复制"标高 1"楼层平面视图，将复制视图的"相位"修改为"原始结构"，"阶段过滤器"修改为"全部显示"，视图将如图 4-27 所示显示墙体改造前的状态。

图 4-26   图 4-27

（13）按阶段分类视图。为更好地管理视图，可以将视图按照阶段进行分类。方法是用鼠标右键单击"项目浏览器"中"视图"，选择"浏览器组织"，在弹出的对话框中勾选"阶段"选项并单击"确定"按钮，浏览器将按照现有阶段属性进行排列，如图 4-28 所示。

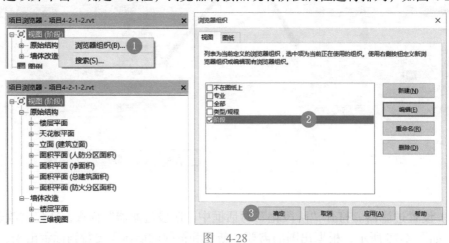

图 4-28

（14）为更好地分析新建和拆除的墙体，可以新建两个过滤器，如图 4-29 所示。当过滤器为"仅显示新建"时，除了新建部分，其他均不显示；当过滤器为"仅显示拆除"时，除了拆除部分，其他均不显示。设置完成后，在视图中切换过滤器查看效果。

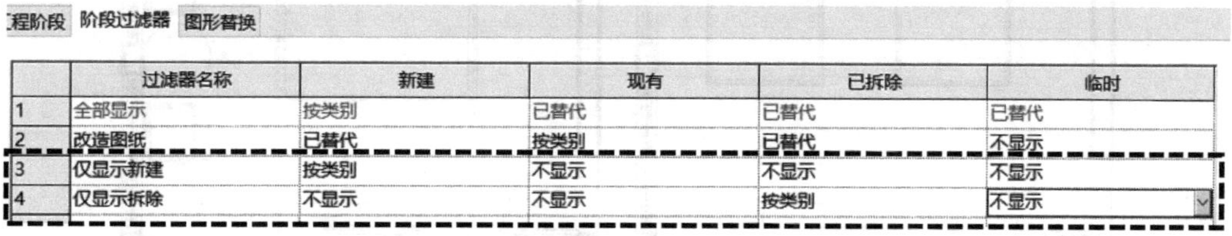

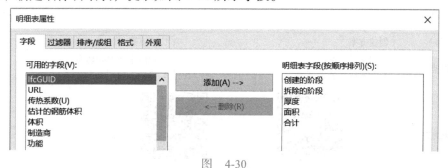

	过滤器名称	新建	现有	已拆除	临时
1	全部显示	按类别	已替代	已替代	已替代
2	改造图纸	已替代	按类别	已替代	不显示
3	仅显示新建	按类别	不显示	不显示	不显示
4	仅显示拆除	不显示	不显示	按类别	不显示

图 4-29

（15）新建墙体明细表，提取如图 4-30 所示字段。

图 4-30

（16）修改明细表的"相位"为"墙体改造"，"阶段过滤器"为"仅显示新建"，如图 4-31 所示，可以统计出新建墙体的总面积。

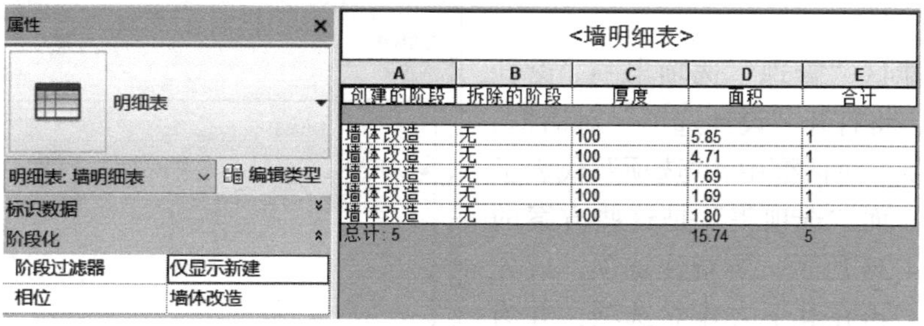

图 4-31

（17）保存文件，将视图切换至"硬装阶段"开始下一步的建模工作。完成样例参见文件夹中"项目 4-2-1-2"文件。

4.2.2 方案比选

任务描述

Revit 软件提供了"设计选项"的功能，方便用户将不同方案的图元归类到不同的选项中，以供方案比选的操作。本节的主要任务是学习"设计选项"的功能进行室内设计平面布局的比选操作。

案例：在同一空间内完成图 4-32 所示两套方案。

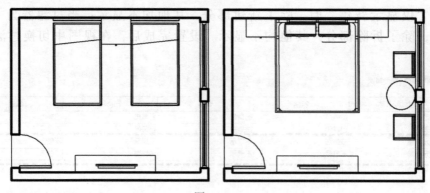

图　4-32

任务分解

任务	创建方案	比选方案
知识点	1. 定义设计选项 2. 图元所在的选项	3. 视图中选项的切换 4. 确定选项
视频学习	创建方案	比选方案

知识学习

1. 定义设计选项

单击功能区"管理"选项卡→"设计选项"按钮，将打开"设计选项"对话框。在"设计选项"对话框中，"选项"代表了不同的方案，而"选项集"是这些方案的归类，如图 4-33 所示，要新建选项，应先新建选项集，再在其下方建立选项，并为它们重命名。

2. 图元所在的选项

在添加"设计选项"之前创建的模型时，默认是所有选项的共享图元。如果要修改图元使它仅属于某一选项，可选中该图元，单击"管理"选项卡→"设计选项"面板→"添加到集"命令，在弹出的对话框

图　4-33

中取消某选项以外的其他勾选，图元将变为该选项的专有方案，如图 4-34 所示。

单击"管理"选项卡→"设计选项"命令，打开"设计选项"对话框，如图 4-35 所示，选中"选项 2"，单击"编辑所选项"可进入该选项编辑状态下，此时向模型添加的图元，将默认归类到该选项中而不会出现在其他选项集内。

图　4-34

3.视图中选项的切换

在"管理"选项卡→"设计选项"面板以及软件界面下方的状态栏中，能快速切换到不同的选项中以供用户进行比选，如图 4-36 所示。下拉列表中，包含"主模型"视图和各设计选项，当视图切换到主模型时，视图将显示各选项都共享的图元与各选项集的"主选项"；当视图切换到各选项时，视图将显示各选项都共享的图元与本选项的图元。

图　4-35

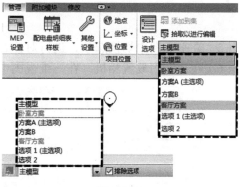

图　4-36

属于各选项的图元应到各选项编辑状态中进行选择和修改；属于共有图元的，应到"主模型"中进行选择和修改。

4.确定选项

当方案最终确定后，需要删除其他选项，其方法是打开"设计选项"对话框，如果最终方案的选项不是"主选项"，应先选择该方案并单击"设为主选项"；然后选中选项所在的选择集，单击"接受主选项"按钮，如图 4-37 所示，软件会弹出删除其他选项卡中图元的提示，单击"确定"按钮即可完成方案比选。

图　4-37

案例示范

（1）打开文件夹中"项目 4-2-2-1"文件。

（2）打开"管理"选项卡中"设计选项"对话框，设置如图 4-38 所示选项集和选项。

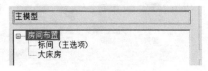

图　4-38

（3）在"设计选项"面板中切换视图至"标间"中，对空间做如图 4-39 所示平面布置。

（4）在"设计选项"面板中切换视图至"大床房"中，对空间做如图 4-40 所示平面布置。

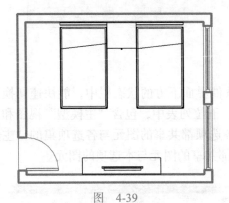
图　4-39

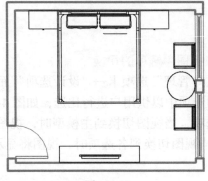
图　4-40

（5）在平面图中切换选项，进行对比查看，如图 4-32 所示。

（6）在房间内放置相机，在三维视图中查看布置的三维效果，如图 4-41 所示。

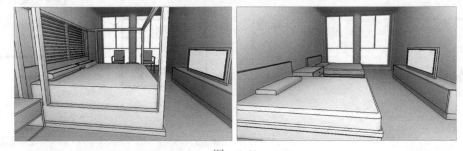

图　4-41

（7）创建家具明细表，设置如图 4-42 所示明细表字段。

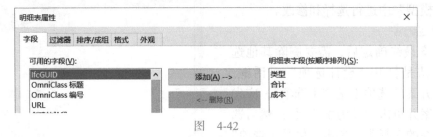

图　4-42

（8）在明细表中切换选项，查看不同方案的价格，如图 4-43 所示。

（9）打开"设计选项"面板，将"大床房"设置为主选项。保存文件，完成案例参见文件夹中"项目 4-2-2-2"文件。

<家具明细表>		
A	B	C
类型	合计	成本
休闲椅	2	1200.00
双人床	1	3000.00
圆桌	1	400.00
床头柜	2	1200.00
液晶电视	1	2000.00
电视柜	1	1000.00
总计: 8		8800.00

<家具明细表>		
A	B	C
类型	合计	成本
单人床	2	2400.00
床头柜	1	600.00
液晶电视	1	2000.00
电视柜	1	1000.00
总计: 5		6000.00

图 4-43

4.2.3 装饰面建模

任务描述

装饰面建模是室内设计的主要内容，Revit 软件中可用来进行装饰面建模的方法有很多，如何选择应综合考虑建模的难易程度、交付模型时的深度要求、装饰面的构造特点以及后期信息应用等多方面因素。本节的主要任务是掌握常见的装饰面建模方法及其特点。

案例：完成房间内如图 4-44 所示的墙面、顶棚、地面。

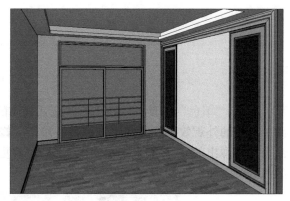

图 4-44

任务分解

任务	常见装饰面建模方法及特点	
知识点	1. 拆分面与填色	5. 幕墙法
	2. 编辑墙、楼板	6. 体量法
	3. 双墙法	7. 构件法
	4. 零件法	8. 内建模型法
视频学习	常见装饰面建模方法及特点	

知识学习

1. 拆分面与填色

如果不考虑装饰面的结构层厚度及其阶段属性，软件中"拆分面"与"填色"工具能简单快速地定义建筑装饰面的轮廓及其材质。

拆分面：单击"修改"选项卡→"几何图形"面板→"拆分面"命令（图 4-45），在绘图区域中选中需要拆分的面，视图会进入编辑模式下，此时可在"修改 |

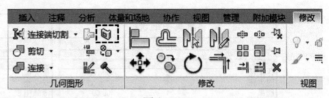

图 4-45

拆分面 > 创建边界"上下文选项卡中，选择合适的绘制工具，在图元面上划分轮廓，如图 4-46 所示，绘制完成后单击"✔"确认拆分。

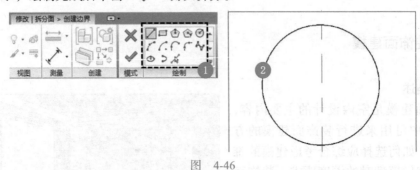

图 4-46

填色："填色"工具可以在不修改图元材质的情况下，直接修改图元表面（包括拆分的面）材质的外观效果。其使用方法是：单击"修改"选项卡→"几何图形"面板→"填色"命令，在弹出的"材质浏览器"中，选择需要更替的材质，再在绘图区域中单击需要修改的面即可，如图 4-47 所示。

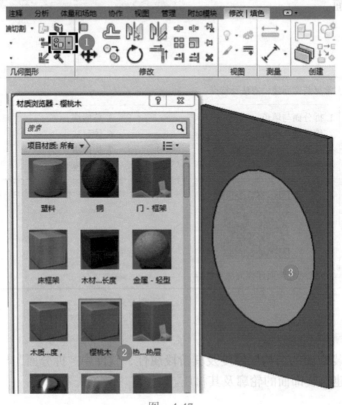

图 4-47

统计填色：利用"拆分面"和"填色"工具，用户可以定义图元表面任意区域的材质外观效果，填色的信息也可以被材质注释所提取（图 4-48），如果需要对填色的材质面积进行统计，可添加"材质：为绘制"字段，其值为"是"的材质即为填色的材质，如图 4-49 所示。

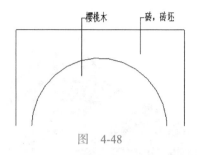

图　4-48

<墙材质提取>		
A	**B**	**C**
材质:名称	材质:为绘制	材质:面积
樱桃木	是	12.53
砖，砖坯	否	49.60

图　4-49

2. 编辑墙、楼板（做法参见"2.2.3 墙体"和"2.2.5 楼板"）

如果建筑装饰面层较为单一，直接定义墙体、楼板的结构是装饰面建模最快捷的操作方法，如图 4-50 所示。

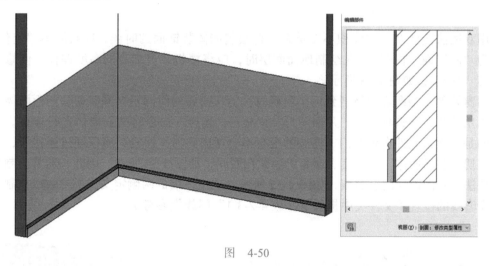

图　4-50

直接编辑墙体和楼板结构的方法不适用于如图 4-51 所示房间较多且每个空间装饰面各不相同的情况，那样需要定义太多的构件类型，并且破坏建筑结构本身的连贯性。

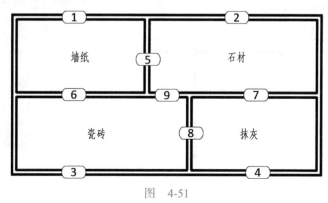

图　4-51

3. 双墙法

双墙法是比较通用的装饰面绘制方法，其方法是将装饰面和原始建筑分开建模，如图 4-52 所示。这种建模方法更符合室内设计的思维方式和施工流程；分开建模的装饰面能不受原始建筑结构的限制，建模效率高；能单独定义装饰面的面域、材质、阶段属性；能用明细表统计。

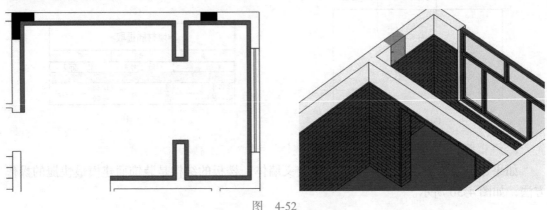

图　4-52

用双墙法应注意构件体积不要重合，在绘制墙体装饰面的时候，应将墙体"定位线"设定为"面层面：内部"；在绘制地面面层时，应将楼板"自标高的高度偏移"值修改为等于其"厚度"，如图 4-53 所示。

门窗处理：当两面墙体遇到门、窗族时，门、窗族的门洞不会同时剪切两面墙体，此时可以用"修改"选项卡→"几何图形"面板→"连接"命令将两面墙体进行连接。但要注意的是，通常软件自带的门、窗族的窗套不会考虑到另一面墙，所以经过连接后，虽然门洞剪切了多面墙体，但门套、窗套仍隐藏在墙间，如图 4-54 所示。因此，通常会制作适用双墙法的室内设计门、窗族，如图 4-55 所示，在主体墙的两侧定义实例参数以控制门套线、窗套线的位置（文件夹中提供了"族 4-2-3-1"门族供参考）。

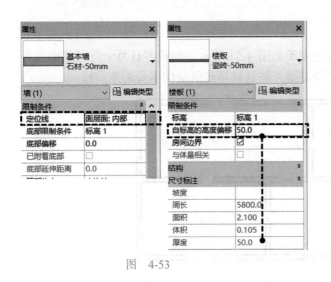

图　4-53

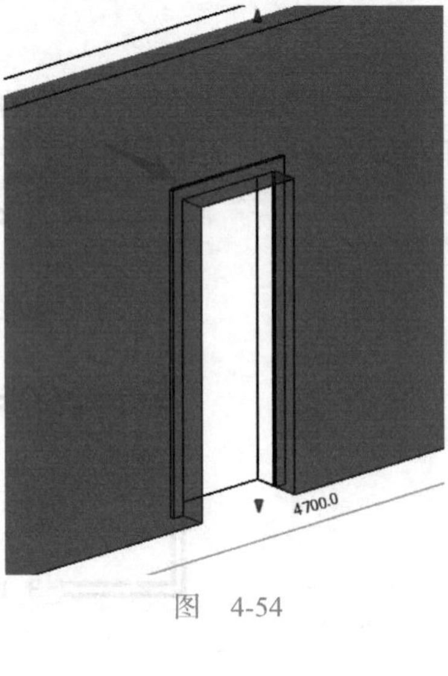

图　4-54

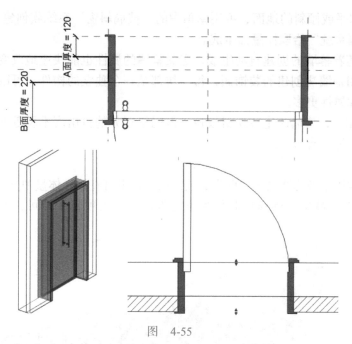

图　4-55

4. 零件法（做法参见"3.4.3 零件"）

零件法也是常见的装饰面制作方法，它利用了"零件"能切割、进行形状编辑、能单独修改材质及阶段属性以及能被明细表统计等优势，适用于各类块材饰面，如图 4-56、图 4-57 所示。

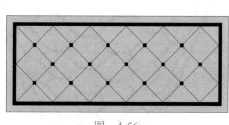

图　4-56

图　4-57

要制作零件装饰面，应先绘制整体的墙面或地面，然后将其转化为零件，再进行切割、修改材质、拖拽大小等操作。

需要注意的是，设置了零件后，如需要修改原墙体或楼板属性或进行放置门窗等操作，应在视图属性中将"零件可见性"修改为"显示原状态"后再进行编辑。

5. 幕墙法（做法参见"2.2.4 门、窗"和"3.6.2 体量分析与建筑生成"）

幕墙与玻璃斜窗功能可以用来创建网格切分的块材装饰面，如图 4-58 所示。如果创建垂直的块材装饰面，应选用"幕墙"系统族创建

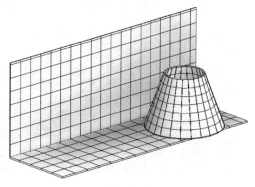

图　4-58

墙体；如果是水平或倾斜的地面，可用屋顶中的"玻璃斜窗"系统族创建；而曲面的网格，需要用到"幕墙系统"拾取体量面生成。

这些网格随着幕墙的创建自动生成，定义幕墙的属性也能快速地改变网格的大小、材质和对正等。用幕墙法创建的装饰面，每一块都是一个独立的构件，可以单独替换，且能被提取的参数和属性更多。

与零件法相比，幕墙法生成块材较快，但网格划分的自由度不及零件的切割，因此这种方法适合的装饰面有限。

6. **体量法**（做法参见"3.6.3 体量表面"）

体量除能够用来被幕墙系统拾取生成装饰面外，也可直接在体量中分割表面，并用"基于填充图案的常规模型"族样板制作模型构件，再载入项目中即可，如图 4-59、图 4-60 所示。

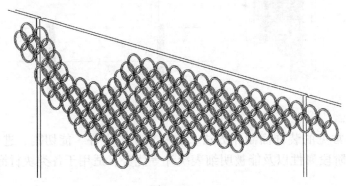

图　4-59

7. **构件法**（做法参见"2.2.11 构件"和"3.5 族的制作"）

对于一些装饰面复杂的基层，如干挂石材（图 4-61）、轻钢龙骨吊顶（图 4-62），通常用族来制作各种零件，然后再放到项目中进行拼装。

在制作族时应该注意根据构件的不同使用情况选择族样板，例如螺钉应该是基于面的常规模型，而有些龙骨可以用基于线的常规模型绘制等。

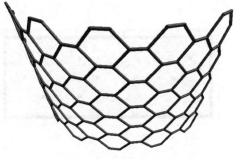

图　4-60

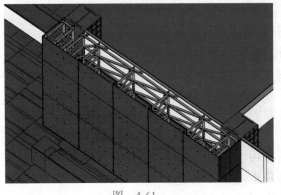

图　4-61

图　4-62

8. 内建模型法（做法参见 "2.2.11 构件"）

跌级天花板或者一些在其他项目中不会用到的造型元素，可用内建模型的方式在项目中直接绘制。例如图 4-63 中的天花板，是拾取了墙内边缘作为路径创建的放样形体，如图 4-64 所示。

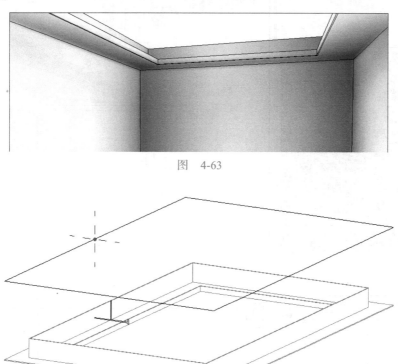

图　4-63

图　4-64

总而言之，装饰面的建模并没有固定的方式和方法（例如也可以用栏杆创建墙裙等），建模人员应根据项目的后期需求、装饰面的特点、建模的难易程度等客观条件选择合适的建模方法。

案例示范

（1）打开文件夹中 "项目 4-2-3-1" 文件。

（2）将项目切换至 "标高 1" 楼层平面视图，选择 "木地板 –20mm" 的楼板创建如图 4-65 所示的房间地面装饰层，在 "属性" 面板中修改木地板 "自标高的高度偏移" 值为 "20"。

（3）选择 "内建模型" 命令，创建天花板，如图 4-66 所示。

（4）在内建模型的编辑状态下，创建放样形体，在推拉窗处留 150mm 的窗帘盒位置，拾取如图 4-67 所示为放样路径。路径完成后，绘制放样轮廓及位置如图 4-68 所示。

（5）完成放样后，暂不退出 "内建模型" 的编辑状态，用 "拉伸" 或 "放样" 工具在推拉门处绘制窗帘盒，位置和尺寸如图 4-69 所示，绘制时应用到视图的切换和图元的隐藏功能。

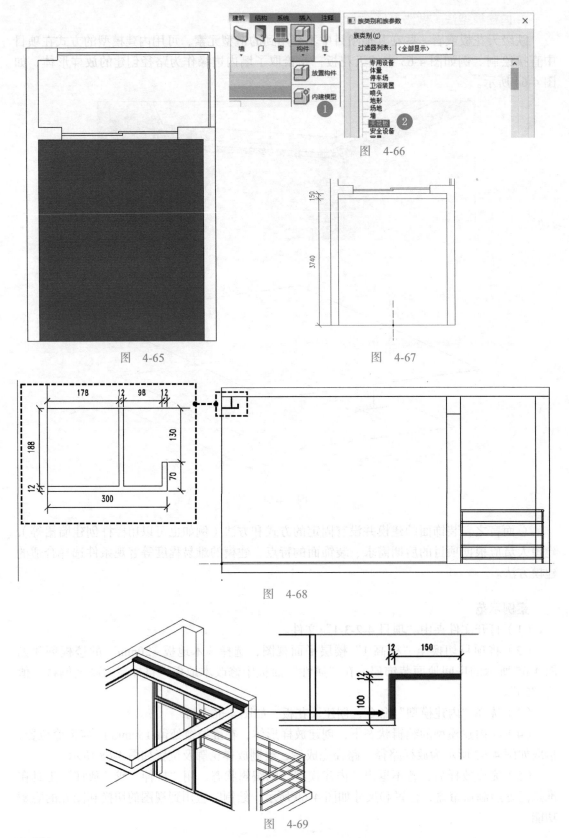

图　4-65

图　4-66

图　4-67

图　4-68

图　4-69

（6）选中天花板形体，将形体的材质属性做成"天花板材质"实例参数，并修改参数为"白色乳胶漆"。

（7）完成天花板内建模型的编辑，切换到三维视图中，选择"修改"选项卡中的"填色"命令，将顶楼板下方填上"白色乳胶漆"材质，如图 4-70 所示。

图 4-70

（8）载入文件夹中"族 4-2-3-2"和"族 4-2-3-3"文件。

（9）切换至"标高 1"楼层平面视图，选择墙体工具，新建"墙纸 - 带踢脚线"墙体类型，修改结构层厚度为"3"，材质为"纸"，如图 4-71 所示。

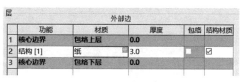

图 4-71

（10）为墙体类型添加"墙饰条"作为踢脚线，修改墙饰条的轮廓及材质如图 4-72 所示。

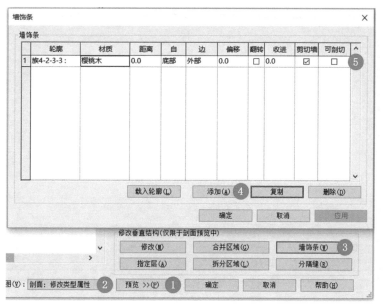

图 4-72

（11）选择"墙纸 - 带踢脚线"墙体类型，在"属性"面板中，修改"底部偏移"为"20"（考虑地板厚度），"无连接高度"为"3000"，"定位线"为"面层面：内部"，在绘图区域中绘制墙体的装饰面，如图 4-73 所示，注意踢脚线应朝向屋内，否则应选中墙体后按空格键翻转。

（12）将有推拉门的墙体与新建在它一侧的墙纸进行连接。

（13）在视图选项卡中，选择"立面"命令在房间内放置，新建如图 4-74 所示三个立面，双击箭头进入立面视图中，修改墙纸的顶部轮廓至天花板之下。

（14）用内建模型的方法，在电视墙面上绘制放样形体，放样路径和轮廓如图 4-75 所示，材质为"樱桃木"。

图　4-73

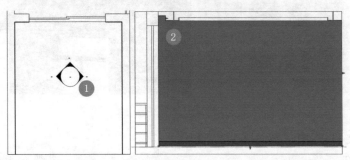

图　4-74

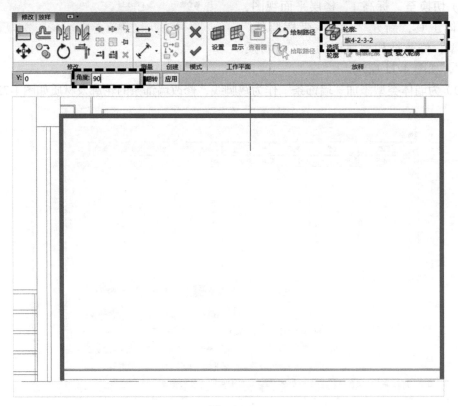

图　4-75

（15）形体创建完成后，拖动该面墙踢脚线的控制点到放样形体内侧，如图 4-76 所示。

图　4-76

（16）项目中已经载入了"装饰镜面"构件，单击"放置构件"命令选择它并将其放置在电视墙两侧，如图 4-77 所示，调整构件的宽度为"800"，高度为"2320"。

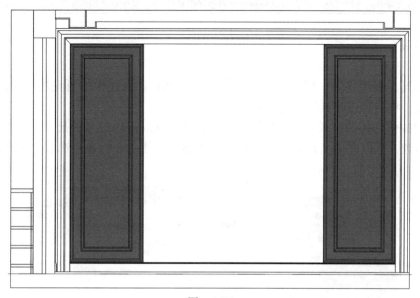

图　4-77

（17）完成墙面装饰后，在"三维视图 1"中查看模型，如图 4-44 所示。保存文件，完成样例参见文件夹中"项目 4-2-3-2"文件。

4.2.4　家具与软装配饰

任务描述

家具与软装的摆设是室内设计后期重要的组成部分，为提高这一步骤的工作效率，在平时应注意收集和制作各种族构件的资源。本节的主要任务是熟悉家具与软装的摆设。

案例：完成如图 4-78 所示室内布置。

图　4-78

任务分解

任务	板式家具的建模思路	复杂造型家具的建模思路	灯具的建模思路
知识点	1. 板材族的制作 2. 嵌套	3. 用自适应公制常规模型制作家具 4. 将其他格式的模型导入族	5. 光源 6. 多光源灯具
视频学习	板式家具的建模思路	用自适应公制常规模型制作家具　将其他格式的模型导入族	灯具的建模思路

知识学习

1. 板材族的制作

板式家具虽造型各异，但均以人造板作为主要基材。在建模中可先用"拉伸"工具做好板材的族，再嵌套进家具族中进行拼装即可。

可以把拉伸形体的"长度""宽度"做成实例参数以便适应各种尺寸；"厚度""材质"做成类型参数，并以此定义几种常见的板材族类型，方便拼装时直接选取，如图 4-79 所示。

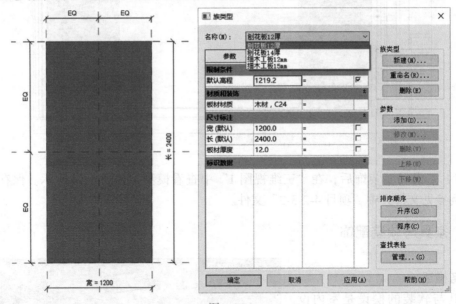

图　4-79

在制作板材族时，可用"基于面的常规模型"样板制作拉伸，或在普通的"公制常规模型"样板中勾选"属性"面板中的"基于工作平面"，如图 4-80 所示。这样在拼装板材时，有多种放置面可以选择（图 4-81），方便板材随时变换成垂直、水平或倾斜方向。

如放置在表面的族需要跟随工作平面一同倾斜，应取消勾选"属性"面板中的"总是垂直"，其原理如图 4-82 所示。

2. 嵌套

从建模的方便性和明细表的统计方式考虑，板材不宜在项目中直接拼装成家具。可用"公制家具"样板创建一个新族，再将板材族载入家具族中。

图　4-80

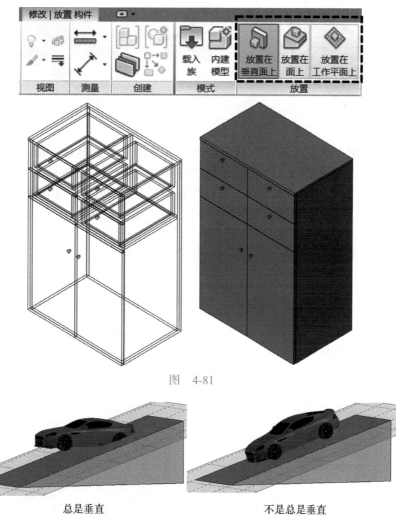

图　4-81

总是垂直　　　　　　　　　　　不是总是垂直

图　4-82

将板材族载入家具族中后，可以在"项目浏览器"中找到嵌套进来的构件，单击"创建"选项卡中的"构件"命令，可以用载入进来的板材族进行家具拼装，如图 4-83 所示。

图　4-83

3. 用自适应公制常规模型制作家具

灵活应用常规模型族样板中的"拉伸""放样""融合"等形体创建工具，能制作大多数形态各异的构件，如图 4-84 所示。

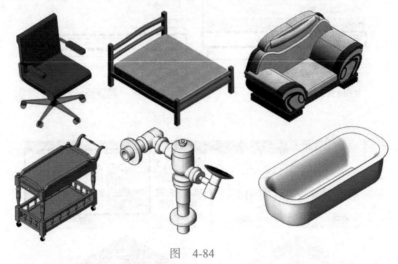

图　4-84

通过"3.6 体量"我们了解了曲线复杂的形体在体量中更容易创建，然而体量族样板中不能修改族的类别，如图 4-85 所示。可以选择"自适应公制常规模型"族样板（既是体量创建形体的方式，又能选择族类别）来制作较为复杂的家具族，如图 4-86 所示。

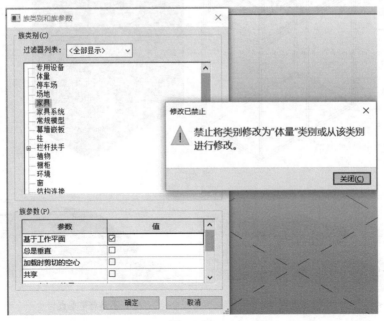

图　4-85

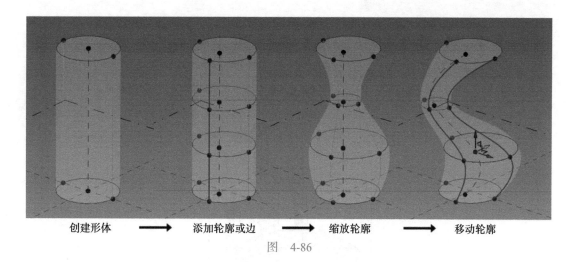

创建形体　　➡　　添加轮廓或边　　➡　　缩放轮廓　　➡　　移动轮廓

图　4-86

4. 将其他格式的模型导入族

如图 4-87 所示，单击"插入"选项卡→"导入 CAD"命令，可以在 Revit 中导入 DWG、SKP 等格式的模型。

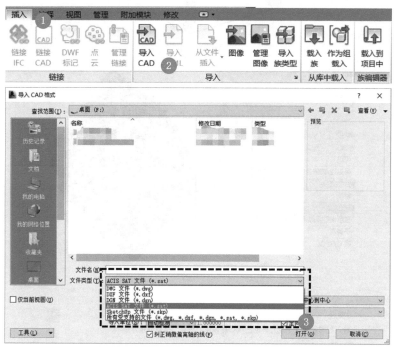

图　4-87

导入的外部模型进入 Revit 后是一个整体，如图 4-88 所示，只能进行复制、缩放、旋转等操作，如果要进行再编辑应首先尝试将模型进行分解。

如果模型可以被很好地分解（分解后仍保持原状态），可用鼠标拖拽形体控制柄对其进行调节，并在"属性"面板中为其添加材质等参数，如图 4-89 所示。

由于格式的不同，有些模型在分解后会弹出警告（图 4-90）并丢失形体。对于这种模型，除缩放、旋转等操作外，Revit 软件不能对其形体的细节进行编辑。

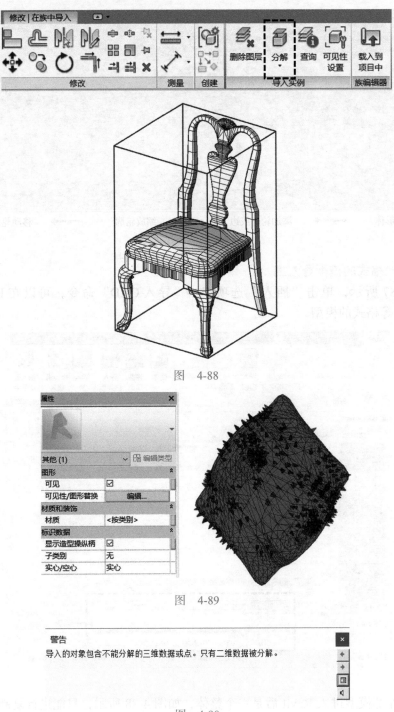

图　4-88

图　4-89

警告
导入的对象包含不能分解的三维数据或点。只有二维数据被分解。

图　4-90

　　不能分解的模型亦不能在属性面板中添加和修改材质等参数。为了满足渲染的需要，需要修改模型的材质，其方法是：在载入 DWG 等格式的模型前对模型进行处理，将不同材质的形体定义到不同的图层中，并设置形体的样式随图层改变，如图 4-91（AutoCAD）、图 4-92（3dsMax）所示。

图　4-91

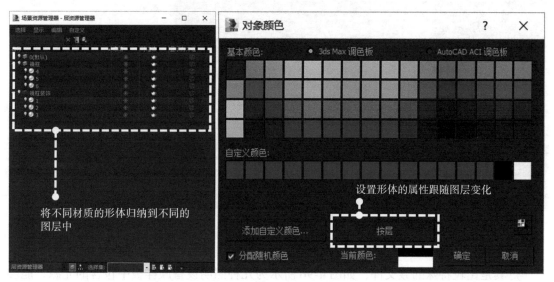

图　4-92

　　经过图层归档的外部模型导入族或项目中后，单击"管理"选项卡→"设置"面板→"对象样式"命令，在"对象样式"对话框里切换到"导入对象"面板，对形体所在子类别（图层）的材质、线型进行修改，如图 4-93 所示，以此来修改形体材质样式。

　　去掉外部导入模型中的网格线可以让模型满足出图的要求（图 4-94），对此可以借助 3dsMax 软件对模型线进行隐藏。

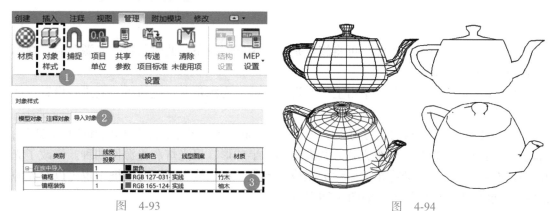

图　4-93　　　　　　　　　　　　　　　　　　　图　4-94

要隐藏形体网格线，应在 3dsMax 中将形体转化为可编辑网格，然后选中全部网格边线，将其设置为"不可见"，如图 4-95 所示。最后，再将其导出成 2007 版本以下的 DXF 或 DWG 格式即可。

注意：当单个形体面数大于 32767 时，导出成 DXF 或 DWG 格式将报错，此时可以将形体表面进行优化以减少面数，或者将形体进行拆分。

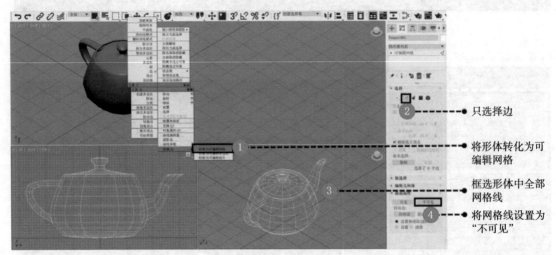

图　4-95

5. 光源

灯具是比较特殊的族文件，如图 4-96 所示为几种照明设备族样板中包含的光源，能够制作带光源的族构件。

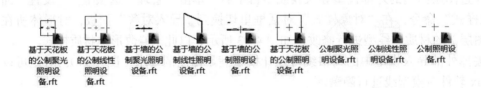

图　4-96

普通的族样板要添加光源，可将族类别修改为照明设备，此时勾选"光源"后，视图中将出现光源，如图 4-97 所示。

在绘图区域中选择光源，单击上下文选项卡的"光源定义"按钮可对其进行设置，如图 4-98 所示。

在"光源定义"面板的上方可以定义光源的形状，共有点、线、矩形面和圆形面四种；面板下方可以定义光线的分布方式，共有球形、半球形、聚光灯和光源网四种。修改了光源的性质后，软件会自动将相关属性关联成族参数，在"族类型"对话框中也可以对光源颜色、亮度作更精确的设定，如图 4-99 所示。

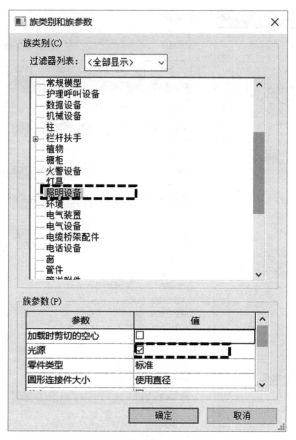

图　4-97

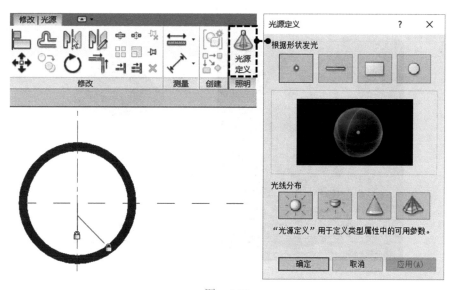

图　4-98

　　定义光源后，再用创建形体的工具制作灯具模型，即可完成灯族的制作，如图 4-100 所示。

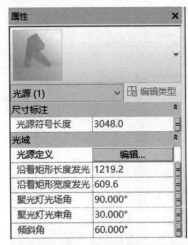

图　4-99

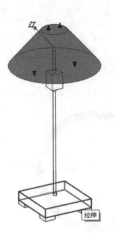

图　4-100

6. 多光源灯具

照明设备中的光源不能复制，当灯具光源较多时，可以将光源通过嵌套的方式载入其他项目中，再放置到合适位置即可，如图 4-101 所示。

图　4-101

案例示范

（1）选用"公制照明设备"族样板制作族文件，保存为"落地灯"。在绘图区域可见样板文件里已经包含了一个光源。

（2）切换至立面视图，如图 4-102 所示，用"旋转"命令完成灯座与灯罩。设置灯罩为自发光磨砂玻璃。

（3）拖动光源所在的参照平面至灯罩内，如图 4-103 所示。

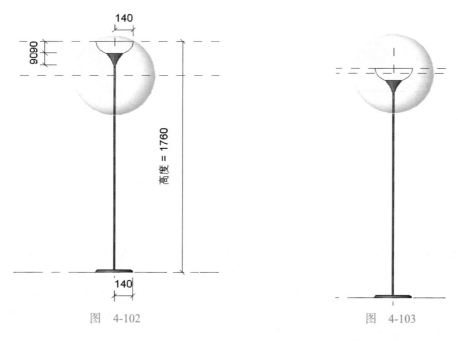

图　4-102　　　　　　　　　　　　　　　　　图　4-103

（4）选择光源，单击"修改|光源"上下文选项卡中"光源定义"命令，确定其发光方式如图 4-104 所示。

（5）切换至平面视图，选中灯座与灯罩，打开上下文选项卡中"可见性设置"对话框，设置其在平面视图中不可见，载入文件夹中"族 4-2-4-1"详图项目，单击"注释"选项卡下"详图构件"命令，选中导入的详图项目并将其放置在台灯所在位置，如图4-105所示。

（6）打开文件夹中"项目4-2-4-1"，将落地灯载入此项目中。

（7）选用"基于面的公制常规模型"族样板制作家具，保存为"电视柜"并修改族类别为家具。在参照标高和"前"立面视图中绘制如图4-106所示参照平面，并定义长、宽、高三个类型属性。

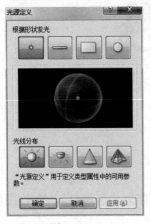

图 4-104

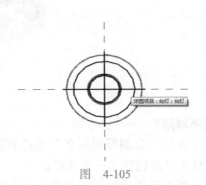

图 4-105

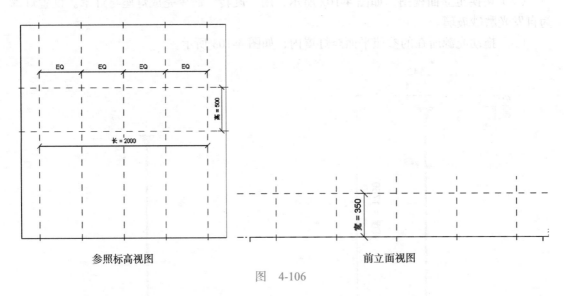

参照标高视图　　　　　　　　　　前立面视图

图 4-106

（8）载入文件夹中"族4-2-4-2"文件，单击"创建"选项卡→"模型"面板→"构件"命令，在"属性"面板中选择"木工板20mm"族类型，在平面视图中如图4-107所示放置板材。

（9）选中板材，拖拽两端的控制柄与参照平面或板材边缘对齐，对齐后，单击参照平面中出现的"🗝"将其与参照平面锁定"🔒"。完成对齐后视图如图4-108所示，调节长、高属性，板材能随尺寸变化。

（10）在立面视图中，将板材与"宽度"参数对齐并锁定，如图4-109所示。

（11）回到参照标高视图中，选择"木工板20mm"板材族类型，单击上下文选项卡的"放置在工作平面上"，将板材水平放置在视图中，在电视柜底封堵，如图4-110所示。

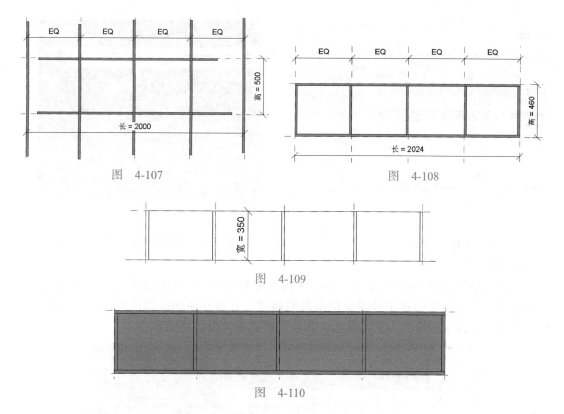

图　4-107

图　4-108

图　4-109

图　4-110

（12）选中任一板材，打开其"类型属性"对话框，单击板材材质后的"关联族参数"按钮，添加"电视柜材质"属性与其关联，如图 4-111 所示。

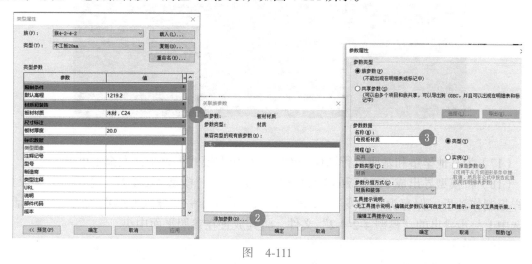

图　4-111

（13）单击"创建"选项卡→"属性"面板→"族类型"按钮，打开族类型对话框，修改长、宽、高属性如图 4-112 所示，将其载入"项目 4-2-4-1"中。

（14）用 3dsMax 软件打开"模型 4-2-4-1"文件，打开"场景资源管理器"，在管理面板中新建"坐垫材质"和"基座材质"两个图层，并将形体拖拽到相应的图层中，如图 4-113 所示。

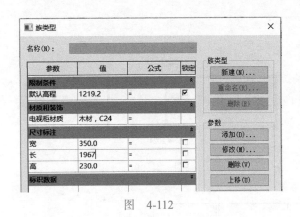

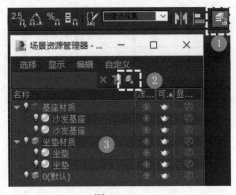

图　4-112   图　4-113

（15）框选中全部沙发，在"修改"面板→"对象颜色"处设置形体样式"按层"显示，如图 4-114 所示。

（16）鼠标右键单击沙发坐垫，将其转化为可编辑网格，在修改面板中定义仅按"边"选择对象，在视图中框选中沙发坐垫全部网格线，并将其曲面属性设置为"不可见"，参见图 4-95。修改了网格线为不可见后，在线框模式下该形体将隐藏。

图　4-114

（17）为其他坐垫和基座执行同样操作，直至线框模式下整个沙发都不可见。

（18）将模型导出成 2007 版的 DWG 格式，命名为"模型 4-2-4-2"。选用"公制家具"族样板制作沙发，保存为"沙发"。单击"插入"选项卡→"导入 CAD"命令，在对话框中选中上一步导出的"模型 4-2-4-2"文件，将其放置在参照平面中央。

（19）单击"管理"选项卡→"设置"面板→"对象样式"命令，在"对象样式"对话框里切换到"导入对象"面板，参照图 4-115 修改子类别材质。

类别	线宽 投影	线颜色	线型图案	材质
□ 在族中导入	1	■ 黑色		
— 0	1	■ 黑色	实线	渲染材质 255-...
— ASHADE	1	■ 黑色	实线	渲染材质 255-...
— 坐垫材质	1	■ 黑色	实线	亚麻布，米色
— 基座材质	1	■ 黑色	实线	不锈钢

图　4-115

（20）将沙发导入"项目 4-2-4-1"，

将其放置在电视墙对面。导入文件夹中全部族文件，将其放置在项目中，完成后如图 4-78 所示。完成样例参见文件夹中"项目 4-2-4-2"。

4.2.5　模型展示与应用

任务描述

在模型制作完毕后即进入展示与应用环节，本环节可以进行以下操作：

（1）对模型进行渲染，模拟最终完成效果。

（2）统计装饰面的工程量和家具的数量等信息，为材料采购和预算造价提供依据。

（3）对模型进行标注和注释，深化完成施工图纸，满足交流需要并指导施工。

在本书"模块 3　模型的深化与应用"所涉及的知识点也适合对室内模型进行渲染、出图、统计等应用操作。本节的主要任务是结合室内设计特点，对模块 3 部分知识点进行拓展。

案例：统计并标注储物柜板材的尺寸。

任务分解

任务	室内模型渲染	室内模型信息管理	室内模型图纸深化
知识点	1. 室内渲染的几种方式	2. 查询和统计信息——明细表 3. 添加信息——项目参数 4. 传递信息——共享参数 5. 嵌套族的统计	6. 图纸整理 7. 标注图元
视频学习	室内模型渲染	室内模型信息管理 1　　室内模型信息管理 2	室内模型图纸深化

知识学习

1. 室内渲染的几种方式

直接渲染：在完成室内设计的建模工作后，为了向客户展示成果，可以在 Revit 软件中对模型进行渲染，如图 4-116 所示，渲染方法详见"3.1.2 渲染"。

彩图

图　4-116

　　云渲染：云渲染的质量与直接渲染接近，但是对本机硬件要求不高，渲染速度较快，除此之外，云渲染还能制作"交互式全景"和"照度分析"等展示方式，以便更全面展示项目。

　　导入 3dsMax 渲染：如果要追求照片级渲染效果，可把 Revit 项目中的三维视图导出为 FBX 文件，再导入 3dsMax 软件中进行渲染。FBX 文件包括有三维视图的灯光、渲染外观、天空设置以及材质等信息，能减少 3dsMax 中所需的工作量。

　　Suite 工作流：如果 Revit 和 3dsMax 是同一版本，可以通过 Suite 工作流直接将 Revit 导入目标应用程序中，以获得详细的渲染或动画，如图 4-117 所示。

　　渲染插件：目前市面上有不少渲染插件或软件，如 Fuzor、Vray for Revit、Lumion 等，灵活运用这些渲染插件和软件能更好地展示模型，给用户带来更好的体验。

2. 查询和统计信息——明细表

　　信息是 BIM 模型的关键，选择图元后，在它的实例"属性"与"类型属性"面板中能查看到它的各种信息，如图 4-118 所示。

图　4-117　　　　　　　　　　　　　　图　4-118

　　图元信息和它的材质信息是独立的，要查看材质的属性，应打开"材质浏览器"，选中材质进行查看。

　　明细表是进行信息统计最主要的方法，通常模型信息是依据自身类别在"明细表 / 数量"中进行提取和统计的，其材质信息及使用情况可在"材质提取"中进行提取和统计，如图 4-119 所示。创建明细表的方法详见"3.2.2 明细表"。

　　进行室内信息的各种统计前，应先了解装饰面的做法以及所属的族类别（墙、楼板、零件、幕墙等），再明确工程量计算方式（面积、长度、体积、数量等），以便决定明细表统计的方式和需要提取的信息。

　　明细表是按类别进行统计的，这些类别能被提取的信息位于"可用的字段"中（图 4-120），单击"添加"按钮，可以将这些信息添加到明细表的字段里，单击"确定"按钮后即可生成该类别的明细表。

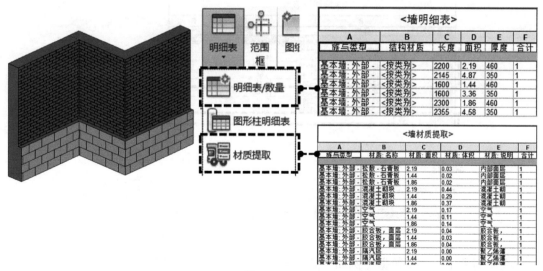

图   4-119

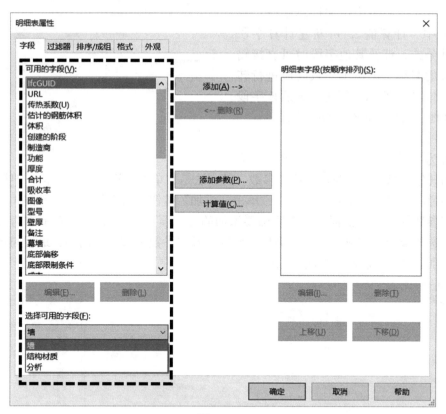

图   4-120

对于室内设计来说，被统计的模型信息中会有部分无用信息（图 4-121），对此可以通过阶段、备注或者是其他信息的区别对数据进行过滤，如图 4-122 所示。筛选多余信息的方法除了明细表的过滤器外，也可以把要统计的图元组成部件，通过创建部件明细表来隔离数据。

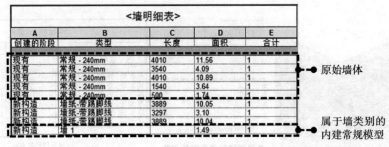

图　4-121

图　4-122

在明细表中，间接数据（例如"总价 =
单价＊工程量"）是不能直接从字段中获取
的，对此可在明细表中添加计算字段：单
击对话框中"计算值"，可新建计算字段
并编辑其公式，涉及其他字段时可直接输
入该字段的名称（单位不一致时应进行转
换），如图 4-123 所示。创建完成后该字段
会根据其他字段的值进行自动汇总统计。

3. 添加信息——项目参数

系统为各类别提供的参数有限，要为

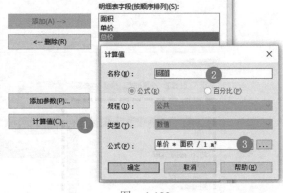

图　4-123

图元添加其他信息，可在项目中添加参数。其方法是：单击"管理"选项卡→"项目参数"
命令，在弹出的"项目参数"面板中，单击"添加"按钮，软件将弹出"参数属性"对话
框。在"参数属性"对话框中，需明确要添加的是"项目参数"，并在其下方为参数定义
"名称"、选择属于"实例"还是"类型"属性以及"参数类型"等内容，最后勾选要给哪
几个族类别添加这一属性，如图 4-124 所示。

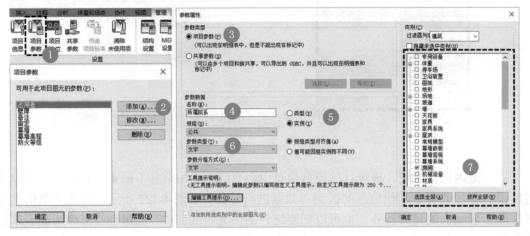

图　4-124

另外，添加明细表字段时，也可以直接单击"添加参数"按钮，为所在类别添加项目参数，如图 4-125 所示。

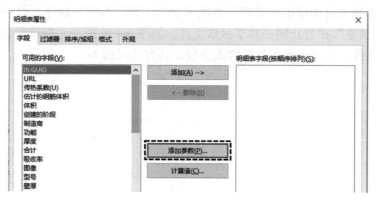

图 4-125

添加完项目参数后，能在该类别的"属性"面板以及明细表的"可用的字段"中找到新添加的项目参数，如图 4-126 所示。

4. 传递信息——共享参数

在载入族时能在制作时添加各种参数，但是这些族导入项目后，虽然其自定义的参数能在"属性"面板中查看和修改，但明细表的"可用的字段"中却搜索不到这些参数，影响了对工程量等关键数据的提取。这种情

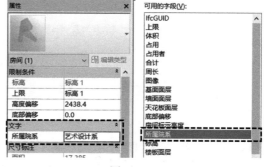

图 4-126

况下，应定义"共享参数"来传递项目与项目、项目与族之间的信息。

要定义共享参数，应单击"管理"选项卡→"共享参数"命令，打开"编辑共享参数"对话框，在对话框中可单击"浏览"打开以前的共享参数文件（txt 格式）或直接"创建"新共享参数文件，如图 4-127 所示。

图 4-127

指定好共享文件后即可开始创建共享参数，每个参数都有自己所属的参数组，在"编辑共享参数"对话框中，应先指定参数所在组（例如宽度、面积等可以归纳为工程量组；单价、折后价等可以归纳为价格组等）或"新建"组。选择好参数组后，可单击"新建"参数打开"参数属性"对话框，为参数指定名称、类型等信息，如图 4-128 所示。

族文件中如果有需要被明细表提取或被注释标记的自定义参数，在为其添加该参数时应选择创建"共享参数"，并在"共享参数"对话框中选择创建好的共享参数，如图 4-129 所示。如果还未创建好共享参数，可直接单击"共享参数"命令，在"编辑共享参数"对

话框中"创建"其他共享参数。

带有共享参数的族载入项目后，项目须调用相同的共享参数文件才能找到同一共享参数。调用共享参数文件应单击"管理"选项卡中的"共享参数"命令，打开"编辑共享参数"对话框，"浏览"并打开同一共享参数文件，如图 4-130 所示（在该对话框中，也可以管理共享参数文件，在其中添加参数组或参数，其方法同前）。

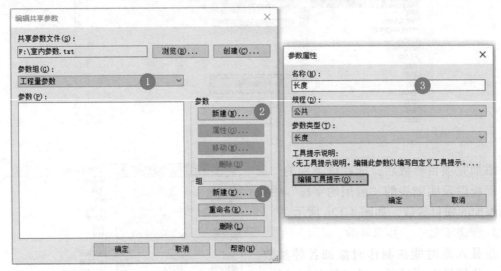

图　4-128

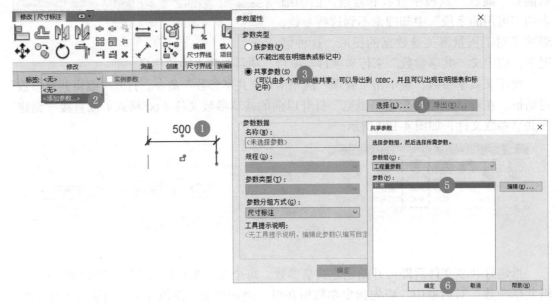

图　4-129

指定共享文件后，要将其中的共享参数变为项目中的参数，应单击"管理"选项卡→"项目参数"命令，在"项目参数"对话框中单击"添加"，然后在弹出的"参数属性"对话框中选中"参数类型"为"共享参数"，并"选择""共享参数"对话框中的"参数"指定给相应类别即可，如图 4-131 所示。

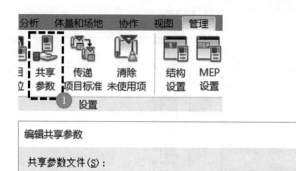

图　4-130

图　4-131

共享参数完成传递后，能在明细表中统计出该参数，如图 4-132 所示。

5.嵌套族的统计

用嵌套族来拼装家具是室内设计家具建模的常用做法，但在项目中，家具是作为一个整体被使用的，既不能分别选择、标记，也不能分别将构件录入明细表。

图　4-132

在完成项目时，如需统计家具板材这类嵌套的构件，可编辑该构件，在"属性"面板或"族类别和族参数"对话框中勾选"共享"，如图 4-133 所示，再将其嵌套进族，此时项目便可统计该族的各组成构件，如图 4-134 所示。

结合上一知识点中的"共享参数"，还能将嵌套构件中的其他参数统计进明细表中，如图 4-135 所示。

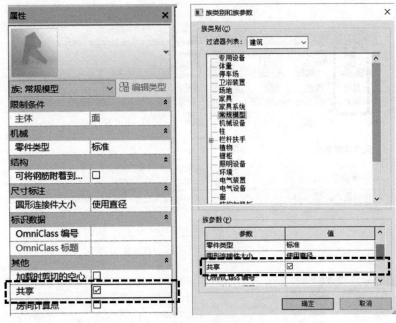

图　4-133

<常规模型明细表>	
A	B
类型	合计
木工板20mm	1
木工板20mm	1
木工板20mm	1
木工板20mm	1
木工板20mm	1
木工板20mm	1
木工板20mm	1
木工板12mm	1

图　4-134

<常规模型明细表>					
A	B	C	D	E	F
类型	厚度	长度	宽度	面积	合计
木工板20mm	20	350	1967	0.69	1
木工板20mm	20	350	1967	0.69	1
木工板20mm	20	350	190	0.07	1
木工板20mm	20	338	190	0.06	1
木工板20mm	20	338	190	0.06	1
木工板20mm	20	350	190	0.07	1
木工板20mm	20	338	190	0.06	1
木工板12mm	12	190	1927	0.37	1

图　4-135

6. 图纸整理

室内设计图纸较多，包括平面图、立面图、剖面图、详图和节点图等，其中平面图又包括了现状平面图、墙体定位图、平面布置图、地面铺装图、顶棚平面图、灯具定位图、索引图等。在出图时，应复制多个楼层平面视图和天花板平面视图，再依据不同图纸的要求对模型的显示进行处理。例如，现状平面图应把视图阶段切换到原始结构的相位；墙体定位图应把视图阶段切换到墙体改造的相位，并用阶段过滤器将拆（砌）墙工作重点显示；地面铺装图应隐藏家具和装饰品的类别等。调整完显示后，可以把视图拖拽至相应图纸中，并调整相应比例尺寸，如图 4-136 所示。

处理完模型视图后，可对重点部位进行详图和节点说明。如果模型的深度较高，可直接剖切出构造节点图，如图 4-137 所示；但在模型精度不高、只有外形的时候（为了建模的效率，并不是所有的细节都要进行三维建模），可以在剖切后只进行二维的构造说明，如图 4-138 所示；或者也可以在绘图视图中载入 CAD 节点图集，对构造进行说明。

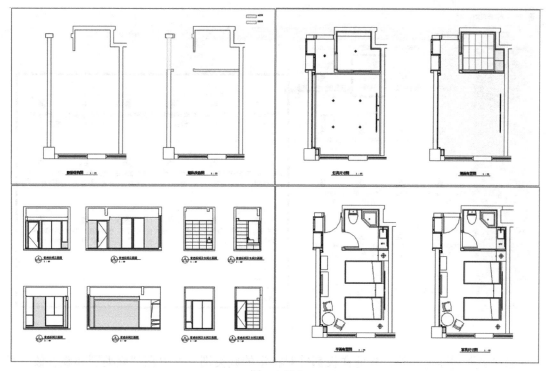

图　4-136

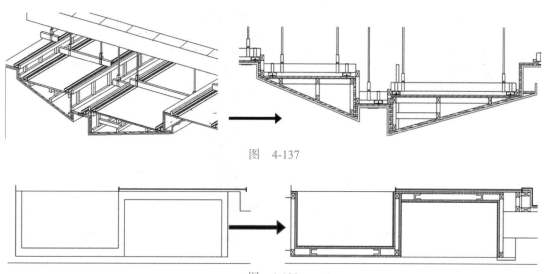

图　4-137

图　4-138

7. 标注图元

完整的图纸除了图形展示还应标注其尺寸、材质、名称等内容，标注图元的方法详见 "3.3.2 标注注释"。

在对 BIM 模型进行文字标注时，应尽量让标记提取模型中的信息，以提高标注效率。进行标记的命令位于"注释"选项卡→"标记"面板中，使用标记要调用载入项目的标记族，制作标记族的样板位于"注释"文件夹内，如图 4-139 所示。

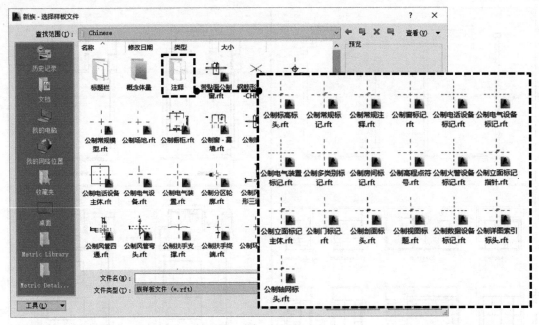

图 4-139

　　除"多类别标记"外，其他样板都针对特定的族类别，可以在"族类别和族参数"对话框中进行类别的确认，如图 4-140 所示。

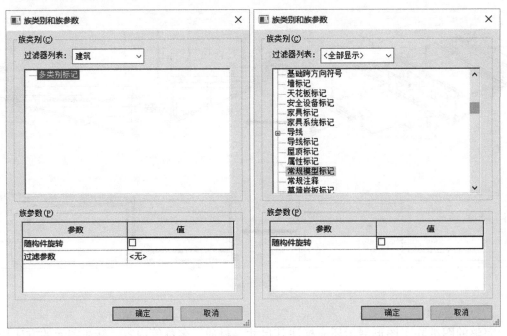

图 4-140

　　标记要提取的内容，通过插入标签来定义，详见"3.5.3 二维族"。当标记需要提取的内容属于共享参数时，可以单击"编辑标签"面板下方的"添加参数""🗋"图标，再"选择"共享参数文件中的相关参数添加即可，如图 4-141 所示。

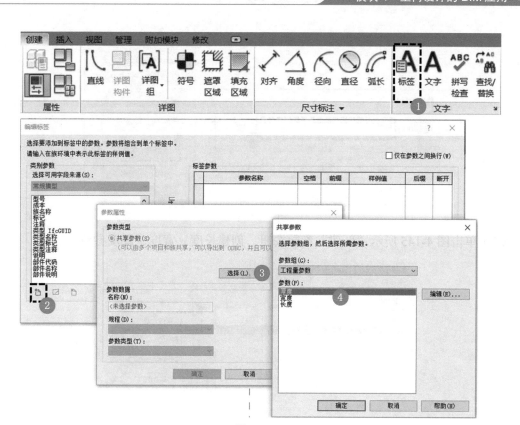

图　4-141

案例示范

（1）打开文件夹中"族 4-2-5-1"家具族。置物架是用
嵌套族制作的，双击任意一块板材进入该族的编辑模式。

（2）勾选板材族"属性"面板中的"共享"，如
图 4-142 所示。

图　4-142

（3）单击"管理"选项卡中"共享参数"图标，在弹
出的对话框中，"创建"共享参数文件"室内参数"，如图 4-143 所示。

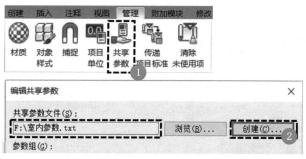

图　4-143

（4）不关闭"编辑共享参数"对话框，单击"新建"按钮创建"尺寸"参数组，如图
4-144 所示。

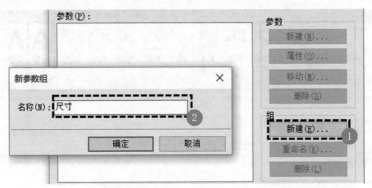

图　4-144

（5）单击图 4-145 所示"新建"参数按钮，创建长度、宽度、厚度参数。

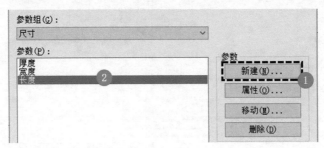

图　4-145

（6）单击"创建"面板下"族类型"按钮，在对话框中选择族参数"宽"后单击"修改"按钮，在"参数属性"对话框中选择"共享参数"，再单击"选择"按钮，选择共享参数文件中的"宽度"进行替代，如图 4-146 所示。

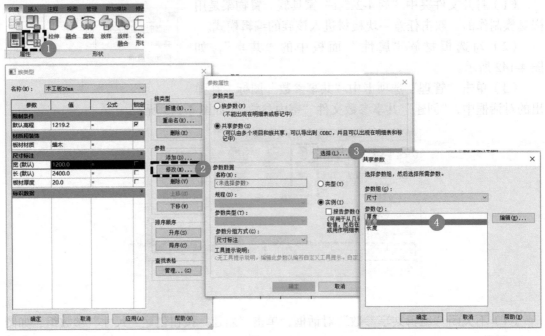

图　4-146

（7）参照上一步同样的方式，将族参数"长"修改为共享参数"长度"；将族参数"板材厚度"修改为共享参数"厚度"。

（8）将板材重新载入项目中，因为参数已经发生了改变，原有部分限制条件将失效，可在弹出的警告框中"删除限制条件"，如图 4-147 所示。

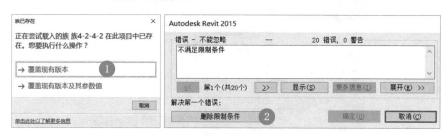

图 4-147

（9）在平面图、立面图中重新调整板材尺寸约束，完成后如图 4-148 所示。调整完后可打开族类型对话框，通过修改参数的方法对模型进行检测。完成族可参照文件夹中"族 4-2-5-2"文件。

（10）新建一个项目，将置物柜族载入项目中，放置在"标高 1"工作平面内，并创建若干类型，如图 4-149 所示。

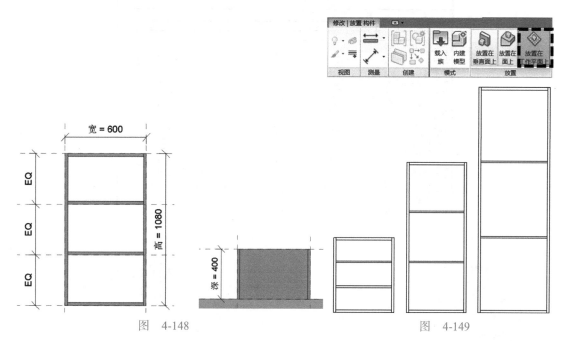

图 4-148   图 4-149

（11）创建"明细表/数量"明细表，选择统计类别为"常规模型"，添加"类型""长度""宽度""厚度""合计"为明细表字段，并添加"面积"计算值，如图 4-150 所示。

（12）设置完毕后，生成板材明细表如图 4-151 所示。

（13）选用"公制常规标记"创建一个标记族，确定其标记的类别为"常规模型标记"，如图 4-152 所示。

（14）在参照线中央插入文字，输入"长度:""宽度:""厚度:"，如图 4-153 所示。

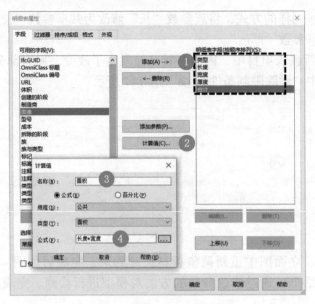

图　4-150

<表格>
<常规模型明细表>					
A	B	C	D	E	F
类型	长度	宽度	厚度	合计	面积
木工板12mm	300	460	12	1	0.14
木工板12mm	300	460	12	1	0.14
木工板12mm	300	460	12	1	0.14
木工板12mm	300	460	12	1	0.14
木工板12mm	400	560	12	1	0.22
木工板12mm	400	560	12	1	0.22
木工板20mm	300	600	20	1	0.18
木工板20mm	300	600	20	1	0.18
木工板20mm	300	460	20	1	0.14
木工板20mm	300	460	20	1	0.14
木工板20mm	300	1200	20	1	0.36
木工板20mm	300	1200	20	1	0.36
木工板20mm	300	460	20	1	0.14
木工板20mm	300	460	20	1	0.14
木工板20mm	400	1800	20	1	0.72
木工板20mm	400	1800	20	1	0.72
木工板20mm	400	560	20	1	0.22
木工板20mm	400	560	20	1	0.22

图　4-151

图　4-152

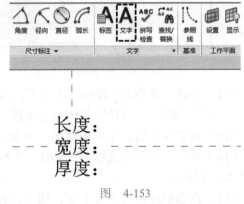

图　4-153

（15）在文字旁插入"标签"，在"编辑标签"对话框中单击"添加参数"按钮，依次"选择"共享参数文件中的尺寸参数进行添加，如图 4-154 所示。

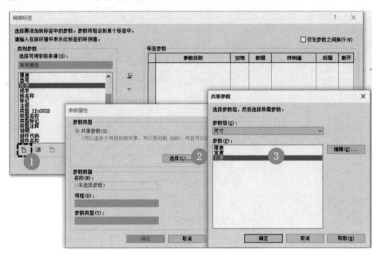

图　4-154

（16）编辑参数标签如图 4-155 所示。

	参数名称	空格	前缀	样例值	后缀	断开
1	长度	1		长度		☑
2	宽度	1		宽度		☑
3	厚度	1		厚度		☐

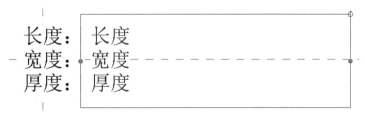

图　4-155

（17）将标签载入项目，切换项目至"标高 1"平面视图，调整视图比例为"1∶5"。

（18）单击"注释"选项卡中"按类别标记"按钮，点选板材进行标记（鼠标会默认选择家具，此时可按<Tab>键切换选择板材），标记完成后如图 4-156 所示。修改家具尺寸，可查看标记随家具而变化。完成样例参见文件夹中"项目 4-2-5-1"文件。

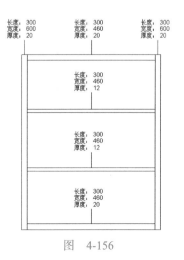

图　4-156